Rudolf Drößler · Astronomie in Stein

Rudolf Drößler

ASTRONOMIE IN STEIN

Archäologen und Astronomen enträtseln alte Bauwerke und Kultstätten

Prisma-Verlag Leipzig

Meinem Vater in Dankbarkeit

ISBN 3-7354-0019-1

1. Auflage
© Prisma-Verlag Leipzig, 1990
Alle Rechte vorbehalten
L. N. 359/425/1/90
Schutzumschlag: Renate Schiwek
Einband: Gerhard Stauf
Printed in the German Democratic Republic
Gesamtherstellung: Offizin Andersen Nexö,
Graphischer Großbetrieb Leipzig, III/18/38
Redaktionsschluß: 31.12.1987
LSV 1499
Bestell-Nr. 790 725 9

Inhalt

Archäoastronomie – eine moderne Wissenschaft 7

Der Blick zur Sonne 9

Sonnenbeobachtungen ohne Fernrohr 9
Lage und Blickrichtung der Toten 13
Orientierung von Großsteingräbern und Grabkammern 18

Streit um die Geometrie der Steinzeit 41

Megalithische Ringe und ihr Einheitsmaß 41
Die Kritiker und ihre Einwände 46

Erdwerke, Henges und steinzeitlicher Sonnenkalender 54

Erdwerke und Pfostenringe 54
Die Geheimnisse von Stonehenge 71
Der Sonnenkalender der Steinzeit 79
Rückschau und Ausblick 85

Fakten und Spekulationen 99

Nilschwemme, Sirius und Sonnenjahr 99
Spekulationen um die Cheopspyramide 101
Tempel und ihre Orientierung 109
Die größte Sonnenuhr der Welt 118
Effekte durch Sonnenstrahlen 129

Von Scharrbildern und Medizinrädern 141

Rätselhafte Scharrbilder 141
Sonnentempel, Sonnentor und Sonnenkreis 151
Die Inka und ihre „Sonnenfesseln" 158
Die „Lichtschlange" an der Pyramide Kukulcans 163
Wohnstätten, Erdhügel und Medizinräder 168

Astronomie in Stein *182*

Anhang *249*

In den Zeichnungen verwandte Abkürzungen und Symbole 249
Erläuterungen der Fachausdrücke 249
Anmerkungen 251
Literaturverzeichnis (Auswahl) 253
Register 256
Bildnachweis 260

Archäoastronomie –
eine moderne Wissenschaft

In vielem haben wir das Staunen verlernt. Jeden Tag hören wir von Spitzenleistungen in Naturwissenschaft, Technik und auf anderen Gebieten, ohne daß wir noch besonders beeindruckt sind. Selbst an die spektakulären Erfolge der Raumfahrt haben wir uns gewöhnt und halten sie für selbstverständlich. Bemerkenswerte Leistungen sind jedoch nicht nur typisch für unsere Gegenwart. Ohne entsprechende Vorarbeiten der Vergangenheit wären sie nicht denkbar. Was man bereits in urgeschichtlicher Zeit entdeckt und geschaffen hat, ist oft nicht weniger staunenswert und überraschend als moderne Errungenschaften. Gemeinsame Untersuchungen von Astronomen und Archäologen lassen zum Beispiel darauf schließen, daß Menschen der Stein- und Bronzezeit die Bewegungen der Himmelskörper verblüffend genau beobachtet und dies auch in besonderer Weise durch großartige Bauwerke und Anlagen dokumentiert haben. Über diese sensationell anmutenden Forschungen ist in Zeitungen und Zeitschriften öfters berichtet worden, vor allem, nachdem der Astronom Gerald S. Hawkins die berühmte Anlage von Stonehenge in Südengland mit Hilfe eines Computers neu deutete. Seine Forschungsergebnisse veröffentlichte er seit 1963.

Auch Alexander Thom, Professor für Ingenieurwesen, untersuchte die Steinringe in Großbritannien. Die Arbeiten von Hawkins und Thom entwarfen ein höchst interessantes Bild von der Astronomie und Geometrie der jüngeren Stein- und frühen Bronzezeit. Ihre kühnen Schlußfolgerungen legten eine Revision der bisherigen Vorstellungen über diese Perioden der Urgeschichte nahe. Gerade das weckte natürlich Widerspruch, und so entwickelten sich lebhafte Diskussionen um die Stichhaltigkeit von Hawkins' und Thoms Forschungen und Hypothesen. Da sie sowohl Archäologie als auch Astronomie betreffen, nennt man das gesamte Fachgebiet Archäoastronomie, Astroarchäologie oder Paläoastronomie.

Für diese neue Disziplin veranstalteten 1971 die British Academy und die Royal Society of London eine erste große Tagung unter dem Titel „The Uses of Astronomy in the Ancient World" (Die Verwendungen der Astronomie in der Alten Welt). In den letzten Jahren sind zahlreiche Fundstätten in aller Welt nach archäoastronomischen Kriterien untersucht worden. Die Zahl der Veröffentlichungen darüber vermag man kaum noch zu überblicken.

In unserem Buche wollen wir die Methoden sowie die Probleme und Erkenntnisse der Archäoastronomie kritisch unter die Lupe nehmen und an einigen eindrucksvollen Beispielen erläutern. Dabei gehen wir ebenfalls auf das materielle und kulturelle Umfeld der frühen Himmelsforscher und Baumeister ein. Auf dieser Reise in die Vergangenheit werden wir wirklich Erstaunliches kennenlernen.

Der Blick zur Sonne

Sonnenbeobachtungen ohne Fernrohr

Am stärksten hat sich vermutlich schon in den frühesten Zeiten menschlicher Kultur die Sonne ins Bewußtsein gedrängt. Daß sie Licht und Wärme verbreitet und die Dunkelheit vertreibt, ist eine elementare Erfahrung. Ihren Lauf über den Himmel vollzieht sie stets in derselben Richtung, von Osten nach Westen. Dennoch ist es scheinbar eine veränderliche Bahn mit wechselnden Ausgangs- und Ankunftspunkten am Horizont. Im Winter durchmißt die Sonne die kleinsten und niedrigsten Bögen am Firmament, im Sommer die größten und höchsten (Zeichnung 1). Auch eine grobe Einteilung des lichten Tages ergibt sich zwanglos aus ihrer täglichen Bewegung: früh, vormittags, mittags, nachmittags, abends.

Solche ganz allgemeinen Kenntnisse dürfen wir bereits bei den Jägern und Sammlern der Altsteinzeit voraussetzen. Zur zwingenden Notwendigkeit wur-

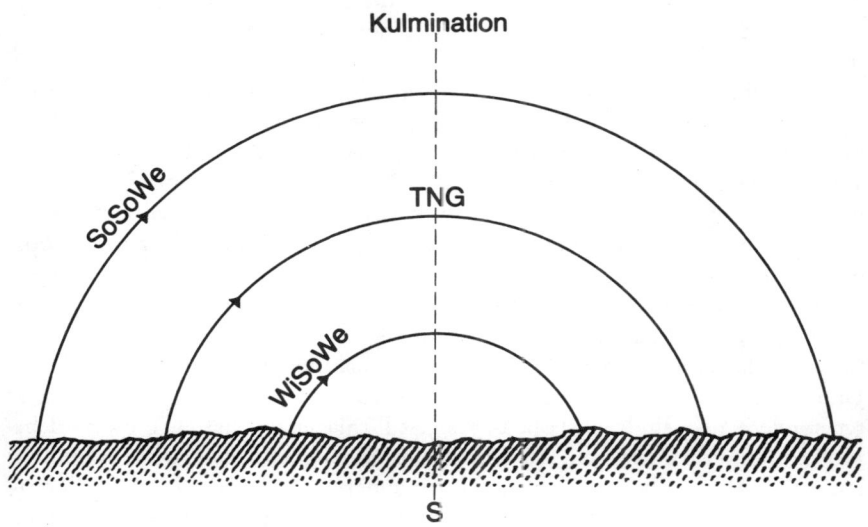

1   Tagbögen der Sonne zu Beginn der Jahreszeiten (etwa in 52° nördlicher geographischer Breite)

den systematische Himmelsbeobachtungen durch den Übergang zum Ackerbau in der Jungsteinzeit. Wer säen und ernten wollte, benötigte einen zuverlässigen Kalender. Der unterschiedliche Lauf der Himmelsleuchten konnte erst dann zielbewußt verfolgt werden, wenn man lange Zeit von ein und demselben Ort aus beobachtete. Das war erst möglich, als man die schweifende Lebensweise aufgab und seßhaft wurde.

Nun ließ sich leichter erkennen, daß die Sonne, von einem festen Standort aus gesehen, stets über demselben Horizontabschnitt ihre größte Höhe erreichte, unabhängig davon, ob sie einen hohen oder einen niedrigen Bogen über den Himmel beschrieb. Die Verbindungslinie zwischen dem Standort des Beobachters und diesem Punkt am Horizont ergab die Südlinie, ihre entgegengesetzte Verlängerung die Nordrichtung und den Nordpunkt. Konstruierte man zur Nord-Süd-Linie eine Senkrechte, wies diese im rechten Winkel zum Ost- und Westpunkt auf dem Gesichtskreis. Es blieb wohl nicht lange verborgen, daß die Sonne gerade dort während der Tagundnachtgleichen den Horizont berührte.

An welchen Stellen der Horizontebene die Sonne jeweils auftaucht und versinkt, hängt nicht nur von der Jahreszeit, sondern auch von der geographischen Breite des Beobachtungsortes ab. So sind die Tageslängen, die Tageshelligkeit und die Jahreszeiten in Mittel- und Westeuropa unterschiedlicher und ausgeprägter als etwa in Nordafrika oder im Vorderen Orient. Vielleicht hat man daher in jenen europäischen Gebieten der Sonne ganz besondere Beachtung geschenkt. Die Wiederkehr von Licht und Wärme war für die Bauern hier lebenswichtiger als für die des Südens, wo die jahreszeitlich bedingten Gegensätze weniger kraß auftreten.

In den folgenden Ausführungen verwenden wir häufig den Begriff „Megalith". Er ist aus den griechischen Bestandteilen „megas" (groß) und „lithos" (Stein) zusammengesetzt. Ein Megalith ist also ein großer Stein. Wegen der bevorzugten Verwendung solcher Steine zu Kult-, Grab- und Profanbauten spricht man von megalithischer Bauweise. Wir begegnen ihr bei zeitlich und wesensmäßig sehr verschiedenartigen Kulturen in Europa, Afrika, Asien und Amerika. In Europa erstreckte sich das Megalithikum (die Großsteinzeit) über einen sehr langen Zeitraum, nämlich von etwa 4000–1500 v. u. Z. Es schloß die Jungsteinzeit (das Neolithikum) und die frühe Bronzezeit mit ein.

Offenbar haben die Menschen dieser urgeschichtlichen Periode die Auf- und Untergangspunkte von Sonne, Mond und Fixsternen nicht nur genau beobachtet, sondern auch eindrucksvolle Bauten und Anlagen geschaffen, die auf solche Horizontpunkte hinweisen. Zu ihnen gehören Alignements (das Wort kommt aus dem Französischen und bedeutet unter anderem „in gerader Linie", „die Absteckungslinie beim Feldmessen"): Reihen von 2 oder mehr Steinen, die in einer bestimmten Richtung auf den Gesichtskreis zielen. Weiterhin war es vom Zentrum eines Steinringes aus möglich, über besondere Steine an der Peripherie

Berührungspunkte von Sonne, Mond und Fixsternen mit dem Horizont anzuvisieren. Auf diese Stellen zeigen mitunter ebenfalls die Symmetrieachsen nicht kreisförmiger Ringe. Manchmal befinden sich außerhalb ringförmiger Steinsetzungen oder in einiger Entfernung von Grabhügeln Steinpfeiler, die, vom Ring oder von der Mitte der Grabstätte aus gesehen, Auf- und Untergangspunkte der genannten Himmelskörper markieren. Astronomisch orientiert scheinen Eingänge in Grabhügel oder Grabkammern sowie Längsachsen und Zugänge von Großsteingräbern zu sein. Von Mittelpunkt zu Mittelpunkt der Kreisringe haben sich die urgeschichtlichen Sternkundigen vermutlich gleichfalls Visierlinien gedacht. Diese gab es wohl auch zwischen megalithischen Gräbern und Menhiren (Menhir ist ein bretonisches Wort; „men" heißt Stein und „hir" lang), den Zentren von Ringen und Grabmälern, zwischen einzelnen Grabstätten und schließlich zu künstlich geschaffenen Hügeln. Außerdem spielte der natürliche Horizont bei der astronomischen Ausrichtung eine große Rolle. Als Markierungshilfen für die Auf- und Untergänge von Sonne und Mond bieten sich hier Einschnitte, Bergspitzen oder sonstige Unregelmäßigkeiten an. Für eine solche Verwendung zeugen noch die Namen mancher Berge in den Alpen, wie Neuner-, Zehner-, Elfer-, Zwölfer- und Einserkogel (Kogel bedeutet Bergkuppe), Mittagsberg, Mittagssteine usw. Mit Hilfe dieser Erhebungen vermag man in bezug auf die Sonnenstellung die Uhrzeit zu bestimmen; andere Erhebungen dienen zur Ermittlung der Sonnenwenden.

Wir haben also zahlreiche Richtlagen, Visierlinien und Horizontpunkte vor uns, die in jedem einzelnen Fall auf astronomische Bezüge untersucht werden müssen. Dazu ermittelt man das Azimut der betreffenden Horizontstelle, die vermutlich anvisiert wurde. Das Azimut ist der Winkel, der sich, vom Nord- oder Südpunkt aus auf der Horizontebene gemessen, bis zu dem betreffenden Punkt auf dem Gesichtskreis ergibt. Die Zählung geht von Norden (0°) über Osten (90°), Süden (180°) und Westen (270°) wieder nach Norden (360° bzw. 0°). Wählt man den Südpunkt als Beginn der Zählung, mißt man über Westen – Norden – Osten – Süden.

Je nach der geographischen Breite und Länge des Beobachtungsortes und der Höhe der Horizontpunkte über dem als eben gedachten mathematischen Gesichtskreis erhalten wir bei den Messungen unterschiedliche Azimute. Für den Vergleich der astronomischen Bedeutsamkeit der einzelnen Orte miteinander ist das ungünstig. Dieser Nachteil läßt sich jedoch umgehen, wenn wir ein von der geographischen Lage der Beobachtungsorte unabhängiges Koordinatensystem benutzen. Die Astronomen haben nämlich das Gradnetz der Erde auf die scheinbare Himmelskugel projiziert. Dort, wo die verlängert gedachte Erdachse die Himmelskugel schneidet, befinden sich Himmelsnord- und -südpol. Der projizierte Erdäquator ergibt den Himmelsäquator (den die Sonne auf ihrer scheinbaren jährlichen Bahn, der Ekliptik, unter einem Winkel von gegenwärtig rund

23,5° schneidet). Die Breitenkreise der Erde werden zu den entsprechenden Kreisen am Himmel. Man zählt sie, wie auf der Erde, vom Äquator aus bis zu den Polen, nach Norden positiv (0° − +90°), nach Süden negativ (0° − −90°). Diese „himmlishen Breitenkreise" geben die Deklination eines Gestirns an, also dessen Winkelabstand vom Himmelsäquator. (Da die „himmlishen Längenkreise" vom Nordpol zum Südpol der scheinbaren Himmelskugel für uns weniger wichtig sind, bleiben sie hier unberücksichtigt.) Für alle Orte auf der Erde gilt das Gradnetz der Himmelskugel gleichermaßen.

Diese Tatsache nutzen die Archäoastronomen, indem sie mit Hilfe der sphärischen Trigonometrie berechnen, welcher Deklinationskreis jenen Horizontpunkt (bzw. dessen Azimut) „schneidet", auf den die genannten Visierlinien gerichtet sind. Vergleicht man die so ermittelten Werte miteinander, erkennt man, ob sich gewisse Deklinationen häufen oder nicht. Tatsächlich ergeben die verschiedenen Azimute immer wiederkehrende Deklinationswerte, die sich auf bestimmte Horizontpunkte von Sonne und Mond sowie von hellen Fixsternen beziehen. Die Punkte sind demnach bewußt beobachtet und anvisiert worden. Deshalb hat die Archäoastronomie zu klären, warum das geschehen ist.

Bei der Berechnung der Deklinationen darf man die Strahlenbrechung (Refraktion) und andere Faktoren nicht vernachlässigen. Je mehr sich ein Gestirn dem Horizont nähert, desto stärker werden seine Strahlen infolge des längeren Weges durch die Atmosphäre von ihrer geraden Bahn abgelenkt. Bei der Sonne können wir die Auswirkungen der Refraktion eindrucksvoll beobachten. Wenn die Sonnenscheibe beim Untergang den Horizont berührt, ist sie in Wirklichkeit schon hinter diesem verschwunden. Aber durch die Strahlenbrechung wird sie um etwas mehr als ihren scheinbaren Durchmesser (er beträgt 0,53°) „angehoben" und ist deshalb immer noch sichtbar. Ihr unterer Rand wird jedoch beim Aufsetzen auf den ebenen Horizont um 0,6°, ihr oberer Rand dagegen nur um 0,5° nach oben „verschoben". Der Unterschied macht rund 20% des scheinbaren Sonnendurchmessers aus. Daher wirkt die Sonne am Horizont durch die Strahlenbrechung elliptisch verformt. Ohne Refraktion ginge die Sonne auch in einem etwas anderen Horizontbereich auf und unter. In einer geographischen Breite von 54° zum Beispiel beträgt die Verschiebung des beobachteten gegenüber dem eigentlichen Auf- und Untergangsazimut unseres Tagesgestirns zum Sommerbeginn am 21. Juni etwa 1,6°, was rund drei scheinbaren Sonnendurchmessern entspricht.

Beim Mond sind ebenfalls einige astronomische Besonderheiten zu beachten. Und schließlich muß man bei den Fixsternen die Abschwächung des Lichts in Rechnung stellen, die in Horizontnähe durch Absorption, Streuung und Beugung der Lichtstrahlen am größten ist. Kurz gesagt: Zu berechnen, welcher Deklinationskreis eine bestimmte Horizontstelle zu schneiden scheint, ist zwar im Prinzip einfach, setzt jedoch die Berücksichtigung einer Reihe von Faktoren voraus. Und noch etwas muß erwähnt werden: Die Deklination ist kein absoluter, sondern infolge einer Kreiselbewegung der Erdachse ein im Laufe der Zeit veränderlicher Wert. Für Sonne und Mond sind diese Veränderungen freilich gering.

Lage und Blickrichtung der Toten

Gibt es Hinweise darauf, daß, von Bauwerken abgesehen, bereits während der Jungsteinzeit astronomisch bestimmte Orientierungen vorkamen? Für die Lage und Blickrichtung der Toten ist das tatsächlich der Fall. Den Menschen des Neolithikums war es nämlich durchaus nicht gleichgültig, in welcher Richtung sie ihre Toten zur Ruhe betteten. Offenbar hatte das kultische Gründe, die wohl vor allem mit der Sonne und den damaligen Jenseitsvorstellungen zusammenhingen.

Die früheste Kultur, bei der sich bisher statistisch eine bewußte Ausrichtung der Gräber und Toten ermitteln ließ, ist die der Bandkeramiker. Sie ist so genannt worden, weil ihre Tongefäße mit eingeritzten Bändern in Form von Spiralen, Mäandern oder Winkeln verziert sind. Die Bandkeramiker waren die ersten Bauern und Viehzüchter in Mitteleuropa. Vor rund 6500 Jahren drangen sie durch die Täler von Donau, Rhein und Elbe westlich bis nach Ostfrankreich und Holland vor. Über Mähren und Böhmen gelangten sie nach Mitteldeutschland, durch die Mährische Pforte bis nach Polen und unter Umgehung des Karpatenbogens in die Ukraine und nach Moldawien. So besiedelten sie schließlich ein riesiges, noch waldreiches Gebiet, in dem sie auf den fruchtbaren Lößböden Emmer, Gerste, Erbsen, Linsen und Leinsamen anbauten sowie Rinder, Schweine, Schafe und Ziegen hielten.

Auch im Saale- und Mittelelbegebiet sind zahlreiche Spuren der älteren und jüngeren Linienbandkeramik (etwa 4600–3600 v. u. Z.) zum Vorschein gekommen. Die Gräber dieser Kultur liegen einzeln oder in kleineren Gruppen vereint; mitunter umfassen die Gräberfelder bis zu 60 Grabstätten. Es waren meistens Körperbestattungen, wobei man die Verstorbenen nicht gestreckt auf dem Rücken, sondern auf der linken oder der rechten Seite zur Ruhe bettete, ihre Beine anhockte und die Arme oft so beugte, daß sich die Hände vor dem Gesicht befanden.

Sehen wir uns dazu Zeichnung 2 an! Der Tote liegt hier auf der linken Seite mit dem Kopf im Osten. Seine Körperachse ist etwa von West nach Ost orientiert. Aber die Blickrichtung verläuft senkrecht zu dieser Linie nach Süden. Theoretisch könnten die in Hocklage Bestatteten mit ihrer Körperachse nach allen möglichen Richtungen weisen und dabei auf der linken oder rechten Seite ruhen. Doch die archäologischen Befunde zeigen, daß bei den Grablegungen ganz bestimmte Regeln eingehalten wurden. Im Gebiet von Saale und Mittelelbe liegen die meisten linienbandkeramischen „Hocker" bei west-östlich orientierter Kör-

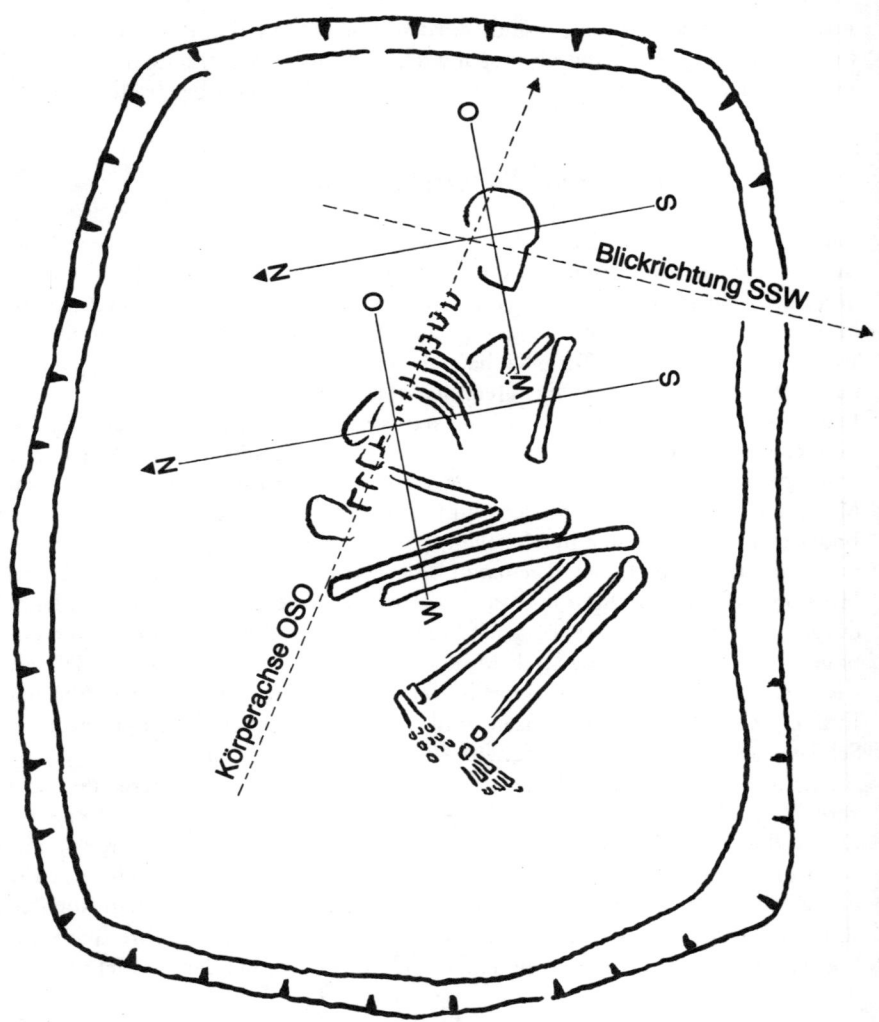

2 Orientierung von Körperachse und Blickrichtung eines in Hocklage bestatteten Toten

perachse auf der linken Seite. Sie schauen dabei etwa gleich häufig nach Norden oder Süden. Nur wenige Bestattungen weisen eine nord-südliche Achsenorientierung auf, und die Beigesetzten sehen dabei nach Osten. Eine Ausrichtung auf die Haupthimmelsrichtungen ist also unverkennbar.

Dies bestätigte auch eine aufschlußreiche Studie, die 1981 mit Hilfe der Rechenanlage des Astronomischen Instituts der Ruhr-Universität Bochum erarbeitet wurde und die 1004 Gräber der Linienbandkeramiker aus dem Elsaß und dem Süden der BRD, aus Niederbayern sowie aus Böhmen und Mähren einbezog. Außerdem wurden noch 3 Fundorte außerhalb dieser Gebiete berücksichtigt, darunter Nitra in der Slowakei mit 76 Bestattungen. Für diese Gräber war das Ergebnis jedoch ungewöhnlich. Sie waren entweder auf die nahegelegene Siedlung orientiert oder auf den damaligen Aufgangspunkt des hellsten Fixsterns am Himmel, des Sirius.

Überraschend ist, daß die der Linienbandkeramik folgenden jungsteinzeitlichen Kulturen zwar ebenfalls Orientierungsregeln kannten, sie aber ganz unterschiedlich anwandten. Wie sie das taten, ist für die Archäologen zu einem wichtigen Unterscheidungsmerkmal der verschiedenen Kulturgruppen geworden. Die meisten setzten ihre Toten in beidseitiger Hocklage bei. Gleich häufig waren die Blickrichtungen nach Norden, Osten und Süden; nur ganz selten sahen die Toten nach Westen. Vermutlich hielt man die Blickrichtung für noch wesentlicher als die Orientierung des Körpers, die vorwiegend in west-östlicher Richtung erfolgte.

Über 2 Kulturen vom Ende der Jungsteinzeit erbrachten 1979 Untersuchungen am Astronomischen Institut der Ruhr-Universität ebenfalls interessante Einblicke. Es handelt sich um die Angehörigen der Schnurkeramik- und der Glockenbecherkultur. Die Schnurkeramiker erhielten ihren Namen nach der Verzierungstechnik der Tongefäße, in die sie, linear angeordnet, vor dem Brennen das Muster von Schnüren eindrückten. Glockenbecher heißt die betreffende Kultur nach der Form ihrer oft reich verzierten Gefäße.

Sicher waren die Feldbau und Viehzucht treibenden Schnurkeramiker, deren Herkunft noch umstritten ist, seßhaft, aber bisher kennt man nur wenige Siedlungen von ihnen. Zwischen 2200 und 1800 v. u. Z. hatten sie sich in Mittel- und Osteuropa niedergelassen.

Die Glockenbecherleute wanderten an der Wende vom 3. zum 2. Jahrtausend v. u. Z. wahrscheinlich von Südspanien aus über West- und Mitteleuropa bis nach Ungarn und Polen. Auch sie pflegten Feldbau, Viehhaltung und Jagd.

Was die Orientierung und Blickrichtung der Verstorbenen anbelangt, kannten die Schnurkeramiker ganz klare Regeln. Bemerkenswerterweise waren sie für Männer und Frauen verschieden. Die toten Männer legte man auf die rechte Seite mit dem Kopf nach Westen, die Frauen auf die linke Seite mit dem Kopf nach Osten. Immer sahen die Verstorbenen dabei nach Süden. In Mähren dagegen scheint man sie, wenn die geringe Zahl der Funde nicht täuscht, in Nord-Süd-Richtung mit dem Blick nach Osten orientiert zu haben. Dies war aber wohl die berühmte Ausnahme, die die Regel bestätigt.

Bei den Glockenbecherleuten waren mitunter auch Brandgräber üblich; sie scheiden für die Erforschung der Richtlage aus. Sonst bevorzugte man einfache Erdgräber, oft mit eingebauten Steinkisten, gab den Leichen eine nord-südliche Ausrichtung, legte die Männer vorwiegend auf die linke und die Frauen auf die rechte Seite, doch stets so, daß sie nach Osten schauten.

Schnurkeramiker und Glockenbecherleute hielten demnach gerade entgegengesetzte Orientierungsregeln ein. Aber wie die statistische Erfassung und Auswertung von 1445 Grabstätten in Böhmen und Mähren zeigte, nahmen es die Schnurkeramiker dabei mit der Genauigkeit nicht ganz so ernst wie die Glockenbecherleute, die größere Richtungsabweichungen offenbar als schweren Bruch des Totenrituals betrachteten.

Am Ende der Jungsteinzeit wandelte sich also die Vielfalt der Orientierungsregeln zur Einheit: Die Schnurkeramiker blickten nach Süden, die Glockenbecherleute nach Osten, und diese Richtung wurde dann von der frühbronzezeitlichen Aunjetitzer Kultur konsequent beibehalten. Zugleich setzte sich die rechtsseitige Hocklage völlig durch, wobei das rechte Bein stark angewinkelt wurde und der Leichnam von Nord nach Süd mit dem Kopf im Süden ruhte. Die Aunjetitzer (um 1750–1550 v. u. Z.), benannt nach dem Fundplatz Únětice bei Prag, verbreiteten sich von Böhmen und Mähren nach Niederösterreich und der Westslowakei, nach Mitteldeutschland, der Ober- und Niederlausitz sowie nach Südpolen. An den Beigaben einiger besonders reich ausgestatteter Gräber wird nun eine beginnende gesellschaftliche Differenzierung deutlich. Sie zeugt vom Anfang einer neuen Epoche, die von der Bearbeitung und Verwendung der Bronze geprägt wurde.

Es ist erstaunlich, wie genau man bereits während der frühen Jungsteinzeit die angestrebten Orientierungen zu erreichen vermochte. Was die Himmelsrichtungen betrifft, läßt sich nur die Nord-Süd-Linie direkt nach dem Höchststand der Gestirne im Süden beziehungsweise nach ihrer niedrigsten Stellung im Norden ermitteln. Zur Bestimmung der Südrichtung eignet sich wegen ihrer Helligkeit vor allem die Sonne. Die Neolithiker könnten einen Stab in die Erde gesteckt und dann beobachtet haben, wann sein Schatten am kürzesten war. Die Verbindung dieses Punktes mit dem Stab ergab die Südrichtung. Aber in der Praxis ist damit keine große Genauigkeit zu erzielen. Experimente mit einem Schattenstab, die von den Verfassern der am Astronomischen Institut der Ruhr-Universität erarbeiteten Studien durchgeführt wurden, ergaben, daß infolge der Unschärfe des Schattenwurfes die Südlinie nur bis auf $\pm 5°$ genau festzustellen war. In der Jungsteinzeit konnte man jedoch den Südpunkt, wie die statistischen Untersuchungen beweisen, bis auf mindestens $\pm 2°$ genau orten.

Wahrscheinlich hat man daher bereits den „Indischen Kreis" zur Festlegung der Nord-Süd-Richtung benutzt (Zeichnung 3). Um einen Schattenstab (G) wird ein Kreis gezogen, dessen Radius größer ist als die Mittagslänge des Stabschattens, der dann die Kreislinie vor und nach der Mittagshöhe der Sonne schneidet. Verbindet man beide Schnittpunkte (B und C) durch eine Kreissehne, erhält man die Ost-West-Richtung. Halbiert man die Kreissehne bei E sowie den am Stab anliegenden Winkel, so ergibt die Verbindungslinie die Nord-Süd-Orientierung. (Von A–D reicht das Kreissegment, das durch die Schattenspitze bestimmt wird.) Wenn dieses Verfahren sorgfältig ausgeführt wird, entsprechen die Ergebnisse den schon im Neolithikum erzielten präzisen Ortungen. Man muß also bereits damals über ein astronomisches Grundwissen verfügt haben.

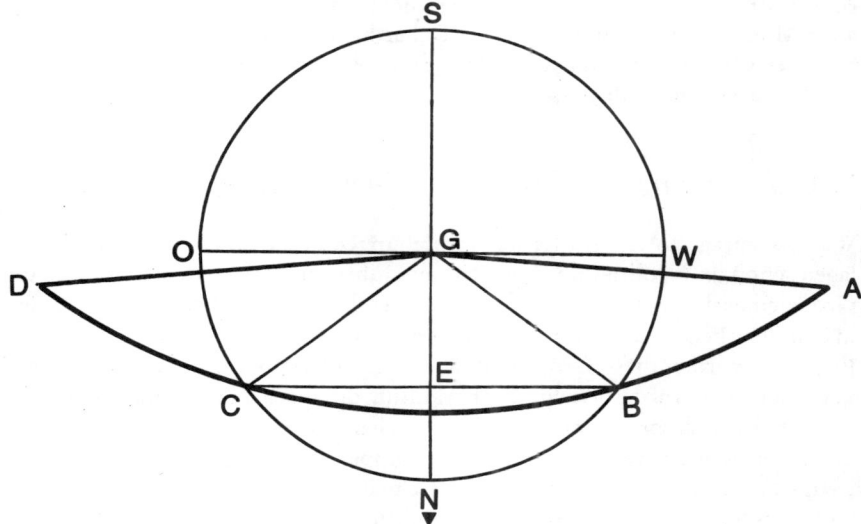

3   Bestimmung der Haupthimmelsrichtungen mit Hilfe des Indischen Kreises

Warum hat man wohl Lage und Blickrichtung der Toten so genau orientiert? Aus vielen Indizien läßt sich schließen, daß zumindest während der Bronzezeit ein ausgesprochener Sonnenkult getrieben wurde. Unter den skandinavischen Felsbildern dieser Zeit finden wir immer wieder Sonnensymbole und Hinweise auf rituelle Umzüge mit Sonnenscheiben oder Sonnenrädern. Nach Osten sahen die Toten der aufgehenden Sonne entgegen. Wir erinnern uns dabei an die Ostung bei christlichen Bestattungen und an die west-östliche Orientierung der Kirchen. Das Wort Orientierung hängt mit Orient zusammen und bedeutet soviel wie „nach Osten ausrichten".
Interessanterweise kommt in der Jungsteinzeit Mitteleuropas die Blickrichtung der Verstorbenen nach Westen nur bei zwei kleineren Kulturgruppen vor. Für

das Totenritual und den Jenseitsglauben spielte diese Himmelsrichtung also keine besondere Rolle. Als Aufenthaltsort der Abgeschiedenen hat man eher den Norden angesehen, wo für die Menschen jener Zeit an den Meeresküsten und der arktischen Zone die bewohnte Welt ein Ende fand. Nach Norden wachsen Dunkelheit und Kälte. Deshalb befand sich für die Germanen dort die Welt der Toten; in diese Richtung mußten sich die Verstorbenen auf den Weg machen. Älteren Ursprungs sind sicher auch die mittelalterlichen Deutungen des Nordens als der kalten, Tod, Verderben und Vergangenheit symbolisierenden Himmelsrichtung. Im Süden hingegen erreicht die Sonne ihre größte Höhe über dem Horizont, strahlt sie mit all ihrer lebenserhaltenden Kraft. Im Süden kulminieren auch Mond, Planeten und Fixsterne. Daher hielt man diesen Bereich vielleicht für einen Ort der Erhöhung und Verheißung, was gut zu einem geglaubten Weiterleben nach dem Tode passen würde.

Orientierung von Großsteingräbern und Grabkammern

Wie ausgeprägt Totenkult, Jenseitsvorstellungen und damit verbundene Richtlagen schon im Neolithikum gewesen sind, führen uns am eindrucksvollsten die Großsteingräber vor Augen. Auf dem Gebiet der DDR finden wir sie vor allem in den Bezirken Schwerin, Neubrandenburg und Rostock.
Errichtet wurden diese Großsteingräber im 3. Jahrtausend v. u. Z. von Bauern und Viehzüchtern der Trichterbecherkultur, die ihren Namen nach der typischen Form vieler ihrer Tongefäße erhalten hat. Wahrscheinlich wollte man mit den aufwendigen Grabanlagen den toten Sippenangehörigen ein „Haus für die Ewigkeit" schaffen. Anfangs konstruierte man aus Steinquadern ein etwa 2 Meter langes Rechteck und überdeckte es mit einem passenden Stein. Dieser Urdolmen (das aus dem Keltischen stammende Wort Dolmen bedeutet Steintisch) war wohl nur für 1 Leichnam bestimmt. Doch die rasch wachsende Bevölkerung erzwang bald größere Gräber, sogenannte erweiterte Dolmen und Großdolmen. Letztere sind mitunter 8 Meter lang, 2,5 Meter breit und 1,5 Meter hoch! Ihr Zugang erfolgte immer von einer der Schmalseiten aus.
Während sich die Dolmen, deren Ursprungsgebiet in Westeuropa zu suchen sein dürfte, in Mecklenburg offenbar eigenständig weiterentwickelten, kam die Anregung zum Bau der Ganggräber vermutlich von den dänischen Inseln und aus Schleswig-Holstein. Das Ganggrab betrat man nicht durch eine der Schmalseiten, sondern stets durch einen Gang an einer der beiden Langseiten. Bei den Dolmen liegt der Eingang also in Richtung der Längsachse, bei den Ganggräbern bildet er mit ihr einen rechten Winkel (Zeichnung 4 und 5). Übrigens sind die Ganggräber häufig noch gewaltigere Anlagen als die Großdolmen, erreichen sie doch eine Länge bis zu 10 Metern, eine Breite von über 2,5 Metern und eine

4   Grundriß eines Großdolmens mit Hünenbett (Gaarzerhof, Kreis Bad Doberan)

Höhe von fast 2 Metern. Manche ihrer Decksteine haben ein Gewicht bis zu
30 Tonnen!
Wahrscheinlich sind die Großsteingräber von spezialisierten Bautrupps nach genauen Plänen errichtet worden. Die Richtung der Achsen bzw. der Zugänge war
dabei sicher fest mit eingeplant. Jürgen Hamel von der Archenhold-Sternwarte
in Berlin-Treptow hat nach Ausgrabungsberichten des Schweriner Museums die
Orientierung der Längsachsen von 78 Dolmen untersucht und herausgefunden,
daß 43 davon (etwa 55%) von Nord nach Süd weisen, 12 von Nordost nach Süd-

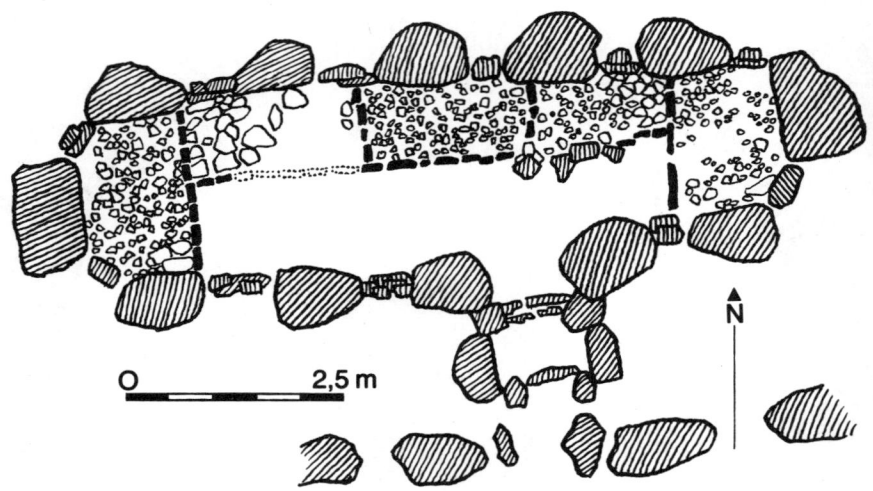

5 Grundriß eines Ganggrabes, innen mit Unterteilungen und Pflasterungen (Gnewitz, Kreis Rostock)

west, 10 von Nordwest nach Südost, 13 von West nach Ost. Da die Zugänge meist am südlichen Ende lagen, sah der Eintretende in nördliche Richtung. Auf große Genauigkeit scheint es den Erbauern bei der Orientierung allerdings nicht angekommen zu sein.

Die Frage ist jedoch, ob ihnen die Ausrichtung der Eingänge nach Süden besonders wichtig war. Beim Bau von Ganggräbern achtete man nämlich auf die südliche Orientierung der Zugänge, während die Längsachsen im rechten Winkel dazu angelegt wurden. Eine auf insgesamt 98 Dolmen und Ganggräber erweiterte Auswertung ergab eine eindeutige Konzentration der Eingänge in südlicher Richtung (Zeichnung 6). Die Segmente umfassen einen Horizontbereich von 10°, die Zahlen am Kreisrand geben die jeweilige Anzahl der orientierten Gräber wieder.

Viele Großsteingräber waren auch nach bestimmten Auf- und Untergangspunkten von Sonne und Mond und sogar nach Fixsternen orientiert. Der Astronom Rolf Müller hat anhand von 59 Großsteingräbern in der Bretagne, in Irland, Schottland und im norddeutschen Raum ein Windrosenbild gezeichnet, das in schematischer Form die Richtung dieser Anlagen wiedergibt. Durch die verschiedenen Pfeilstärken wird dabei die unterschiedliche Anzahl der Gräber symbolisiert (Zeichnung 7). Die nahe den Pfeilspitzen angegebenen Zahlen sind Deklinationen von Sonne und Mond sowie von Deneb, Capella, Rigel und den Plejaden vor fast 4000 Jahren.

Anhand der Abbildung erkennen wir, daß die Nord-Süd-Ausrichtung hervortritt, in geringerem Maße ebenfalls die West-Ost-Orientierung. Andere Richtungen weisen auf die Horizontpunkte zur Zeit der Sonnenwenden. Der stärkste Pfeil, der auf 10 Ortungen beruht, deutet an, daß man den Untergangspunkt der Sonne am Winteranfang bevorzugte. 2 Gräber könnten auf jene Stellen am Horizont gerichtet sein, an denen der Mond in seiner südlichsten Stellung zum Himmelsäquator (er beschreibt dann seinen kleinsten Bogen über dem Firmament) den Gesichtskreis berührte. Einige wenige Gräber, durch helle Pfeile charakterisiert, zeigen eventuell auf die damaligen Horizontpunkte der Fixsterne

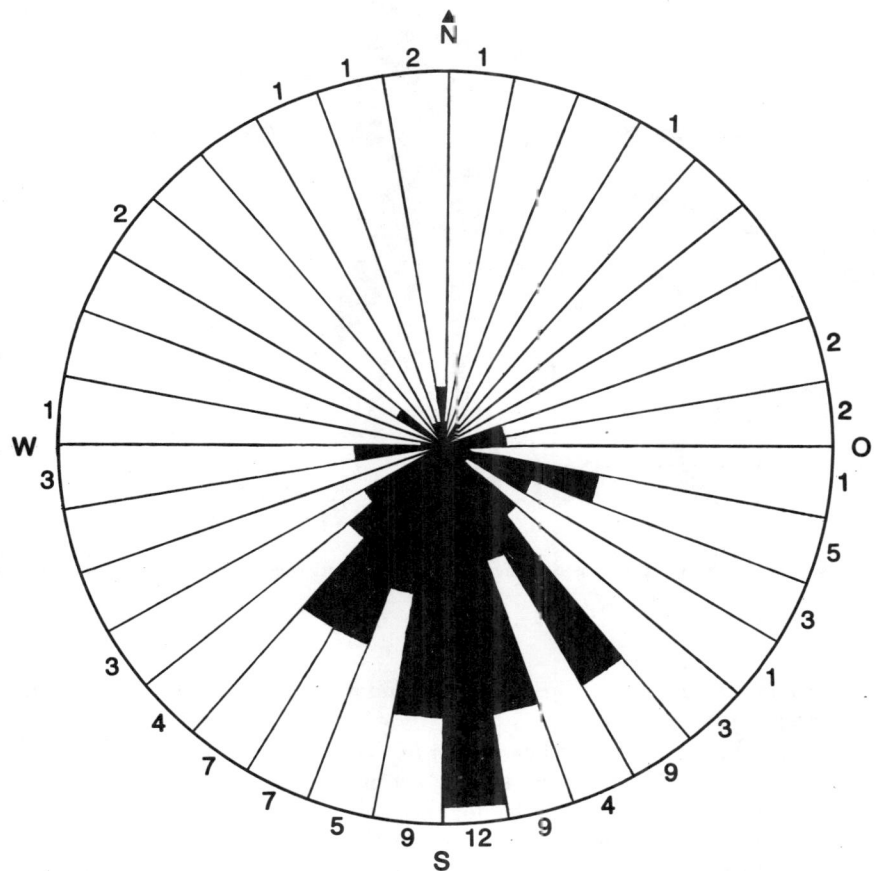

6   Richtungsbild von 98 Großsteingräbern in den Nordbezirken der DDR

21

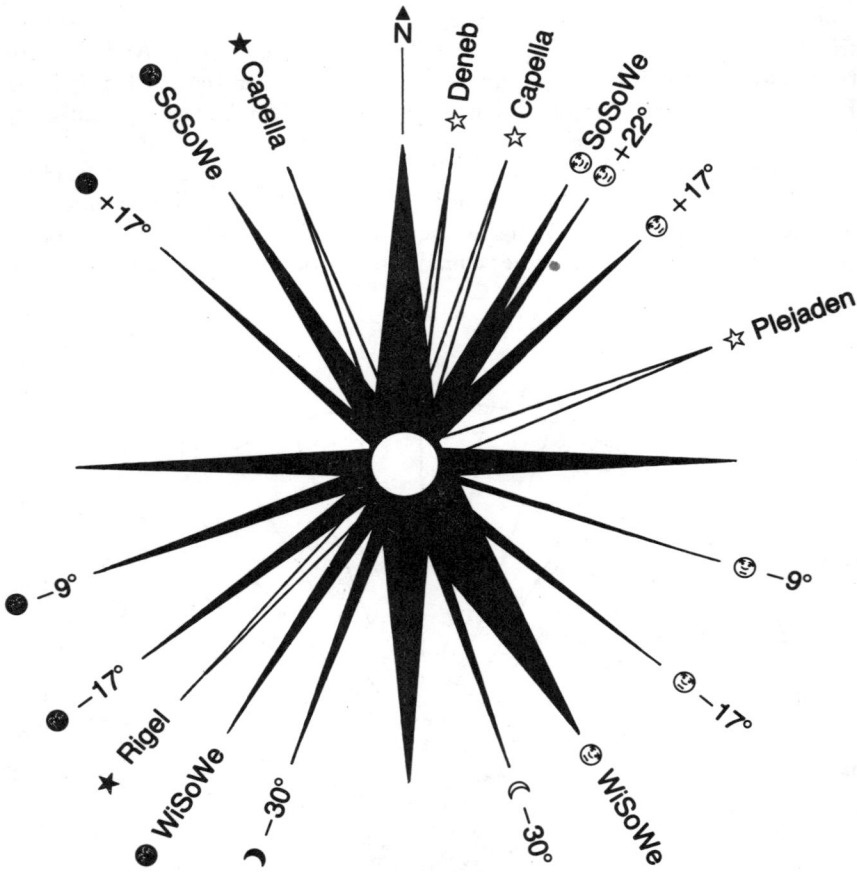

7   Windrosenbild von 59 Großsteingräbern in der Bretagne, Irland, Schottland und im norddeutschen Raum

Deneb im Schwan, Capella im Fuhrmann und Rigel im Orion sowie auf die der Plejaden (des Siebengestirns).

Zur Ausrichtung megalithischer Gräber beziehungsweise ihrer Eingänge ist in letzter Zeit ein weiterer interessanter Beitrag geleistet worden. Er ging von einem Mann aus, der weder Archäologe noch Astronom oder Mathematiker ist: von Martin Brennan. Irischer Abstammung, aber in New York geboren, hatte er am Pratt Institute in Brooklyn ein Kunststudium aufgenommen, das er in Japan und Mexiko fortsetzte, wo er sich für prähistorische Felszeichnungen zu interessieren begann. Dann begab er sich nach Irland, um sich dort mit dessen ältester Kunst zu beschäftigen, insbesondere mit der des Neolithikums. Brennan war von ihren abstrakten Formen, ihrem ornamentalen und dekorativen Charakter und ihrem vermutlichen Symbolgehalt tief beeindruckt. Als Langzeitprojekt nahm er sich vor, Bedeutung und Zweck dieser ungewöhnlichen Darstellungen zu erforschen.

In Irland befindet sich die wohl bedeutendste Konzentration neolithischer Kunstausübung auf großen Steinen. Die irischen Beispiele betreffen allerdings nur Gravierungen (nicht auch gemalte Figuren wie auf dem Festland in Westeuropa). Sie sind stets mit Passage-Mounds oder Passage-Graves (aus dem Englischen: „Korridor- oder Ganggrabhügel") verbunden, in deren Architektur die abstrakten Kunstformen einbezogen wurden.

Eine Karte (Zeichnung 8) zeigt die Verbreitung der mit Gravierungen versehenen Ganggräber auf irischem Boden. Besonders wichtig sind die Fundorte in der Nähe des Boyne, der in Ostirland zur Irischen See fließt. Nach dem Fluß ist eine neolithische Kultur benannt worden, deren Passage-Mounds sich am Boyne konzentrieren. Neue Datierungen setzen ihre Entstehung in den Zeitraum von etwa 3700–3200 v. u. Z. In die Hügel solcher Grabstätten führt ein oft langer Gang aus senkrecht gestellten Steinen zu rundlich oder rechteckig gebauten Kammern, die nach oben gewöhnlich durch ein sogenanntes falsches Gewölbe aus überkragenden Steinplatten geschlossen sind.

Zwischen den heutigen Städten Slane und Oldbridge wendet sich der Boyne zunächst etwas nach Süden und dann stark nach Norden. Dabei umschließt er teilweise ein breites Tal, in dem die größten und bekanntesten Passage-Mounds errichtet wurden. Am südlichsten liegt New Grange, das berühmteste urzeitliche Monument Irlands, nordöstlich von ihm Dowth und nordwestlich Knowth, das größte Ganggrab der irischen Inseln. Westlich von diesem Komplex stoßen wir auf die Loughcrew-Hügel, von denen aus sich ein weiter Blick auf das Gebiet rundum ergibt. Auf der Hügelkette, die sich über 3 Kilometer in west-östlicher Richtung hinzieht, finden wir zahlreiche Ganggräber.

Martin Brennan untersuchte nicht nur die abstrakten neolithischen Darstellungen in den Ganggräbern, sondern überprüfte auch, wie die Sonne an bestimmten Tagen des Jahres in die Gänge und Kammern der Grabhügel hineinscheint. Von New Grange zum Beispiel war schon lange bekannt, daß die Strahlen der aufgehenden Sonne zur Wintersonnenwende weit in den engen Gang eindringen. Aber auch andere Passage-Mounds sind offensichtlich auf gewisse Horizontpunkte der Sonne ausgerichtet. Was Brennan über Bedeutung und Funktion der Ganggräber und über ihre abstrakte Kunst herausfand, veröffentlichte er 1983 in einem fesselnd geschriebenen Buch mit dem Titel „The Stars and the Stones. Ancient Art and Astronomy in Ireland" (Die Sterne und die Steine. Alte Kunst und Astronomie in Irland). Wir fassen seine Ergebnisse in 5 Thesen zusammen.

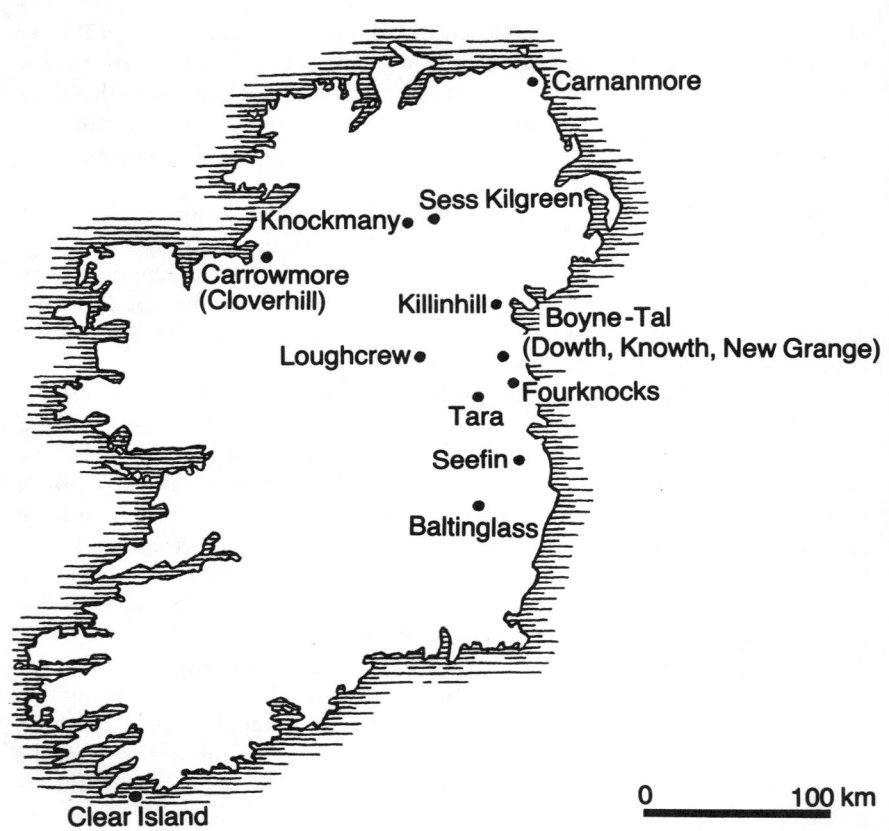

Carnanmore

Sess Kilgreen

Knockmany• •

Carrowmore
(Cloverhill)   Killinhill•
                              Boyne-Tal
Loughcrew•   •(Dowth, Knowth, New Grange)
                    • •Fourknocks
                 Tara

               Seefin•

               •
               Baltinglass

0   100 km

Clear Island

8   Karte Irlands mit Orten, an denen Ganggräber mit Gravierungen zu finden sind

1. Vor allem die Hügelgräber im Boyne-Tal sowie die von Loughcrew, Sess Kilgreen, Tara und Knockmany sind mit ihren Durchgängen und Kammern nach bestimmten Auf- und Untergangspunkten der Sonne bzw. nach der Nord-Süd-Richtung orientiert.

2. Ein Teil der Ganggräber ist in seiner Lage zueinander nach astronomischen Gesichtspunkten angeordnet.

3. Aus den Orientierungen der Grabstätten und ihrer Durchgänge kann man auf den Kalender der damaligen Zeit schließen.

4. Die Passage-Mounds waren keine Grabstätten, sondern eine Art Tempel des Sonnenlichts. Ihrer Konstruktion liegen astronomische Gesichtspunkte zugrunde.

24

5. Die Gravierungen geben vor allem Sonnen-, Mond- und kosmische Symbole wieder und zeugen von einer Zeitrechnung nach Sonne und Mond.

Für *These 1* liefert New Grange ein besonders schönes Beispiel. Der künstliche Hügel erhebt sich auf dem höchsten Punkt des nördlichen Boyne-Ufers. Sein merkwürdig birnenförmiger Grundriß besitzt einen größten Durchmesser von etwa 85 Metern (Zeichnung 12). Den Fuß des Hügels umgeben 97 längliche plattenartige Steinblöcke. Die Höhe des Mound beträgt ungefähr 15 Meter. Er verkörpert also ein gewaltiges Bauwerk, dessen Aufbau und Struktur durch Ausgrabungen in den Jahren 1962 und 1963 geklärt werden konnten. Danach hat man New Grange restauriert und soweit wie möglich in den einstigen Zustand zurückversetzt.

Die steilen Seitenwände sind nun wieder mit hellem und dunklem Quarzgestein verkleidet, das sich schimmernd von dem Grün auf der eigentlichen Hügeloberfläche abhebt. Um den Mound stehen ungefähr im Kreis 12 etwa 2 Meter hohe Menhire. Quer vor dem Eingang auf der Südostseite liegt ein reich verzierter Umfassungsstein. Über dem wie ein Türrahmen wirkenden Eingang ist eine Art steinerner Dachkasten konstruiert worden, dessen horizontale Platten nach hinten zu eine schlitzförmige Öffnung von rund 1,02 Meter Breite und 0,23 Meter Höhe bilden (Zeichnung 17). Die in den Hügel führende Passage ist etwa 1,50 Meter hoch, 0,90 Meter breit und rund 19 Meter lang. Sie ist mit Steinplatten abgedeckt und wird auf beiden Seiten von eng aneinander gestellten Steinblökken eingefaßt. Rechts zählt man 21, links 22 solcher Blöcke, von denen einige mit Gravierungen versehen sind (Zeichnung 9). Der Gang mündet in eine kreuzförmige Kammer mit einer größten Breite von 6,5 Metern. Vom Ende der hintersten Nische bis zum Eingang beträgt der Abstand 24 Meter. In den Nischen der Kammer befinden sich seltsame „Bassins" aus Stein. Das Gewölbe wird aus vorkragenden Steinen gebildet und ist über 6 Meter hoch.

Was sich in New Grange an Licht- und Schatten-Spielen zur Wintersonnenwende abspielt, ist erstaunlich. Sobald die volle Sonnenscheibe über dem Horizont erschienen ist, wirft der außerhalb des Mounds stehende Menhir 1 einen Schatten so auf den gravierten Eingangsstein, daß die rechte Schattenkante gerade mit der vertikalen Linie in der Mitte dieses Steins übereinstimmt (Zeichnung 17). Das Sonnenlicht selbst dringt in die Passage bis zum linken Seitenstein L 19 vor und beleuchtet auf ihm eine eingeritzte 3fache Spirale. Gleichzeitig fällt ein schmaler Sonnenstrahl durch den Schlitz im Dachkasten und erstreckt sich bis zum Fuß des rückwärtigen Steins in der Endnische der Kammer (Zeichnung 9 oben und unten). Ohne jeden Zweifel ist das ein beabsichtigter, raffiniert ausgeklügelter Effekt. 6 Minuten lang streift der Sonnenstrahl von links nach rechts über den Boden der Kammer und den Fuß des Endblocks, bevor er von dem ebenfalls reich verzierten Stein R 21 auf der rechten Seite des Durchgangs eingeengt wird. Nach weiteren 11 Minuten schneidet dieser den Sonnenstrahl von der

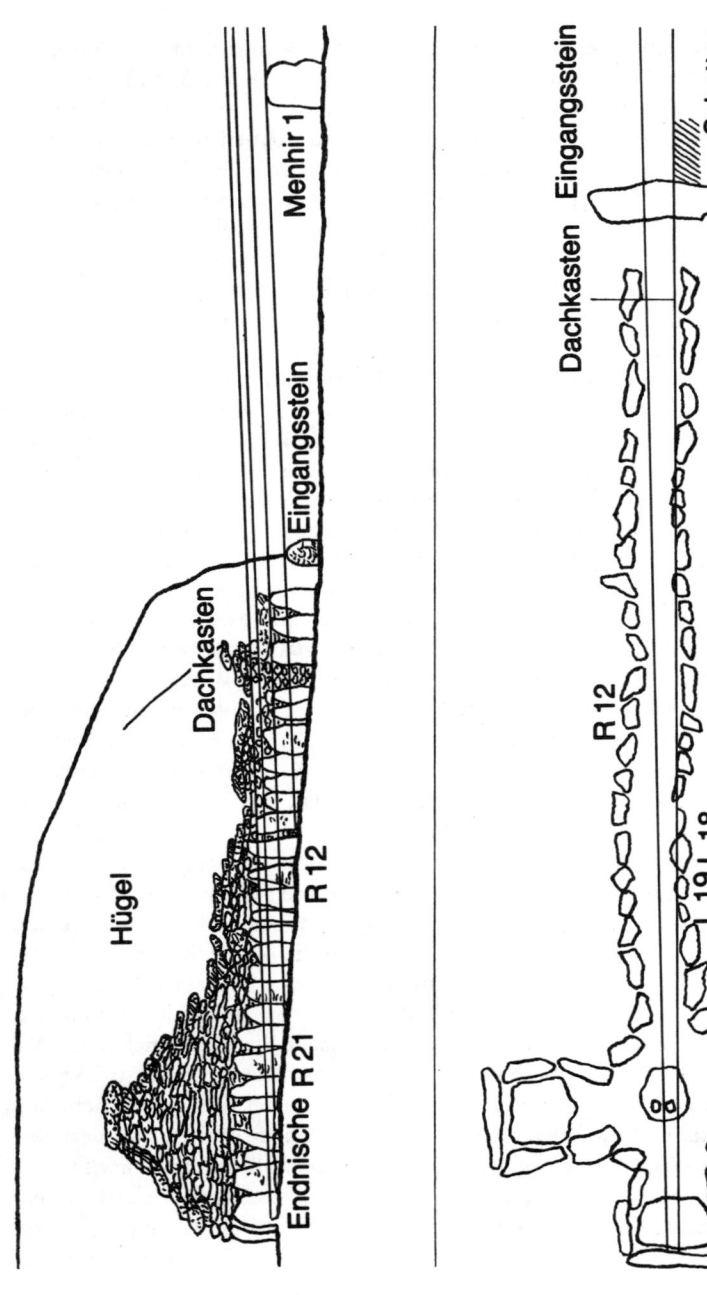

9 New Grange. Oben: Aufriß; unten: Grundriß, jeweils mit Einfall der Lichtstrahlen beim Sonnenaufgang zur Wintersonnenwende

Kammer ab. Während der nächsten 60 Minuten wandert der Strahl von R 21 aus auf der rechten Seite der Passage zurück zum Eingang und spiegelt damit die Bewegung der höher steigenden Sonne wider – ein faszinierendes Schauspiel!

Im Gegensatz zu New Grange besitzt der nordöstlich gelegene Mound Dowth 2 Passagen und 2 Kammern. Der eine Durchgang ist mit seiner Kammer im Vergleich zu New Grange nur halb so lang. Statt zum Aufgang ist er zum Untergang der Sonne am Winterbeginn ausgerichtet. Wenn auch nicht so umfangreich und kompliziert graviert, ähnelt der Stein vor dem Eingang in Dowth dem von New Grange. Der Lichtstrahl, der in die Kammer dieses Hügels gelangt, ist viel breiter und verweilt länger im Innern des Mound. Die größere Passage von Dowth zeigt auf die Horizontpunkte der untergehenden Sonne etwa am 8. November und 4. Februar.

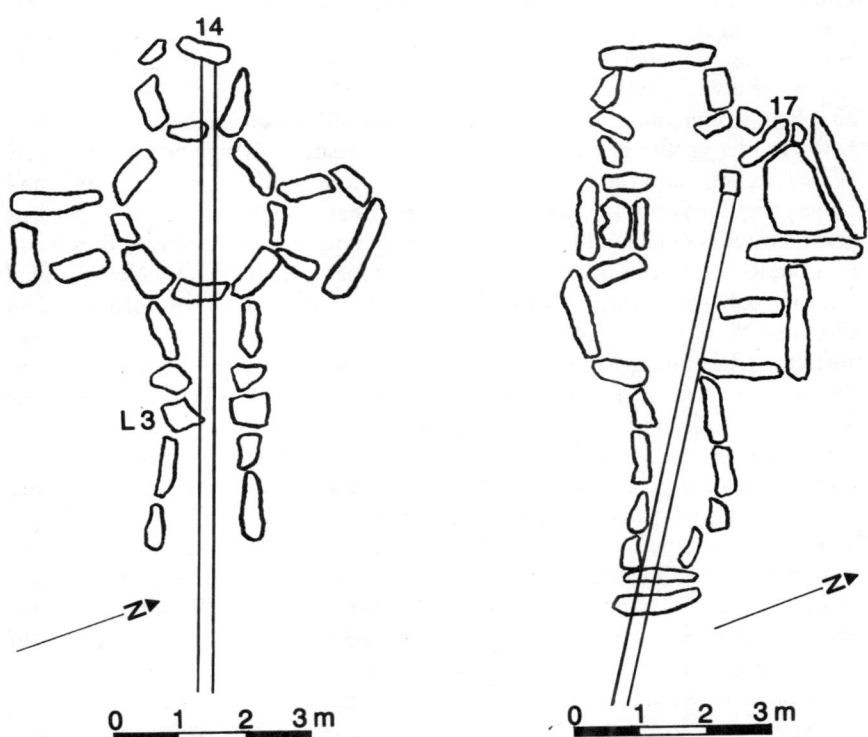

10 Links: Ganggrab T von Loughcrew mit Einfall der Sonnenstrahlen zu den Tagundnachtgleichen; rechts: Ganggrab L von Loughcrew mit Einfall der Sonnenstrahlen am 8. November

Zur Tagundnachtgleiche am Frühjahrs- und Herbstbeginn geht die Sonne genau im Osten auf und im Westen unter. Brennan nennt Beispiele, um zu belegen, daß die Passagen bestimmter Mounds auch auf diese Horizontpunkte des Tagesgestirns zielen. Bei dem Ganggrab T von Loughcrew liegt jedoch eine Besonderheit vor, weil sein Eingang nicht direkt nach Osten weist, sondern von dieser Richtung um 9° nach Süden abweicht. Über der betreffenden Stelle auf dem Gesichtskreis hat die aufsteigende Sonne bereits eine gewisse Höhe erreicht, auf die der Durchgang orientiert ist. Wenn die Sonnenstrahlen in ihn eindringen, bewegen sie sich langsam auf der linken Seite des Ganges bis Stein L 3 und blitzen dann in der Kammer auf. Dort fallen sie auf den rückwärtigen Stein 14 in der Endnische (Zeichnung 10 links). Sie treffen ihn in der linken oberen Ecke, wo sie, bedingt durch die Form des Eingangs, ein kleines glänzendes Rechteck bilden. Dieses wandert allmählich nach rechts unten und beleuchtet dabei der Reihe nach einige eindrucksvolle Gravierungen (Zeichnung 14). Sie sind sicher ganz bewußt auf diesem Sonnenwege angebracht worden. Es ist nicht nur ein ungewöhnlich reizvoller Anblick, sondern zugleich ein sehr einprägsames Erlebnis, in sonst völliger Dunkelheit den kleinen Lichtfleck über das Gestein gleiten zu sehen, wobei immer neue Ornamente an der Wand auftauchen.

Knowth, der größte Passage-Mound Irlands, besitzt 2 Gänge und 2 Kammern. Seine Eingänge sind genau nach Osten und Westen gerichtet, also nach Auf- und Untergang der Sonne zu den Äquinoktien. Beim Untergang des Tagesgestirns gelangen die Sonnenstrahlen durch den Westgang bis zu dessen leichter Richtungsänderung fast am Ende der Passage, was man von deren hinterstem Winkel aus zu beobachten vermag. Auf den querliegenden Eingangssteinen vor dem Ost- und Westzugang sind Vertikallinien eingraviert, die auch in New Grange auftreten (Zeichnung 16 und 17). Ähnlich wie dort wirft ein Steinpfeiler vor dem Westeingang seine Schattenkante genau rechts neben diese Vertikale, wenn die Sonne am Horizont versinkt. Die schlanke, rechteckige Form des Steinpfeilers wiederholt sich in den rechtwinklig-linearen Gravierungen des Eingangssteins. Knowth soll übrigens $^1/_2$ Jahrtausend älter sein als New Grange, also noch der 1. Hälfte des 4 Jahrtausends v. u. Z. angehören.

Sonnenwenden und Tagundnachtgleichen gliedern das Jahr in 4 Abschnitte. Zur weiteren Unterteilung des Jahres bieten sich die nach Tagen berechneten Mitten zwischen Winter- und Sommer- sowie Herbst- und Frühjahrsanfang an, also etwa der 4. Februar und der 8. November sowie der 6. Mai und der 8. August. Auf die Horizontpunkte der Sonne an diesen Tagen sind nach den Untersuchungen von Martin Brennan einige der Passage-Mounds ausgerichtet. Am bemerkenswertesten ist in dieser Hinsicht das Hügelgrab L von Loughcrew. Seine Kammer ist unsymmetrisch. Auf ihrer rechten Seite steht ein isolierter, 2 Meter hoher und fast 0,40 Meter breiter Menhir, der in seiner Form dem Pfeiler vor dem Westeingang von Knowth ähnelt (Zeichnung 10 rechts). Um den 8. November, so beob-

achtete Brennan vom Mound aus, ging die Sonne in der Ferne hinter einem Erdhügel auf, der die letzten Reste eines ehemaligen Grabmals verkörpert. Die Sonnenscheibe umhüllte den Hügel mit feurigem Glanz und sandte zugleich ihre
Strahlen in den Durchgang des Grabes L. Von den Steinen des Eingangs und der
Passage eingeengt und gleichsam in einem Brennpunkt vereinigt, fiel das Sonnenlicht schlagartig auf den einzelnen Pfeiler in der Kammer und beleuchtete grell
dessen weißliches Gestein. Nur der schlanke Stein wurde dabei getroffen, kein
anderer sonst. In den nächsten Minuten glitt der gleißende Lichtfleck von der
Spitze des Menhirs abwärts und leicht nach rechts. Schließlich sprang der Sonnenstrahl auf Stein 17 in der Kammer über und erhellte durch sein reflektiertes
Licht die gesamte Nische, bevor er wieder aus dem Innern des Mound verschwand. Man hat beinahe den Eindruck, das Ganggrab wäre nur für den merkwürdigen Steinpfeiler errichtet worden, um ihm eine würdige Behausung zu geben, in der er von Zeit zu Zeit von der Sonne besucht wird.

Zu These 2. Im Boyne-Tal befinden sich außer den 3 großen Mounds zahlreiche
„Satelliten-Mounds" um die „Riesen" herum. Einige von ihnen sollen nun bewußt so errichtet worden sein, daß die Sonnenstrahlen zu Winteranfang, wenn
sie also den Gang des einen Mound zu verlassen beginnen, bereits in die Passage
eines anderen eindringen. Die Korridore dieser Hügelgräber stünden demnach
in einem Zusammenhang miteinander. Sie wären nach astronomischen Gesichtspunkten (dem Verlauf des Sonnenbogens am 21. Dezember über dem Horizont)
angelegt worden. Bei dieser Interpretation besteht freilich die Gefahr, daß man
sich unter den noch vorhandenen Mounds jene aussucht, die für eine derartige
Deutung geeignet sind, die Fakten also zugunsten der Theorie auswählt.

Die Anordnung der künstlichen Hügel nach astromomischen Gesichtspunkten
ergibt sich für Brennan auch aus Sichtlinien zwischen diesen Erhebungen. Zeichnung 11 stellt vermutete Visuren mit New Grange als Mittelpunkt dar. Sie beziehen sich auf die Sonnenuntergänge zu Sommeranfang und zu den Äquinoktien,
auf die Achteljahrestage am 8. November und 4. Februar sowie auf Untergänge
des Mondes in bestimmten Stellungen auf seiner Bahn, in denen er seine größten
oder kleinsten Bögen über dem Horizont beschreibt (sogenannte große nördliche und südliche Mondwende). Manche kleinere Mounds sind aber nicht auf
dem Richtungsbild eingetragen, vor allem jene nicht, die um Knowth herum liegen.

Zu These 3. Martin Brennan vergleicht die künstlichen Hügel mit Sonnenuhren,
bei denen ein vertikaler Stab im Verlaufe eines Tages seinen Schatten auf eine horizontale Fläche wirft. Nach dem Schattenfall vermag man die Zeit zwischen
Sonnenaufgang und -untergang zu ermitteln, aber auch festzustellen, wie weit
das Jahr schon fortgeschritten ist. Mit ihren Gängen und Kammern bildeten die
Hügel Sonnenuhren besonderer Art. Sie funktionierten nicht nach dem Schat-
tenprinzip, sondern nach Richtung und Einfall der Sonnenstrahlen. Diese gaben

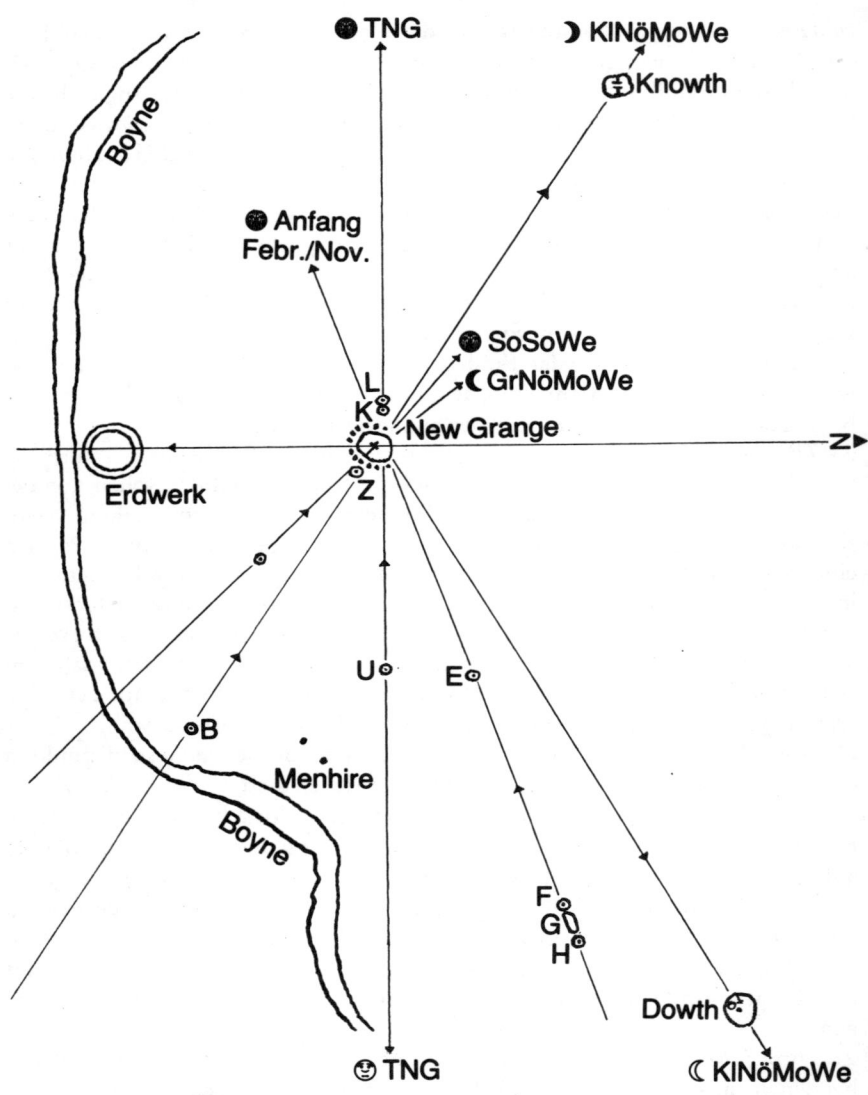

11   Ganggräber im Boyne-Tal. Visierlinien zu New Grange, Knowth, Dowth und darüber hinaus

statt der Tageszeit die Jahreszeit beziehungsweise bestimmte Kalenderdaten an. Sie bezogen sich auf die Sonnenwenden am 21. Dezember und 21. Juni, auf die Tagundnachtgleichen am 21. März und 23. September sowie auf die nach Tagen berechneten Mitten zwischen diesen astronomischen Ereignissen, nämlich auf den 4. Februar, den 6. Mai, den 8. August und den 8. November. Andere kleinere Ganggräber weisen auf Horizontpunkte der Sonne kurz vor oder nach diesen Daten.

Doch die Mounds sind mit ihren Passagen gar nicht so eingerichtet, daß sie die Sonnenstrahlen nur an einem einzigen Tage einlassen. In New Grange zum Beispiel huscht ein Lichtstrahl schon 11 Tage vor der Wintersonnenwende an Stein L 18 vorbei und dringt in die Kammer ein. 11 Tage nach Winteranfang schneidet L 18 auch wieder die Sonne von der Kammer ab. Die Strahlen kennzeichnen also nur den Zeitpunkt um den 21. Dezember herum. Ähnlich verhält es sich mit den Kalenderdaten bei den anderen Hügeln. Allerdings vermag man am Verlauf des Sonnenstrahls im Innern der Mounds das angestrebte Datum mit einiger Sicherheit zu erkennen. Manche Gravierungen in New Grange sollen nach Brennan sogar die Zahlen 11 und 22 symbolisieren und so andeuten, daß man die Tage vor und nach der Sonnenwende ausgezählt hätte.

Es ist gar nicht so einfach, den genauen Zeitpunkt der Sonnenwenden festzustellen. Die Sonne befindet sich dann im flachsten Bogenstück der Ekliptik und verändert ihre Deklination von Tag zu Tag kaum. Wenn sie am Horizont auf ihre Extremstellung zuwandert, wird sie immer langsamer und scheint schon kurz vor der eigentlichen Wende anzuhalten. Deshalb spricht man auch vom „Solstitium", das heißt „Sonnenstillstand". Um die geringfügigen täglichen Verschiebungen am Horizont mit Hilfe der Sonnenstrahlen zu verfolgen, wäre ein sehr langer enger Gang nötig, in den nur ein schmales Bündel des Sonnenlichtes für kurze Zeit einzudringen vermag. Am rückwärtigen Ende des Ganges ließe sich dann an dem Lichtfleck beobachten, wann die Sonne tatsächlich den Wendepunkt ihrer Bahn erreicht hat. Die verhältnismäßig lange und enge Passage von New Grange sowie der Schlitz in dem Dachkasten, durch den das Sonnenlicht zum Wintersolstitium eindringt, bieten günstige Möglichkeiten für solche Beobachtungen auf dem Rückstein der Endnische.

Bei anderen auf die Solstitien orientierten Mounds sind die Passagen jedoch wesentlich breiter und kürzer und demnach für solche exakten Ermittlungen weniger geeignet. Zur Bestimmung der Äquinoktien, meint Brennan, genügten aber kürzere Durchgänge, denn zu dieser Jahreszeit bewegt sich die Sonne auf der Ekliptik rasch aufwärts oder abwärts und verändert daher ihre Deklination pro Tag deutlich (etwa um 0,40°). Entsprechend schnell verschieben sich ihre Horizontpunkte. In den Endnischen der Kammern macht sich das am täglich wechselnden Verlauf des Lichtstrahls ebenfalls auffällig bemerkbar. Die beiden Passagen von Knowth, die längsten überhaupt, sind jedoch nicht auf die Horizontpunkte der Sonne zu den Solstitien, sondern auf die zu den Äquinoktien gerichtet! Ihre Länge hatte also noch andere als astronomische Gründe.

Nur um die betreffenden Jahresdaten festzulegen, gibt es außerdem einfachere Mittel und Möglichkeiten. Dort, wo etwa der Horizont durch Bäume, Büsche oder Einschnitte stark gegliedert ist, vermag man zum Beispiel sowohl das Aufsetzen der Sonnenscheibe als auch den letzten Schimmer ihres oberen Randes ohne besondere Hilfsmittel mit einer Genauigkeit von mindestens $^1/_{10}$ des scheinbaren Sonnendurchmessers zu bestimmen. Nötig sind dafür einzig und allein klares Wetter, etwas Geduld und natürlich ein und derselbe Standort. In ähnlicher Weise könnten die Erbauer der Passage-Mounds ihre Beobachtungen angestellt haben.

Zu These 4. Bei seiner Annahme, die Passage-Mounds seien „Tempel des Lichts" gewesen, beruft sich Martin Brennan auf die ältesten Überlieferungen über New Grange. In ihnen ist keine Rede von Ruhestätten für die Toten. Wie Legenden berichten, sollen in New Grange Götter gezeugt und geboren worden sein. Hier hätten der Hauptgott und die prominentesten Götter des Pantheons gewohnt und regiert. Der Plan, nach dem der künstliche Hügel entworfen und errichtet wurde, zeugt nach Brennans Meinung von einer Kultstätte, deren Struktur eine Reihe von astronomischen Gesichtspunkten zugrunde liegen.

Sehen wir uns den Grundriß von New Grange näher an (Zeichnung 12): Die eine Achse des Hügels entspricht der Richtung, in der die Passage verläuft, und zugleich der Linie zur auf- und untergehenden Sonne während des Wintersolstitiums. Sie berührt Menhir 1, den Eingangsstein K 1 und den Umfassungsstein K 52. Beide Umfassungssteine sind auf einer Langseite mit Gravierungen bedeckt (Zeichnung 16 und 17). Bei K 52 ist jedoch die gravierte Fläche der Mitte des Hügels zugewandt. Nach dem Bau des Hügels blieb sie demnach den Augen verborgen.

Zu den ornamentierten Blöcken gehören weiterhin K 13 und K 67, K 4, K 18, K 82 und Teile des „Dachkastens". Von Menhir 4 führt eine Linie über K 13 und K 67. Sie weist nach Südwesten auf den Untergang der Sonne zum Wintersolstitium und nach Nordwesten zum Sonnenaufgang beim Sommersolstitium. Vielleicht hat sich im Nordwesten einst gleichfalls ein Menhir befunden. Auf den Mittelpunkt der sich kreuzenden Linien bezogen, sind die Menhire etwa in einem Kreis angeordnet.

Zeichnung 12 unten verdeutlicht uns noch 2 weitere Richtlagen. Eine davon schließt Menhir 5, Umfassungsstein K 18, Stein R 21 (rechts am Ende der Passage) sowie den Umfassungsstein K 82 und Menhir 10 ein. Es ist eine Orientierung, die die auf- und untergehende Sonne etwa zum 6. Mai und zum 8. November betrifft. Insgesamt tragen 19 Umfassungssteine von New Grange Gravierungen, und 3 sind damit auf einer Seite gänzlich bedeckt: K 1, K 52 und K 18. Der Ort, an dem

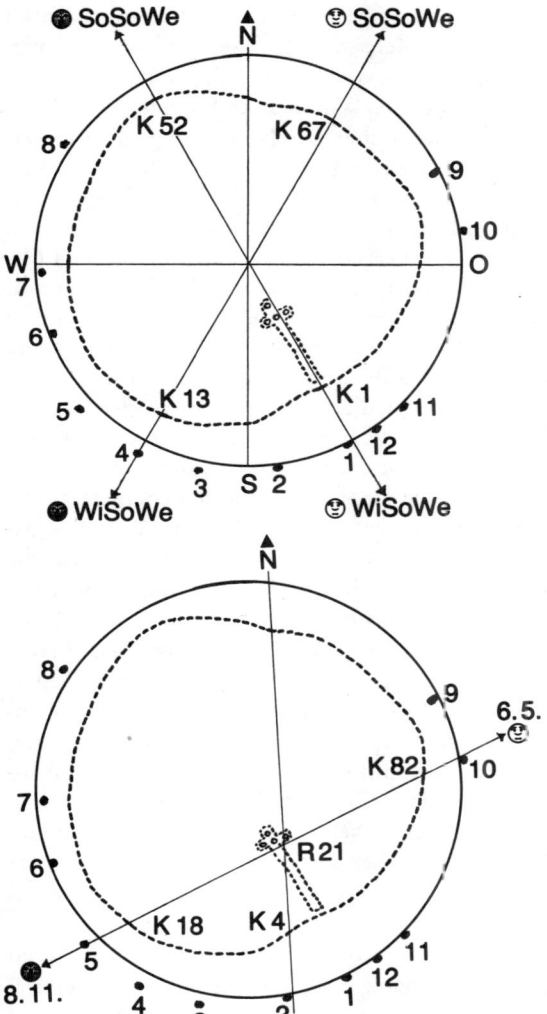

12 Grundriß von New
Grange mit dem Kreis der
Menhire und Visierlinien
zu Sonnendaten

man sie zwischen die anderen Blöcke einordnete, war wohl aus astronomischen
Gründen so gewählt. Die erwähnten Daten verglich Brennan mit altkeltischen
Festtagen: Beltane (der Sonne Feuer) Anfang Mai und Lugnasad (das Fest von
Lug, einem Sonnengott) zu Beginn des August. Zum 4. Februar führte er als Paral-
lele ein Fest an, das man Imbolc (das Sprießen) nannte, und zum 8. November das
Fest Samhain, das möglicherweise Sommerende bedeutet. Es war das wichtigste

Fest im keltischen Kalender und wohl eine Art Erntedanktag. Vermutlich waren diese kalendarischen Daten schon den Menschen des Neolithikums wichtig, weil sie im Februar den Frühling und die Aussaat, im Mai den Sommer, im August Herbst und Ernte und im November den Winter ankündigten.

Die steinernen „Bassins" in den Kammernischen von New Grange dienten vermutlich (entgegen der Ansicht Brennans) zur Aufnahme von Überresten Verstorbener. Als Beigaben fand man zerbrochene Tongefäße, kleine Kugeln und Anhänger aus Stein sowie Ketten, Anhänger und Nadeln aus Knochen. Hier sei an merkwürdige Sitten und Bräuche erinnert, die auf mecklenburgischem Gebiet bei Menschen der Trichterbecherkultur üblich waren. In den Kammern ihrer Großsteingräber (über denen meist ebenfalls ein Hügel aufgetürmt wurde) unterteilten sie die Bodenfläche durch hochkant gestellte Rotsandsteinplatten. Die so begrenzten Flächen bildeten kleine Bezirke für die Knochen der Toten. Aber es war nur eine Auswahl von Gebeinen, die hier beigesetzt wurden. Die Toten selbst hatte man zunächst an anderer Stelle begraben oder „aufbewahrt", bis die vergänglichen Teile verwest waren. Erst danach wurden die ausgewählten Skelettteile in einer Zweitbestattung in den Großsteingräbern niedergelegt. Dabei sind, wie aus den Funden ersichtlich wird, rituelle Handlungen vollzogen worden. Wahrscheinlich wurden auch in den Ganggräbern der irischen Insel die Reste der Toten nur zu bestimmten Zeiten beigesetzt. Wenn man damals Leben und Tod mit dem jährlichen Sonnenlauf in Verbindung brachte und diesen Kreislauf als eine Art ewige Wiederkehr ansah, war natürlich das menschliche Leben mit in diesen ständigen Prozeß des Geborenwerdens, Sterbens und der Wiedergeburt eingeordnet. Vielleicht sollte die Sonne die in den Grabkammern ruhenden Gebeine zu neuem Leben erwecken. Das konnte zu den Solstitien, den Äquinoktien oder zu irgendeinem anderen Zeitpunkt geschehen. Sonnenkult und Totenkult, Grabmäler und Verehrungsstätten für die Sonne schließen sich also nicht aus. Im frühen, mythisch begründeten Weltbild waren sie vermutlich untrennbar miteinander verbunden. Was wir über die Lage und Blickrichtung der Toten und über die Orientierung der Dolmen und Ganggräber im Neolithikum wissen, deutet in die gleiche Richtung.

Zu These 5. Die Gravierungen auf den Steinen der Mounds sollen eng mit deren Konstruktion und Funktion zusammenhängen und damit ein integraler Bestandteil der Grabhügel sein. Dafür hat Brennan überzeugende Beispiele angeführt. Was die Darstellungen selbst betrifft, so hält er sie für Sinnbilder von Sonne, Mond und Sternen, aber auch für Symbole von Licht, Zeit, Raum und einer universellen Gesamtheit sowie für kalendarische Angaben. Wir greifen die wichtigsten dieser Symbole heraus.

Zu den überraschendsten Entdeckungen Brennans zählen Gravierungen, die wahrscheinlich Sonnenuhren symbolisieren. Am verblüffendsten ist die realistische Darstellung einer horizontalen Sonnenuhr (Zeichnung 13 unten). Sie zeigt

13   Vermutlich symbolische Sonnenuhrdarstellungen in irischen Ganggräbern

den Schattenwurf eines senkrecht in die Erde gesteckten Stabes während der
Äquinoktien. Wenn die Sonne im Osten aufgeht, fällt der Schatten nach Westen;
am Mittag zeigt er nach Norden, bei Sonnenuntergang nach Osten. Eben das

ist wohl auf der abgeflachten Spitze des Steins NE4 in Knowth abgebildet. 1 Punkt verkörpert hier den Stab. 9 lange, schmale Dreiecke versinnbildlichen den sich verbreiternden Schatten, 2 Punkte in einer Reihe mit dem Stab die Richtung nach Süden. Die 3 Punkte in Fortsetzung der Schattenlinien deuten vielleicht eine Verlängerung der jeweiligen Richtung an.

Durch die 9 Schattenwürfe ergeben sich 8 Segmente. Hat man den lichten Tag generell in 8 Teile untergliedert? Oder wird hier auf die 8fache Gliederung des Jahres angespielt, die die Ausrichtungen der Passagen in den Hügelgräbern nahelegen?

In Zeichnung 13 haben wir noch weitere Gravierungen zusammengestellt, die anscheinend, mehr oder weniger stilisierend, auf Sonnenuhren hinweisen. Eine davon (in der 2. Reihe von unten) stammt aus einem Ganggrab von Loughcrew. Obwohl bei ihr kein Wert auf geometrische Präzision gelegt wurde, sind in den einander zugeordneten Gruppen von Schattenlinien im inneren Halbkreis 8 und im äußeren 16 Segmente angegeben. Waren der Tag oder das Jahr nochmals unterteilt?

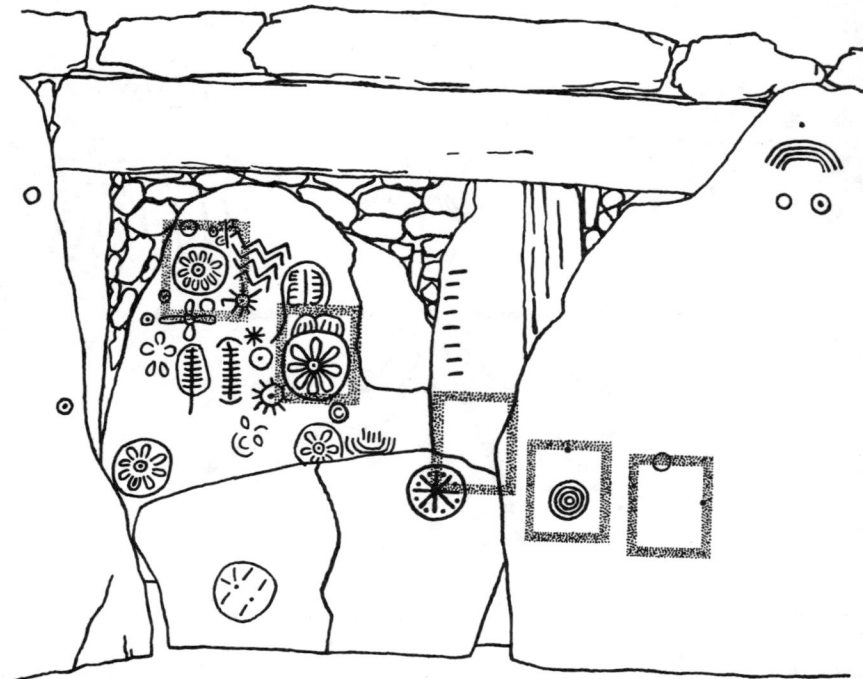

14 Ganggrab T von Loughcrew. Wanderung des rechteckigen Sonnenlichtflecks zur Frühlings-Tagundnachtgleiche über die Gravierungen im Hintergrund der Kammer

15   Einfache und doppelte Spiralen. Oben: West Ray, Orkney-Inseln; links unten: Knowth; rechts unten: New Grange

Als Zentrum der stilisierten Schattenwürfe hat man 2 Kreisbögen dargestellt, deren „Nabe" und „Speichen" wohl gleichfalls eine Sonnenuhr symbolisieren. Die Kreise können den fast rundum laufenden Schattenbogen, die Bahn der Sonne oder den Horizont verkörpern. So entsteht eine Radform, ein uraltes Sinnbild, das besonders häufig unter den skandinavischen Felszeichnungen der Bronzezeit auftaucht. Es gilt als Sonnensymbol. Ähnliche Sonnenräder erblicken wir auf Zeichnung 13 in der 3. Reihe von unten. Sie kommen in Dowth und in Mounds von Loughcrew vor. Offenbar verwandt mit ihnen sind die Gravierungen auf dem rückwärtigen Stein in der Endnische des Passage-Mound T von Loughcrew, über die der Lichtstrahl zu den Äquinoktien hinweggleitet (Zeichnung 14).
Bei der Gravierung in der Mitte der oberen Reihe von Zeichnung 13 (aus dem gleichen Mound T von Loughcrew) hat man den Eindruck, daß hier aus verschiedenen Symbolen eine Art Weltsystem zusammengesetzt worden ist. Punkte, Kreise und radiale Linien vereinigen sich zu einem ebenso ornamentalen wie abstrakten Gebilde, das an ein kompliziert aufgebautes, rotierendes Universum erinnert. Die Sonnenuhrenform ist dabei ebenfalls vertreten.

Rechts und links sind in der oberen Reihe noch 3 Gruppen von Zeichnungen abgebildet. Es sind Symbole, die aus Kreisen, einem Oval und einem Viereck bestehen. In ihrem Inneren sehen wir eine unterschiedliche Anzahl von Speichen bzw. Schattenlinien. Sie bilden auch Kreuze und in dem Viereck Dreiecke. Damit ist ein Entwicklungsweg angedeutet, der die Ausgangsformen in verschiedener Weise variiert. Das Kreuz weist in 4 diametral entgegengesetzte Richtungen. So vermag es die Kardinalpunkte auf dem Horizont ebenso wie eine 4fache Gliederung des Gesichtskreises oder der „Welt" zu versinnbildlichen.

Wer täglich die Sonne beobachtet, merkt bald, daß sich ihre Bögen über dem Horizont $^1/_2$ Jahr lang vergrößern und dann wieder verkleinern (Zeichnung 1). Gibt man das durch Kreisbögen wieder, entsteht ein Gebilde, das sozusagen von innen nach außen wächst oder sich von seinem äußeren Umfang her nach innen verkleinert. Solche Formen erblicken wir zum Beispiel auf einem Stein von den Orkney-Inseln (Zeichnung 15 oben). Wir begegnen ihnen in der megalithischen Kunst häufig, auch als konzentrische Vollkreise.

Das führt uns zu einer weiteren, höchst interessanten Form, der Spirale. Durch konzentrische Kreisbögen vermag man zwar die wechselnde Sonnenhöhe über dem Horizont zu versinnbildlichen, aber wie die Sonne höher hinaufgelangt oder tiefer hinabsteigt, kann nur durch ein Ineinanderübergehen der Bögen, also durch eine spiralförmige Jahresbahn veranschaulicht werden. Ihren Windungen scheint die Sonne bis zu ihrem höchsten und tiefsten Punkt über dem Südhorizont zu folgen.

Spiralen treffen wir vor allem in den Mounds des Boyne-Tals an (Zeichnung 15). Vermutlich hat es die Erbauer der Grabhügel aber nicht befriedigt, den veränderlichen Sonnenlauf nur durch *eine* Spirale darzustellen, denn seine Bewegung führt ja periodisch nach außen und nach innen, und sie kehrt sich dabei von einem bestimmten Punkt aus um. Offenbar hat man das in Doppelspiralen zum Ausdruck gebracht (Zeichnung 15–17). Man verband sie durch einen geraden Querstrich, durch 2 Bögen, die im Winkel zusammenstoßen, oder man zog die Linie der einen größten Spiralwindung etwas diagonal zur anderen größten Windung weiter und schuf auf diese Weise eine auch ästhetisch sehr ansprechende Form (Zeichnung 15 rechts unten). Während der späteren nordeuropäischen Bronzezeit war gerade diese Doppelspirale als ornamental-symbolhaftes Motiv außerordentlich beliebt.

Auf Zeichnung 16 erblicken wir (von oben nach unten) die beiden Eingangssteine vor dem West- und Ostzugang von Knowth sowie den Umfassungsstein K 52, der dem Eingangsstein von New Grange auf der Sonnenwendlinie zum Wintersolstitium genau gegenüberliegt (Zeichnung 12 oben). Die Eingangspartie von New Grange mit dem gravierten Stein, dem Eingang dahinter und dem Dachkasten darüber ist auf Zeichnung 17 dargestellt. Alle 4 Steinblöcke weisen in der Mitte eine Vertikallinie auf. Bei Knowth West unterbricht sie die eckigen

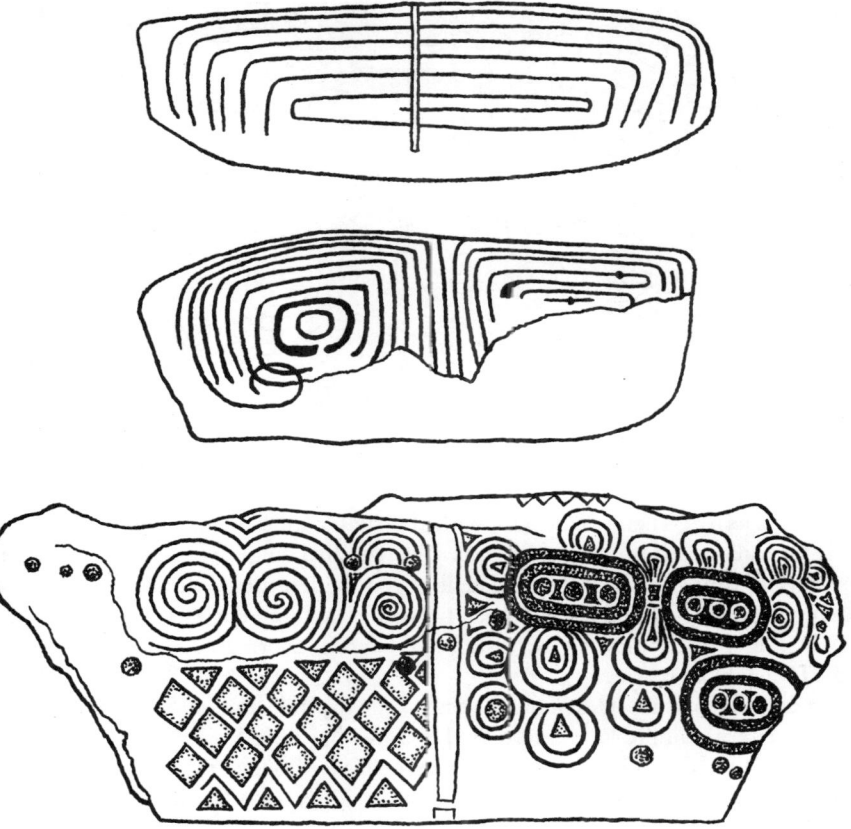

16 Von oben nach unten: Eingangssteine vor dem West- und Ostzugang von Knowth. Umfassungsstein K52 von New Grange

Linien wie zum Zeichen, daß hier der symbolisierte Vorgang (wahrscheinlich der Sonnenlauf) eine Zäsur, eine Teilung erfährt (zu den Äquinoktien). Diese Zäsur oder Teilung wird bei dem Block vor dem Osteingang noch offensichtlicher. Wir hatten schon erwähnt, daß der Schatten eines Menhirs beim Sonnenuntergang zur Tagundnachtgleiche unmittelbar rechts neben die Vertikallinie des Eingangssteins von Knowth West fällt.
Dieser Trennungslinie begegnen wir auch auf dem Umfassungsstein K52 von New Grange. Auf ihm sind sehr komplexe Symbole abgebildet. Rechts werden 3 aneinander gereihte Kreise jeweils von einer Art Kartusche umgeben. Vielleicht war damit die Dreiheit von Sonne, Mond und Venus (als hellsten Him-

17   Eingang und querliegender Eingangsstein von New Grange

melskörpern) gemeint, eine Dreiheit, die später im Kult der Babylonier eine
große Rolle spielte. Die zwischen den Kartuschen eingeengten, in entgegengesetzte Richtung anschwellenden Halbbögen deuten möglicherweise ein Wachsen oder Abnehmen an, wie es auch für den Mond und darüber hinaus für alles
Lebendige, Organische typisch ist. Die Dreiecke innerhalb der Bögen scheinen
die Dreizahl zu betonen.
Auf der linken Hälfte des Steins ist eine Doppelspirale und in Verbindung damit
eine weitere Spiralform dargestellt. Darunter hat man Vierecke und Dreiecke
eingemeißelt, deren Form vielfach als sexuelles weibliches Zeichen gilt, das sich
über 30000 Jahre zurück bis zum Beginn der jüngeren Altsteinzeit nachweisen
läßt. Derartige Sinnbilder im Verein mit der „Neugeburt" der Sonne zum Wintersolstitium würden gut zu mythisch geprägten Vorstellungen passen. Die Gravierungen waren dem Innern des Hügels zugewandt, also unsichtbar. Ihre Symbolik beziehungsweise ihre vermeintliche Wirksamkeit wurde dadurch offenbar
nicht berührt. Es drängt sich im Gegenteil der Gedanke auf, ob damit nicht eine
mythische Dualität oder Polarität zum Ausdruck gebracht werden sollte: die des
Sichtbaren und Unsichtbaren, des Lichts und der Dunkelheit, der Geburt und
des Todes. Die kleinere Doppelspirale rechts neben der größeren kennzeichnet
eventuell einen Neuanfang und den Fortbestand des kosmischen und irdischen
Kreislaufs, der die genannten Gegensätze als „dialektische Einheit" umfaßt.
Martin Brennan hat daher sicher recht, wenn er die abstrakten Gravierungen auf
den Steinen der irischen Ganggräber für Sinnbilder eines komplizierten mythischen Weltbildes hält.

Streit um die Geometrie der Steinzeit

Megalithische Ringe und ihr Einheitsmaß

Zu megalithischen Bauten gehören in Europa Steinringe, von denen allein in Großbritannien noch über 900 vorhanden sind. Ursprünglich werden es wohl einige tausend solcher Ringe gewesen sein, die aus aufrecht stehenden, in mehr oder weniger großer Entfernung voneinander angeordneten Steinen errichtet wurden. Mit ihrer Erforschung hat sich vor allem Alexander Thom, bis zu seiner Emeritierung Professor für Ingenieurwissenschaften in Oxford, in rund 50jähriger „Feldarbeit" beschäftigt. Er hat dabei etwa 300 Ringe genau vermessen und klassifiziert. Außerdem widmete er sich den eindrucksvollen Steinalleen in Nordwestfrankreich. Wie bei einigen Fundstätten in Britannien wurde er dabei von seinem Sohn Archibald Stevenson Thom unterstützt.

Alexander Thom bemerkte, daß die Steinringe sehr unterschiedliche Formen besitzen. Sie bilden Kreise, Ellipsen, auf einer Hälfte abgeflachte Kreise, Eiformen und spezielle Gestaltungen, die anscheinend nur für einzelne Orte geschaffen wurden. Mit dieser Untergliederung gelang es Thom als erstem, die megalithischen Ringe nach einer fundierten Klassifizierung zu ordnen und zu systematisieren.

Die meisten von den vermessenen 300 Ringen sind echte Kreise (rund 200 oder 67%). Sicher vermochte man sie am leichtesten zu konstruieren. Man steckte einen Pflock in die Erde, befestigte eine Schnur daran und band ihr anderes Ende an einen Stock. Mit dem straff gespannten Seil und dem Stock ließ sich um den Pflock herum ein Kreis schlagen und auf dem Boden markieren. Die Kreislinie gab den Standort für die zu errichtenden Steine an. Bei seinen Messungen ging Thom übrigens immer von den Mitten dieser Steine aus, also nicht von deren (auf das Kreiszentrum bezogenen) Innen- oder Außen- beziehungsweise Vorder- oder Rückseiten.

Andere, nicht kreisförmige Ringe zu entwerfen ist schwieriger. Bei dem Entwurf und der Konstruktion solcher Gebilde wären die Baumeister nach Meinung Alexander Thoms von rechtwinkligen Dreiecken ausgegangen. Bei ihnen ist die Summe der über den Katheten errichteten Quadrate gleich dem Quadrat über der Hypotenuse – ein Lehrsatz, der dem im 6. Jahrhundert v. u. Z. lebenden griechischen Philosophen, Arzt und Priester Pythagoras zugeschrieben wird.

Thom behauptete nicht, daß die Menschen des Megalithikums bereits den pythagoreischen Lehrsatz gekannt und formuliert hätten, aber er meinte doch, daß die

„Gelehrten" des Megalithikums auf dem Wege waren, den Sinn dieses Lehrsatzes zu verstehen.

Von den vermessenen Steinringen der Britischen Inseln gehören nach Angaben der beiden Thoms etwa 17% (also etwa 50 Ringe) zu abgeflachten Kreisen. In ihrer Mehrzahl kann man sie in 2 Typen einteilen. Begegnen wir solchen Steinsetzungen im Gelände, bemerken wir zwar, daß sie kreisähnlich sind, aber die wirkliche Form der mitunter 30, 40 oder noch mehr Meter messenden Gebilde ist

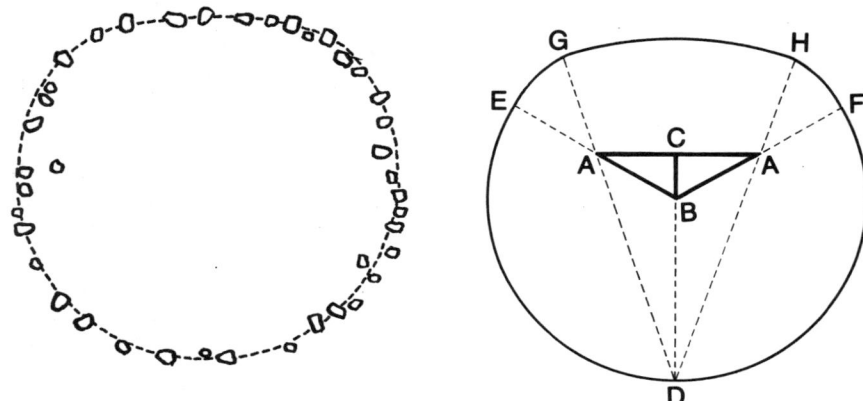

18 Abgeflachter Kreis vom Typ I (bei Burnmoor). Links: Grundriß; rechts: Konstruktion

nicht so ohne weiteres auszumachen. Ihre eigentliche Gestalt wird erst durch einen sorgfältig erarbeiteten Grundriß deutlich. Zeichnung 18 zeigt uns einen abgeflachten Ring vom Typ I. Links sehen wir ihn ohne, rechts mit Angabe von Konstruktionshinweisen. Die „Architekten" dieser Steinsetzung wären, erläuterte Alexander Thom, von rechtwinkligen Dreiecken mit den Eckpunkten A, B, C ausgegangen, wobei sie sich nicht an die sonst gültige Regel hielten, diese Dreiecke nach ganzzahligen Seitenverhältnissen zu entwerfen. Von Punkt D aus wurden vermutlich Hilfslinien zu den Punkten A und darüber hinaus gezogen und die Dreiecksseiten BA verlängert. B diente als Mittelpunkt für den großen Kreisbogen, den man von E über D nach F schlug. Die Kreisbögen zwischen E und G sowie F und H entwarf man von den Punkten A aus unter Benutzung der Strecke BA als Radius. Den abgeflachten Kreis schloß man mit dem Bogenstück von G nach H. Sein Zentrum lag bei D; den Radius bildete die Entfernung DG beziehungsweise DH. Für die Archäologen waren solche Konstruktionen deshalb besonders überraschend, weil sie etwas Vergleichbares aus der Jungsteinzeit und

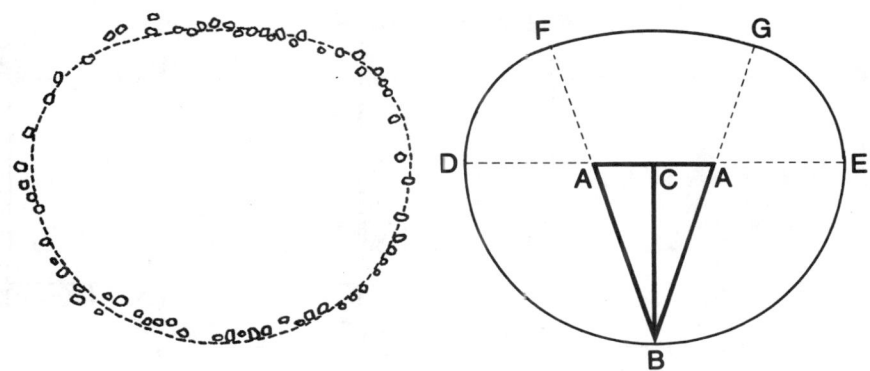

19   Abgeflachter Kreis vom Typ II (Long Meg). Links: Grundriß; rechts: Konstruktion

Bronzezeit West- und Nordeuropas noch nicht kennengelernt und den Menschen dieser Zeit so komplizierte Entwürfe auch gar nicht zugetraut hatten. Aber andere Ringe deuten nach Thoms Untersuchungen auf ähnlich ausgeklügelte Verfahren. Typ II der abgeflachten Kreise hat es gleichfalls „in sich". Zeichnung 19 zeigt ihn links im Umriß, rechts mit Konstruktionspunkten und -linien. Bei diesem Ringtyp ist eine Kreishälfte abgeflacht, während bei Typ I nur ein Teil einer Hälfte flacher gestaltet wurde. Typ I war jedoch schwieriger zu konstruieren als Typ II.

Am seltsamsten sind die Eiformen unter den rund 300 vermessenen Ringen, die nach Thom nur 5%, also etwa 15 „Eier" ausmachen.

Thom meint, daß ihre beiden Haupttypen I und II nach 2 rechtwinkligen Dreiecken mit ganzzahligen Seitenverhältnissen entworfen wurden, die die Krümmungszentren der Bögen bestimmten, aus denen die eiförmigen Ringe zusammengesetzt wurden.

Die Geometrie der Jungsteinzeit und Bronzezeit hat Alexander Thom noch durch weitere Überlegungen und Hypothesen zu entschlüsseln versucht. Wenn nämlich damals bereits so komplizierte Ringformen entworfen und ausgeführt wurden, benötigte man dazu ein bestimmtes Längenmaß. Auf diesen Gedanken war schon 1740 der englische Arzt und Altertumsforscher William Stukeley gekommen, als er sich in einem Buch mit der monumentalen Anlage von Stonehenge beschäftigte. Stukeley glaubte, für sie sei ein Einheitsmaß von 20,8 Inch (0,528 Meter) verwandt worden. Ende des 19. und Anfang des 20. Jahrhunderts haben andere Autoren gleichfalls versucht, ein megalithisches Längenmaß nachzuweisen. Doch erst Alexander Thom hat diese Bemühungen auf ein streng wissenschaftliches Niveau gehoben und wesentlich erweitert.

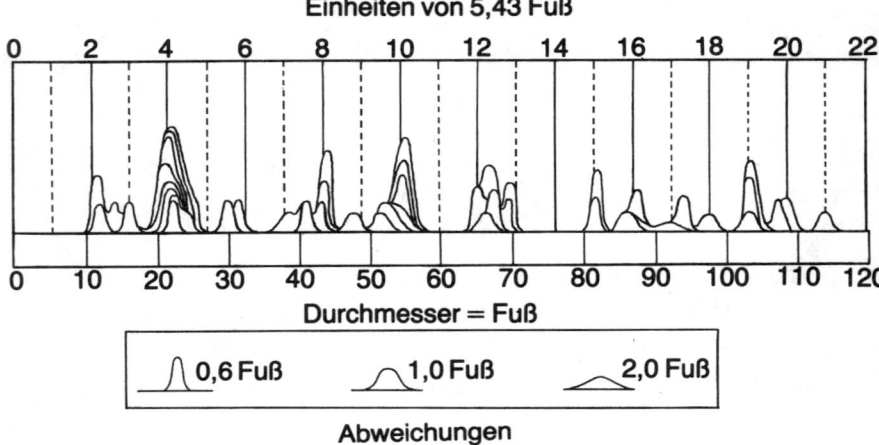

Einheiten von 5,43 Fuß

Durchmesser = Fuß

⌂ 0,6 Fuß   ⌂ 1,0 Fuß   ⌂ 2,0 Fuß

Abweichungen

20 Durchmesser von kreisförmigen Steinsetzungen als Häufung von Gaußflächen dargestellt

Als Grundlage für seine Arbeit wählte Thom die Durchmesser der echten Kreisringe. Zunächst trug er dazu die von ihm selbst gemessenen Werte von 46 Kreisen auf einer waagerechten Achse in Fuß auf (1 Fuß = 0,3048 Meter). Die Unsicherheiten, die sich bei den Messungen zum Beispiel aus dem mehr oder weniger guten Erhaltungszustand der Kreise ergaben, kennzeichnete Thom über der Achse durch sogenannte Gaußsche Fehlerkurven. Sie sehen aus wie kleine Berge, deren genaue Form sich aus dem Gesetz der zufälligen Fehler ergibt (Zeichnung 20). Wenn die Zuverlässigkeit der Messung sehr groß ist, entsteht eine hohe und schmale Kurve. Ist der ermittelte Wert nicht so sicher, ergeben sich weniger steile und spitze „Berge" oder sogar nur breite und flache Bögen. In seiner graphischen Darstellung hat Alexander Thom die geschätzten Ungenauigkeiten der Meßwerte zu 0,6 sowie zu 1,0 und 2,0 Fuß angenommen und in entsprechenden Kurvenhöhen ausgedrückt. Abweichungen von nur 0,6 Fuß sind also am steilsten wiedergegeben.

Die Darstellung läßt auf den ersten Blick eine deutliche Häufung der Kurven bei ganz bestimmten Durchmessern erkennen: zum Beispiel bei 22, 44, 55 und 66 Fuß (das entspricht etwa 6,7, 13, 17 und 20 Metern). Man kann daraus schließen, daß die Durchmesser der Kreise nahe beim Vielfachen ein und derselben Längeneinheit liegen. Thom entdeckte, daß eine Länge von 5,435 Fuß (1,657 Meter) der graphischen Auswertung am besten entspricht. Da sich diese Länge auf den Durchmesser der Kreise bezieht, für deren Konstruktion der Radius maßgebend war, würde das eigentliche Einheitsmaß nur die Hälfte betragen, also 2,72 Fuß

(0,829 Meter). Nach Thoms Terminologie war es das „Megalithische Yard" (abgekürzt MY). Er „taufte" es so, weil seine Länge nicht weit von 3 Fuß = 1 Yard (0,9144 Meter) entfernt ist.

Das Wort Yard bezeichnete ursprünglich eine Stange oder einen Meßstock. Insofern kann man das Yard mit dem französischen Verge, der spanischen Vara und der deutschen Elle vergleichen. Es wäre, meint Thom, überall auf den Britischen Inseln in Gebrauch gewesen, aber man hätte es auch in anderen Teilen Europas benutzt.

Andere Feststellungen stärkten Thoms Vertrauen in die Zuverlässigkeit seiner Ermittlungen. Dabei sollen die Baumeister der Steinringe bestrebt gewesen sein, möglichst ganzzahlige Werte (Megalithische Yards) für die Seiten der rechtwinkligen Dreiecke und für die Durchmesser der Kreise zu verwenden. Stellt man die Umfänge der Ringe graphisch so dar wie in Zeichnung 23, treten bei höheren Werten (25 MY, 50 MY usw.) ebenfalls auffällige Häufungen von Kurvenspitzen auf. Daraus leitete Alexander Thom den Wert für eine „Megalithische Rute" (abgekürzt MR) ab. Ihre Länge beträgt 2,5 MY (2,07 Meter).

„Die Erbauer der Kreise wollten offenbar", schrieben Vater und Sohn Thom, „daß auch die Umfänge derselben ganze Vielfache der Einheit wären. Nun hat ein Kreis bei einem Durchmesser von 8 Einheiten einen Umfang von fast 25 Einheiten. Tatsächlich ergeben sich genau 25 Einheiten, wenn das Verhältnis zwischen Umfang und Durchmesser zu $3^1/_3$ angesetzt wird (anstelle des genaueren Näherungswertes für $\pi = 3^1/_7$). Vielleicht hat die Entdeckung der Existenz bestimmter Kreise, deren ganzzahlige Durchmesser auch ganzzahlige Werte für den Umfang ergeben, zur Entwicklung einer Regel der megalithischen Mathematik und Konstruktionsweise geführt: Der Umfang muß ganze Einheiten der Megalithischen Rute (MR) betragen!" Bei vielen megalithischen Kreisen mußten die Durchmesser „von ihren Erbauern leicht angepaßt werden; denn das, was sie sich vorgenommen hatten – Durchmesser und Umfang ganzzahlig zu machen – war unmöglich."[1]

Das MY habe sich in Spanien am längsten erhalten, und von dort sei es durch die erobernden Spanier sogar nach Amerika übertragen worden. Zur Begründung führten Thom und der Astronom Rolf Müller die Länge der spanischen Vara in verschiedenen Orten bzw. Ländern oder Staaten an: Burgos (nordspanische Provinzhauptstadt): 0,843 Meter; Madrid: 0,836 Meter; Mexiko: 0,838 Meter; Texas und Kalifornien: 0,847 Meter; Peru 0,838 Meter. Aus diesen Längen ergibt sich ein Mittelwert von 0,840 Meter. Er weicht vom Wert des MY nur um 11 Millimeter ab. Doch selbst wenn man das als Beweis für eine Verwandtschaft aller dieser Maße akzeptiert, bleibt die Frage offen, wie es möglich war, daß das Megalithische Yard die Jahrtausende zu überdauern vermochte.

Die Kritiker und ihre Einwände

Jahrzehntelang hatte Thom, unbeachtet von anderen, die Steinsetzungen auf den Britischen Inseln aufgesucht und ausgemessen, bevor er seine Ergebnisse zu veröffentlichen begann. Das Echo darauf war eine ungewöhnliche Mischung aus begeisterter Zustimmung und skeptischer Ablehnung oder Zurückhaltung. Vor allem die Archäologen zeigten sich reserviert. Es gab eine Menge Diskussionen und Erwiderungen, und schließlich meldeten sich auch die Mathematiker zu Wort. Dabei ging es immer um das Problem, ob Thoms Messungen und Interpretationen korrekt und ob seine Schlußfolgerungen wirklich unausweichlich wären. Betrachten wir uns die kritischen Überlegungen etwas näher!

Wir hatten schon gesagt, daß viele der Steinsetzungen (und nicht nur die Großbritanniens) zum Teil stark zerstört sind. Vor allem während der letzten Jahrhunderte wurden viele Steine zerschlagen, um billiges Baumaterial zu erhalten oder um für den Pflug freie Bahn zu schaffen. Andere wurden umgerissen und manchmal mit Erde bedeckt. Als man die Ringe und Steinreihen zu schützen und zu restaurieren begann, stellte man die am Boden liegenden Steine meist wieder auf. Offenbar ist das nicht immer sorgfältig und genau genug geschehen. Aber auch durch natürliche Einflüsse, wie Hitze, Kälte und Bodenverschiebungen, ist der ursprüngliche Zustand der megalithischen Bauten im Laufe der Zeit allmählich verändert worden. Aus diesen Gründen ist es häufig schwierig, die ursprüngliche Gestalt der Ringe zu erkennen und richtig zu klassifizieren. Hat man alle noch existierenden Steine auf einem Plan verzeichnet, bleiben in der Regel verschiedene Möglichkeiten, wie man sie durch Linien miteinander verbindet, um einen Kreis, eine Ellipse, einen abgeflachten Kreis oder eine Eiform darzustellen und danach das zugrunde liegende Konstruktionsprinzip zu erforschen. Diese Freiheit zur Entscheidung führt zu einer gewissen Unsicherheit in den Ergebnissen und ihren Auswertungen.

Ein besonderes Problem bietet der „Steintanz" nahe dem Ort Boitin im Kreis Bützow (Bezirk Schwerin). Mitten im Wald gelegen, besteht er aus 3 Steinringen, von denen 2 je 9 Steine besitzen und 1 Ring 7 Steine aufweist. Wahrscheinlich waren es bei ihm ursprünglich ebenfalls 9. Die größten Durchmesser der Ringe betragen etwa 9, 14 und 16 Meter. Eine Seite der Steine ist meist glatt; sie ist stets der Mitte des Steintanzes zugewandt. Auf einem Gemälde aus dem Jahre 1836 sieht man, daß damals einige der Steine umgestürzt waren oder schief standen. Sie sind 1890 von dem Revierförster Emil Juergens wieder aufgerichtet worden. Das soll mit großer Sorgfalt erfolgt sein. Der heutige Anblick könnte also, den Ring mit den 2 vermutlich fehlenden Steinen ausgenommen, dem ursprünglichen Zustand sehr nahe kommen.

Über die Anlage und Konstruktion des Steintanzes hat Rolf Müller eine Hypothese entwickelt, die wir uns anhand von Zeichnung 21 veranschaulichen. Müller

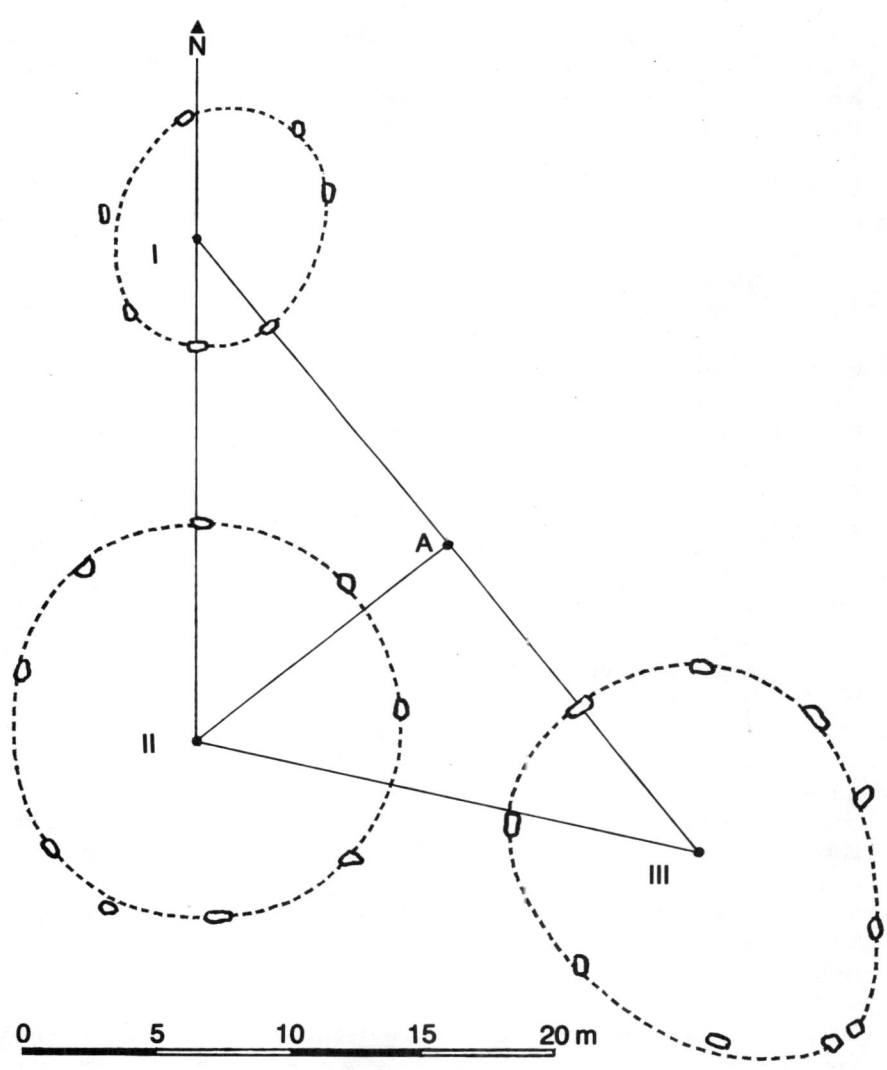

21 Konstruktion der drei Steinkreise von Boitin

hebt die symmetrische Lage der Ringe zueinander hervor. Dabei nimmt er an, daß die Steinsetzungen Eiformen bilden. Unter dieser Voraussetzung ist die Entfernung zwischen den Mittelpunkten der kreisähnlichen breiteren Eihälften von Ring I zu II und von II zu III gleich. Die Verbindungslinie von Ring I zu II liegt genau in der Nord-Süd-Richtung (mit einer Abweichung von 0,5° gegen Ost von I nach II gesehen). Nach Müller ist diese symmetrische Anordnung auf 2 große rechtwinklige Dreiecke zurückzuführen, die die Erbauer einst entworfen hätten. Punkt A wäre Ausgangspunkt für den gesamten Plan gewesen.

Der Grundriß der Ringe läßt in der Tat eine beabsichtigte Eiform vermuten. Thoms Klassifizierung entsprechend, gehörten die Ringe I und II zum Eityp I und Ring III zum Eityp II. Ihrer Konstruktion liegen ebenfalls Dreiecke zugrunde. In Steinsetzung III handelt es sich nach Müller um ein pythagoreisches Dreieck mit Seitenlängen von 3, 4 und 5 Megalithischen Yards, die er als Megalithische Elle bezeichnet. „Auch die Maße des Dreiecks im Ei I", schreibt er, „sind bemerkenswert, seine Seitenlängen ergeben bei der ja völlig unvoreingenommenen Rekonstruktion die Maße 2,08 m, 2,09 m und 2,94 m. Das entspricht recht genau den Grundmaßen 5, 5 und 7 halben Megalithischen Ellen und erfüllt somit nahezu die pythagoreische Gleichung $5^2 + 5^2 \approx 7^2$." Und er fügt hinzu: „Ich habe unter Benutzung der Maße der Dreiecke, der kleinen und großen Achsen der Eier und der Entfernungen von A zu den Kreisen einen Test berechnet, der mit befriedigender Wahrscheinlichkeit meine Annahme bestätigt, daß auch im Boitiner Steintanz uns das Grundmaß der Megalithischen Elle entgegentritt."[2]

Ohne Zweifel, das klingt bestechend. Aufgrund einer eisenzeitlichen Urne, die in einem der Ringe gefunden wurde, und Vergleichen mit anderen, von Steinringen umgebenen Brandgräbern aus der Eisenzeit (zum Beispiel bei Mankmoos im Kreis Sternberg, Bezirk Schwerin, und bei Börnicke im Kreis Nauen, Bezirk Potsdam) nehmen die Archäologen jedoch an, daß der Steintanz von Boitin während einer kurzen Zeitspanne der sogenannten „Jastorf-Kultur" im 6.–5. Jahrhundert v. u. Z. entstanden ist. Im Gegensatz dazu sind die bisher besprochenen Steinsetzungen offenbar vor allem während der späten Jungsteinzeit und frühen Bronzezeit geschaffen worden. Auch aus astronomischen Gründen kann man sie grob auf die Zeit um 2000 v. u. Z. datieren. Sie wären demnach rund 1500 Jahre älter als die Gebilde in Mecklenburg! Was soll oder muß man daraus schließen? Lebt im Steintanz von Boitin noch die vermutete Geometrie des Megalithikums nach? Oder sind die Ringe dort gar nicht eisenzeitlich, sondern älter? Ist Müllers Hypothese über die Planung und die Ausführung der Eiformen bei Boitin wirklich richtig? Endgültige Klärung können wohl nur weitere archäologische Untersuchungen und Vergleiche des Steintanzes mit anderen Steinringen Mecklenburgs und benachbarter Gebiete bringen.

Sehr interessant ist auch die Frage, ob die von Thom erarbeiteten Konstruktions-

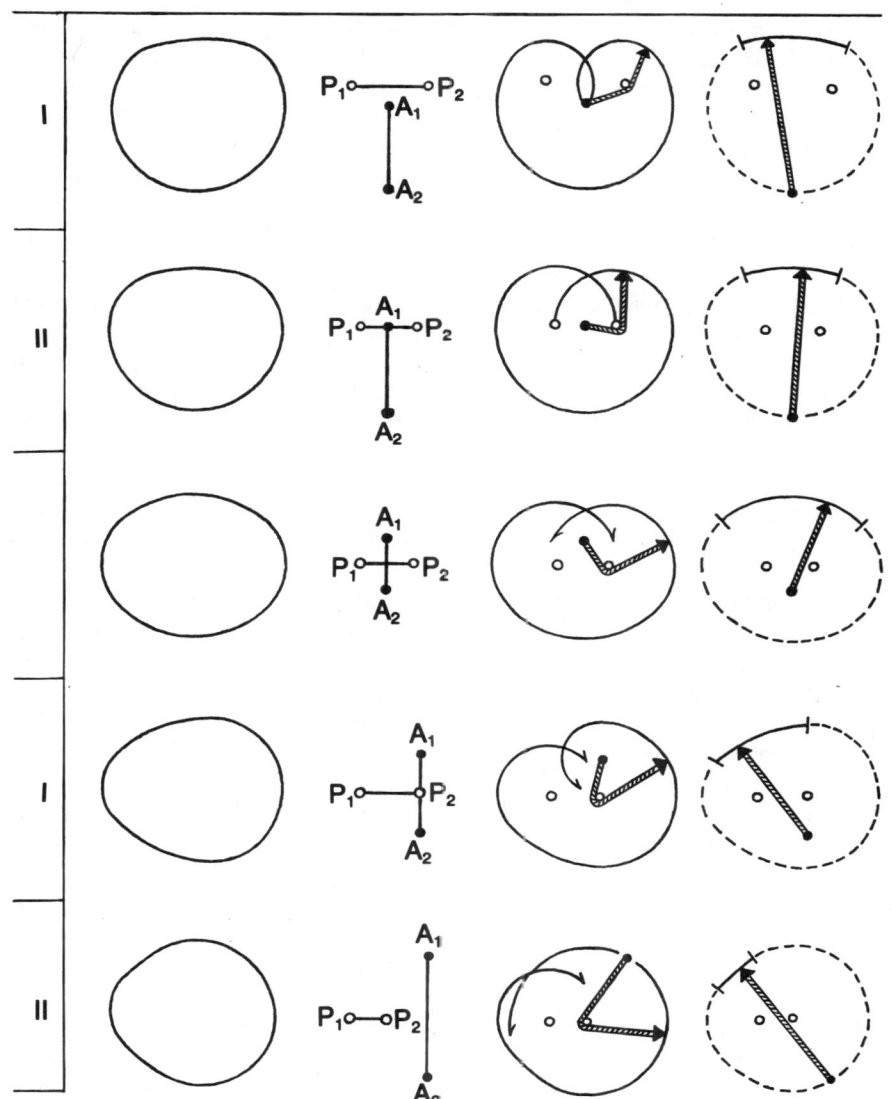

22 Konstruktion von abgeflachten Kreisen, Ellipsen und Eiformen

prinzipien für die verschiedenen Formen der Ringe die einzig möglichen sind oder ob man die Gestalt der Steinsetzungen nicht noch auf andere Weise erklären könnte. Zu solchen alternativen Lösungen sind verschiedene Vorschläge unterbreitet worden. Der amerikanische Psychologieprofessor Thaddeus M. Cowan hat zum Beispiel gezeigt, wie man mit 4 Pflöcken und einem Seil ganz ähnliche Ringformen zu entwerfen vermag. Zeichnung 22 stellt links die beiden Hauptarten der auf einer Hälfte abgeflachten Kreise, eine Ellipse sowie die 2 Typen I und II der „Eier" dar (nach Thom). Rechts daneben sind jeweils die Pfostensetzungen und die Seilführungen wiedergegeben, wie sie sich Cowan ausgedacht hat. Durch Ausprobieren der richtigen Pfostenstellungen und Seilspannungen kann man zu den entsprechenden geometrischen Figuren gelangen. (A_1 und A_2 markieren Pfosten zur Befestigung des Seils, P_1 und P_2 Pfosten, um die das Seil geschlungen wird.) I. C. Angell, ein Mathematiker an der Universität von London, hat gleichfalls dargelegt, wie sich mit Hilfe von 3 oder 4 Pflöcken und einem Seil entsprechende Ringumrisse auf den Boden zeichnen lassen. Thoms Verfahren stellen also nicht die einzigen Möglichkeiten dar, megalithische Ringe zu entwerfen, aber bisher bieten nur seine Hypothesen eine Erklärung dafür, wie Durchmesser und Umfang der ringförmigen Gebilde zustande gekommen sein können.

Als Alexander Thoms erste Veröffentlichung über die Geometrie des Megalithikums erschien, gab es noch keine geeigneten statistischen Verfahren, um die von ihm entdeckte Längeneinheit auf ihre Wahrscheinlichkeit hin zu überprüfen. Doch Thoms Arbeiten und andere, ähnliche Probleme regten einige Statistiker an, besondere Verfahren zur Untersuchung solcher Fälle zu entwickeln. Dieser Aufgabe widmeten sich vor allem die Mathematiker S. R. Broadbent und M. G. Kendall.

Es handelt sich, kurz gesagt, vor allem um 2 verschiedene statistische Verfahrensweisen. Das eine Verfahren setzt voraus, daß die Durchmesser der Kreise tatsächlich nach einem Einheitsmaß festgelegt wurden, und probiert nun, welche Vielfache der Einheit den jeweiligen Kreisdurchmessern zugrunde liegen. Von 145 Durchmessern zwischen 3,3 und 57,4 Metern ergab sich für die Wahrscheinlichkeit, daß das betreffende Einheitsmaß, also das MY, nicht verwandt wurde, ein Wert von nur 0,001 %. Das war eine erstaunlich gute Bestätigung für Thoms Längeneinheit.

Der zweite Test ist wesentlich komplizierter. Er versucht zu klären, ob sich hinter den Meßdaten überhaupt eine Einheit der Länge verbirgt und ob die Größen der Durchmesser nicht eher zufällig und ziellos zustande gekommen sind. Zu diesem Zweck wird geprüft, mit welcher Wahrscheinlichkeit sich unter den gemessenen Daten ein Wert ergibt, der jener von Thom vorausgesetzten Größeneinheit am besten entspricht. Eine erste Kontrolle von Kreisdurchmessern führte mit diesem Test zu einem Wahrscheinlichkeitsniveau von etwa 1 %. Mit anderen Worten: Die Wahrscheinlichkeit, daß zufällige Daten das einheitliche Längenmaß vortäuschen könnten, lag bei 1 Fall von insgesamt 100 Fällen. Eine wiederholte Überprüfung, die sich auf andere, neu vermessene Kreisdurchmesser stützte, ergab sogar ein Wahrscheinlichkeitsniveau weit unter 0,1 %. Eine so klare Übereinstimmung von zufälligen, ziellosen Daten mit Thoms MY wäre also nur einmal unter Tausenden von Fällen zu finden. Statistisch gesehen ist das ein sehr bedeutsames Resultat.

Dagegen haben jedoch Kritiker Einwände erhoben. Die genannten statistischen Ergebnisse würden vor allem für Ringe in Schottland gelten, nicht aber in gleicher Weise für solche in England und Wales. Daher könne man nicht behaupten, das MY sei überall auf den Britischen Inseln in Gebrauch gewesen. Außerdem bezweifelte der Mathematiker Douglas B. Heggie, daß man das MY, wie Thom annahm, mit einer Genauigkeit bis zu etwa 1 Millimeter bestimmt hätte. Aus den statistischen Tests wäre das jedenfalls nicht zu schließen. Heggie führte dazu 2 Gründe ins Feld. Einmal antwortet der statistische Test darauf, ob und mit welcher Anzahl von Vielfachen die vermutete Einheitsgröße übereinstimmt, ohne jedoch deren exakte Länge auszuweisen. Zum anderen wird nur der Durchschnittswert der Messungen bzw. des MY erfaßt. Dieser könne zwar mit großer Genauigkeit ermittelt werden, aber es handle sich eben nur um einen Durchschnitt. Zur Verdeutlichung erläuterte das Heggie an der durchschnittlichen Größe der erwachsenen Einwohner einer Stadt. Man vermag sie herauszufinden, wenn man die Größe jedes einzelnen dieser Einwohner mißt und aus den Werten rechnerisch den Durchschnitt bestimmt. Von diesem Ergebnis kann jedoch die Größe des einzelnen Einwohners beträchtlich abweichen. Welcher Stadtbewohner das jeweils ist, läßt sich aus dem Durchschnittswert nicht erfahren. Sinngemäß übertrug Heggie dies auf die statistische Untersuchung der megalithischen Ringe.

Um seine Meinung zu untermauern, lenkte er die Aufmerksamkeit auf einen interessanten Test, den Kendall zur Schätzung der Genauigkeit des MY unternahm. Er stützte sich dabei auf Thoms Längeneinheit, indem er sie mit einer Abweichung von rund 4 % versah, also mit etwa ± 3,3 Zentimeter. Dann simulierte er mit Vielfachen dieser Werte fiktive Durchmesser von Kreisen. Ihre statistische Auswertung zeigte, daß sie wesentlich näher bei Vielfachen des MY lagen, als das bei den von Thom gemessenen tatsächlichen Kreisdurchmessern der Fall war. Die Abweichungen vom MY könnten also noch größer als 4 % sein; dies würde deshalb immer noch mit den Dimensionen der echten Kreise in Übereinstimmung stehen. Kendall meint daher, daß sogar ein auf die Schrittlänge eines Menschen bezogenes Einheitsmaß für seine statistischen Ergebnisse immer noch zu genau sei.

Von der Exaktheit des MY bliebe da nicht viel übrig. Daß überhaupt eine Längeneinheit benutzt wurde, bestritt Heggie aber nicht, dafür waren die statistischen Zeugnisse zu gewichtig. Wie andere Forscher glaubte er, daß sie eventuell vom menschlichen Körper abgeleitet worden sei, zum Beispiel von der genannten Schrittlänge oder der Größe eines Mannes. Solche Längen würden sich an den verschiedenen Orten wohl gar nicht viel voneinander unterscheiden. Heggie gab allerdings zu, daß manche Steinsetzungen offenbar mit größerer Genauigkeit errichtet wurden, als etwa ein praktiziertes Schrittmaß ergäbe.

Trotz all der kritischen Einwände äußerte sich auch R. J. C. Atkinson von der Archäologischen Abteilung des Universitätsinstituts Cardiff positiv zu Thoms Untersuchungen. Atkinson machte sich unter anderem einen Namen durch umfassende Ausgrabungen in Stonehenge sowie durch ein Buch über dieses berühmteste aller megalithischen Denkmäler Großbritanniens. Zunächst verhielt er sich gegenüber den Ergebnissen der Archäoastronomie sehr skeptisch. Nach intensivem Studium ihrer Methoden erklärte er jedoch: „Professor Thom ... hat die Aufmerksamkeit auf zahlreiche Beispiele im Westen und Norden Britanniens und auf seltenere Beispiele in der Bretagne gelenkt, auf Steinbauten dieser Periode, welche keine Kreise im strengen Sinne sind, sondern geometrische Figuren komplexerer Art (Ellipsen, Eiformen, ‚abgeflachte Kreise‘), die man nicht einfach damit abtun kann, daß sie schlecht gelungene Entwürfe echter Kreise seien. (Der Kreis ist schließlich die einfachste von allen regelmäßigen ebenen Figuren, die man mit Genauigkeit abstecken kann.) Man sollte außerdem beachten, daß die in Frage stehenden Figuren nicht nur im geometrischen Sinne kompliziert sind. Sie zeigen auch Eigenschaften der Form (z. B. das Verhältnis des Umfangs zum Hauptdurchmesser), die auf eine besondere Beachtung ganzer Zahlenreihen und ein Interesse an der Geometrie hinweisen, das wohl über die Erfordernisse des praktischen Feldmessers hinausgeht. Kurz gesagt, es gibt einen eindeutigen Beweis für einige Kenntnisse in der reinen Mathematik. Überdies schließt die Wiederkehr der gleichen Formen, aber in verschiedenen Größen, den Gebrauch einer Meßeinheit in sich, ob das nun das Megalithische Yard war, welches Professor Thom ableitete, oder nicht."[3]

Martin Brennans Untersuchungen zeigen, daß die von Alexander Thom vermutete Geometrie und Astronomie zeitlich und räumlich nicht in der Luft hängt, sondern in den irischen Ganggräbern eine Grundlage gehabt haben könnte. Von solchen konzeptionellen Überlegungen aus sind möglicherweise geometrische und astronomische Verfahren und Erkenntnisse weiterentwickelt worden. Dennoch liegen die Motive für die Errichtung der verschiedenartigen Steinringe im dunkeln. Nach Thoms Ansicht dienten sie zur Aufbewahrung und Speicherung des damaligen mathematischen Wissens. Da eine Schriftsprache noch fehlte und es Schreibmaterial in unserem Sinne nicht gab, hätte man die Informationen über das MY, über das Seitenverhältnis der Dreiecke, die Regeln über die Durchmesser und Umfänge in die Ringe „hineingebaut". Vielleicht führte man bestimmte Ringe aus, um durch ständiges Probieren der Zahl $\pi = 3{,}14159$ ...) möglichst nahe zu kommen. Manche Indizien weisen darauf hin, daß Steinringe auch zur

Orientierung auf die Horizontpunkte von Sonne, Mond und hellen Fixsternen verwandt wurden. Eventuell symbolisierten sie den scheinbaren Umlauf der Sonne während eines Jahres, oder sie verkörperten die Gestalt des Mondes kurz vor beziehungsweise kurz nach seiner vollen Phase.

Eine weitere Deutungsmöglichkeit ergibt sich für die Ringanlagen durch ihre Verbindung mit dem Totenkult. In der ältesten Beschreibung der Boitiner Steinsetzungen aus dem Jahre 1766 werden diese als ein „vornehmer Versammlungsort" und Gerichtsplatz beschrieben, wo „man auch daselbst Todes-Urtheile exequiret". Jürgen Hamel, der sich näher mit den Ringen bei Boitin befaßt hat, erläutert: „Schon die Namen der Steinkreise für sich genommen spiegeln Sagenmotive wider: ‚Steintanz', ‚Danzensteen', ‚Adamstanz', ‚Jekkendanz', ‚Gerichtsplatz'. Tatsächlich läßt die Form der Steinkreise – besonders deutlich in Boitin – an im Kreis tanzende Menschen denken. Es ist durchaus möglich, daß die Steinkreise in späterer Zeit wirklich Schauplätze kultischer Tänze waren und die volkstümlichen Bezeichnungen insofern einen realen Hintergrund hätten. Auch kann es als wahrscheinlich angenommen werden, daß die Steinkreise später als Thingplätze genutzt wurden."[4]

Leider sind viele solcher Ringe und Grabstätten auf europäischem Gebiet willkürlich zerstört worden, oft erst im vergangenen und zu Beginn unseres Jahrhunderts. Auch für Irland hat Brennan erschreckende Zahlen angeführt. Der archäologischen und historischen Forschung ist durch die Verwüstung und Vernichtung der Monumente unermeßlicher Schaden entstanden.

Erdwerke, Henges
und steinzeitlicher Sonnenkalender

Erdwerke und Pfostenringe

Daß es auch in Mitteleuropa schon vor über 5000 Jahren höchst erstaunliche Anlagen gab, die anscheinend nach bestimmten geometrischen Prinzipien und astronomischen Orientierungen geschaffen wurden, zeigt eine Fundstätte 15 Kilometer westnordwestlich von Prag in der Nähe der Ortschaft Makotřasy. Dort erstreckt sich zwischen 2 Bächen ein flacher Lößrücken, über den man 1961 eine 40 Meter breite Straßentrasse baute. Auch die Archäologen waren mit zur Stelle und fanden im südöstlichen Sektor 2 Gräben, von denen der ältere auf ein neolithisches Erdwerk der üblichen Art hinwies. Der 2. Graben dagegen, bis zu 2 Meter tief sowie oben 4 Meter und unten 1,8 Meter breit, wich von dem gewohnten Schema ab. Man legte ihn auf 39 Meter Länge frei. Er verlief rechtwinklig zu dem älteren Graben (Zeichnung 23).

Die Entdeckung weckte die Neugier der Forscher. Nun kam eine Gemeinschaftsarbeit zustande, an der sich Archäologen und Astronomen, Physiker und Geophysiker beteiligten. R. E. Linnington von der Stiftung Lerici in Mailand bot 1968 an, den Verlauf des seltsamen Grabens mit geophysikalischen Methoden zu verfolgen. Mitarbeiter dieser Stiftung besaßen darin schon große Erfahrungen, die sie sich unter anderem bei der Ortung etruskischer Gräber erworben hatten. Man kann solchen unterirdischen Strukturen zum Beispiel durch mikromagnetische Messungen auf die Spur kommen. In der Regel bewirken Bodenveränderungen oder archäologische Schichten Abweichungen in der erdmagnetischen Feldintensität. Dadurch vermag man außer metallischen Gegenständen auch ehemalige Schmelz- und Brennöfen sowie Herde, deren magnetische Eigenschaften durch Feuer erhöht wurden, sowie mit Abfall und Humus gefüllte Gräben, Gruben oder Gräber, Fundamente und Straßen festzustellen. Besonders effektiv sind mikromagnetische Messungen, wenn die Daten von Computern ausgewertet und zu einem Plan unterirdischer Strukturen zusammengestellt werden.

Linnington verwandte für seine Suchaktion ein sogenanntes Differential-Proton-Magnetometer. Seine Meßdaten zeigten einen Graben an, der rund 300 Meter in westliche Richtung verlief. Die Verlängerung der beiden schon 1961 entdeckten Grabenabschnitte lag auf dieser Strecke anfangs parallel. Bei Punkt d zweigte der ältere Graben jedoch offenbar nach Südwesten ab (Zeichnung 23). An Punkt e deutete sich eine Ausbuchtung des Hauptgrabens an, der bei f im

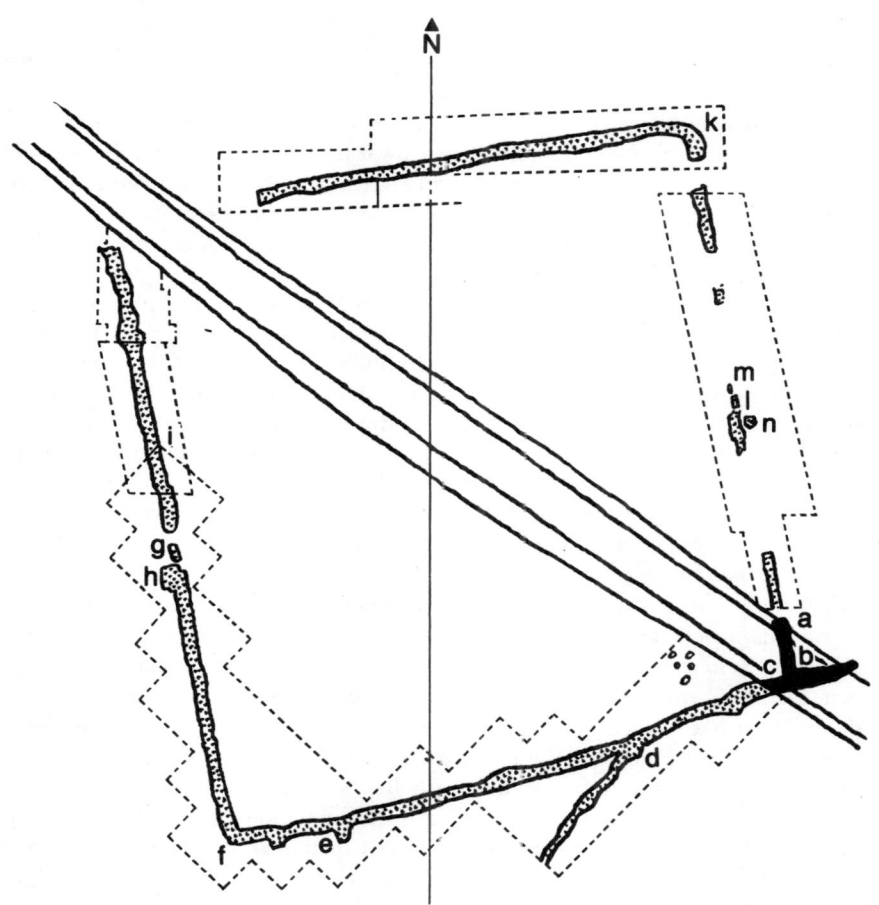

23   Grundriß des quadratischen Erdwerks von Makotřasy (ČSSR). Von Südost nach Nordwest führt heute eine Straße hindurch

rechten Winkel nach Norden abbog. Punkt g markierte einen Durchgang und h eine Ausbuchtung wie bei e. Nahe Punkt i stellte Linnington schließlich seine erfolgreichen Untersuchungen ein.

Diese erste Kampagne war so vielversprechend, daß sich 1973 die Abteilung Angewandte Geophysik der Naturwissenschaftlichen Fakultät an der Karls-Universität Prag weiter mit der Angelegenheit beschäftigte. Man ermittelte schließlich mit Hilfe mikromagnetischer Messungen ein quadratisches Grabensystem von etwa 300 mal 300 Meter Seitenlänge, also rund 90 000 Quadratmeter Flächeninhalt. 3 Ecken waren leicht abgerundet; die 4., durch den Straßenbau zerstörte Ecke war es wahrscheinlich auch. Im Mittelteil der Ostseite, wo das Gelände am abschüssigsten und daher stark abgeschwemmt war, hatte sich der Graben weniger gut erhalten. Geophysikalisch war hier deshalb ein Durchgang wie auf der Westseite nicht feststellbar. Probebohrungen und Grabungen brachten dann aber ein analoges Osttor und eine benachbarte rechteckige Ausweitung des Grabens zum Vorschein. Im Süden und Norden hat es jedoch offensichtlich keine solchen Durchlässe gegeben.

Über das Alter der ungewöhnlichen Anlage bei Makotřasy gaben physikalische Analysen gleichfalls Auskunft. Während der Grabungen geborgene Tierknochen wurden auf ihren Gehalt an radioaktivem ^{14}C überprüft. Jeder Organismus nimmt ja im Verlauf seiner Existenz mit der Atemluft auch radioaktive Kohlenstoffisotope ^{14}C auf, die in etwa 5370 Jahren durch Aussendung von Betateilchen jeweils zur Hälfte ihres ursprünglichen Bestandes zerfallen. Nach dem prozentualen Anteil des instabilen ^{14}C zum stabilen Grundelement ^{12}C in Knochen, Holz und anderen organischen Stoffen läßt sich die Zeit bestimmen, die seit dem Tode des betreffenden Lebewesens verstrichen ist. Maximal reichen solche Altersangaben bis zu 70000 Jahren zurück.

Mittlerweile hat sich aber herausgestellt, daß der Anteil von ^{14}C in der irdischen Atmosphäre Schwankungen unterworfen ist und Organismen daher zu bestimmten Zeiten auch nur bestimmte Mengen dieser Isotope einzuatmen vermögen. Denn ^{14}C entsteht in der Erdatmosphäre durch kosmische Strahlung, und deren Intensität ist nicht konstant, sondern veränderlich. Es ist jedoch möglich, den Gang der „Kohlenstoff-Uhr" für die letzten 7000 Jahre zu überprüfen und zu eichen. Die daraus zu folgernden zeitlichen Korrekturen waren und sind für die Archäologen zum Teil sensationell. Zahlreiche Funde weisen ein wesentlich höheres Alter auf, als zunächst vermutet. So ist auch die Entstehungszeit der irischen Ganggräber neu datiert worden. Das quadratische Erdwerk von Makotřasy hat man den ^{14}C-Proben zufolge vor rund 5500 Jahren errichtet.

Es besaß möglicherweise einen kultischen, mit Sonne, Mond und eventuell noch anderen Himmelskörpern verbundenen Sinn. Geht man von der Schiefe der Ekliptik vor 5500 Jahren (24,071°) und von der Höhe des Horizontprofils um das Erdwerk aus, ergibt sich folgender Tatbestand (Zeichnung 24): Die Verbindungslinien von Punkt G nach A und von E nach B verlaufen parallel. Von G aus über A, meinen die tschechischen Wissenschaftler Emilie Pleslová-Štiková, František Marek und Zdeněk Horský, hätte man den Sonnenaufgang zu Sommerbeginn und von E über B den Sonnenuntergang zu Winteranfang anvisiert. Allerdings war eine direkte Sichtbarkeit dieser Punkte untereinander infolge des unebenen Geländes nicht möglich. Die betreffenden Punkte wurden als ehemalige Löcher durch Ausgrabungen beziehungsweise durch mikromagnetische

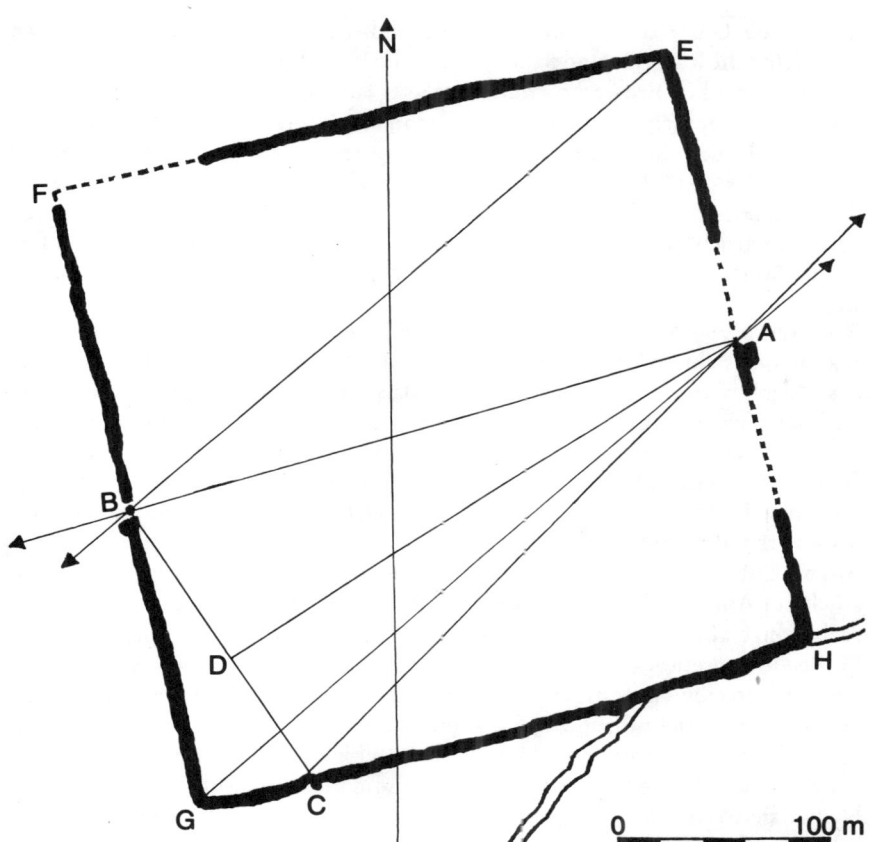

24 Visierlinien des quadratischen Erdwerks von Makotřasy. Vermutlich ist es mit Hilfe der beiden phythagoreischen Dreiecke konstruiert worden

Messungen entdeckt. Daher vermuten die genannten Forscher, daß bei A, B, C und E einst hohe Pfähle standen, die für die betreffenden Horizontpunkte als Kimme und Korn dienten. Die Strecke $\overline{AB}$ könnte 3500 v. u. Z. auf den Untergangspunkt des rötlichen Fixsterns Beteigeuze im Sternbild Orion gerichtet gewesen sein. Von C nach A (immer mit Hilfe von hohen Markierungspfählen) vermochte man den damals nördlichsten Mondaufgang festzulegen.

Wie aus Zeichnung 24 auf den ersten Blick hervorgeht, bilden die Punkte A, B und C ein gleichschenkliges Dreieck. Fällt man von A das Lot auf die Seite $\overline{BC}$, erhält man Punkt D und zugleich zwei rechtwinklige Dreiecke mit der gemeinsamen Seite $\overline{AD}$ und den Hypotenusen $\overline{AB}$ und $\overline{AC}$. Die längere Kathete ist etwa 288 Meter, die kürzere rund 84 Meter und die Hypotenusen sind (wie die Seiten des quadratischen Erdwerks) rund 300 Meter lang. Damit erfüllen sie die Bedingung für ein pythagoreisches Dreieck, denn $84^2 + 288^2 = 300^2$ oder, wenn man die Seitenlängen durch ihr größtes gemeinsames Vielfaches, die Zahl 12, teilt: $7^2 + 24^2 = 25^2$. Möglicherweise ist die Länge der Hypotenusen bzw. der Seiten des Quadrats deshalb so gewählt worden, weil sie dann 365 Megalithischen Yards entspricht. (300 : 365 = 0,8219 Meter; 1 MY = 0,829 Meter. Das sind fast gleiche Werte!) Vielleicht sollten die 365 MY die Tage des Sonnenjahres symbolisieren.

Bei ihren Hypothesen folgen die tschechischen Archäologen und Astronomen also den Ansichten Alexander Thoms über das Einheitsmaß und die Geometrie des Megalithikums. Sollte sich erhärten, daß Form und Ausmaß des Erdwerks wirklich nicht auf Zufall beruhen, sondern in der geschilderten Weise bewußt geplant wurden, wäre das eine wesentliche Stütze für Thoms Untersuchungen und Schlußfolgerungen. Damit würde sich auch die Vermutung verstärken, daß bereits im 4. Jahrtausend v. u. Z. spezielle geometrische und astronomische Kenntnisse vorhanden und weit verbreitet waren.

Aus so früher oder um Jahrhunderte späterer Zeit hat man bisher kein Gegenstück zur Anlage bei Makotřasy gefunden. Beträchtlich kleinere und einfachere rechteckige „Einschließungen" im westlichen Mitteleuropa (mitunter als Schafhürden interpretiert), ein rechteckiges Palisadendorf im Schweizer Kanton Bern sowie rechteckige Befestigungen im Nordosten Bulgariens, deren 4 Tore nach den 4 Himmelsrichtungen zeigen, kann man nicht als direkte Parallelen heranziehen. Erwähnenswert ist jedoch die rechteckige Steinsetzung Crucuno nahe Carnac in der Bretagne. Nach Alexander Thom mißt sie 30 mal 40 MY und ihre Diagonale 50 MY. Das Rechteck besteht demnach aus 2 pythagoreischen Dreiecken mit den ganzzahligen Seitenlängen 3 : 4 : 5. Vermutlich ist die Anlage ungefähr so alt wie die meisten britischen Steinringe. Interessanterweise sind ihre 4 Seiten nach den 4 Himmelsrichtungen orientiert. Die Diagonalen könnten die Sonnenauf- und -untergangspunkte zu den Solstitien markiert haben. Andere Visierlinien waren möglicherweise auf die „Horizontorte" des Mondes während seiner Wenden (Extremstellungen) ausgerichtet. Thom hebt hervor, daß ein so gestaltetes Rechteck die betreffenden astronomischen Visierlinien nur in einer geographischen Breite verkörpern konnte, die etwa der von Crucuno entspricht (47°31').

Sehr interessante archäologische und astronomische Untersuchungen wurden auch an einem anderen tschechischen Fundort angestellt. Es handelt sich um eine kreisförmige Anlage bei Těšetice-Kyjovice im südmährischen Kreis Znojmo. Sie befindet sich auf einem leicht nach Südosten geneigten Lößhang. Wie Ausgrabungen zwischen 1970 und 1978 ergaben, haben hier seit der frühen

Jungsteinzeit bis zur älteren vorrömischen Eisenzeit über Jahrtausende hinweg Menschen gesiedelt. Besonders bemerkenswert sind Zeugnisse aus der Lengyel-Kultur des mittleren Neolithikums, die man nach Funden aus einem Gräberfeld im südungarischen Komitat Tolna benannt hat. Kennzeichnend für ihre frühe Entwicklungsstufe ist eine mit Rot, Gelb, Schwarz und Weiß bemalte Keramik, die auch in Těšetice zum Vorschein kam.

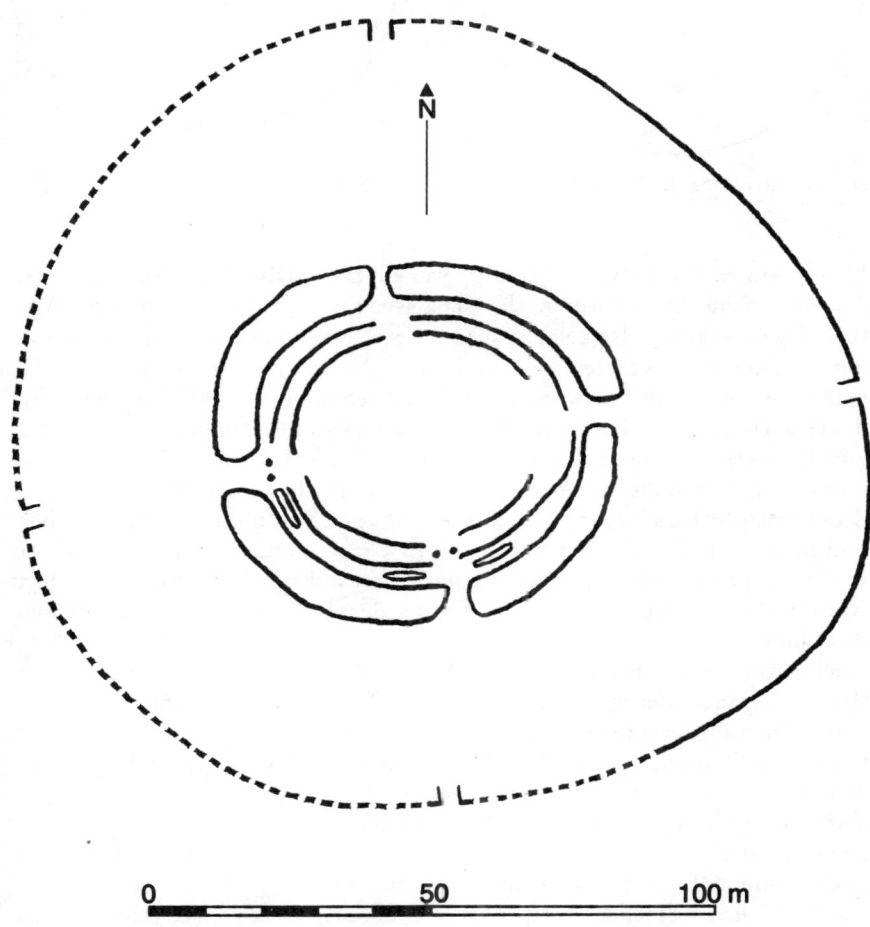

0   50   100 m

25   Grundriß des Rondells von Těšetice-Kyjovice mit Graben, Eingängen, Innenpalisaden und Außenpalisade

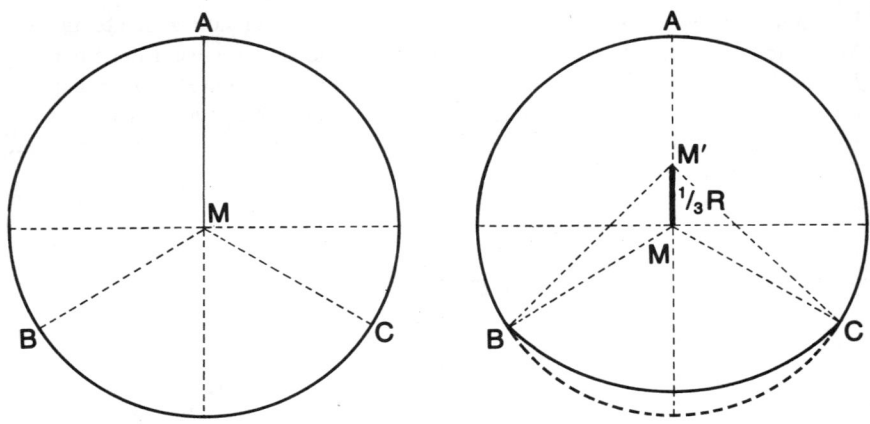

26   Konstruktion des Rondells von Těšetice nach Zdeněk Weber

Hauptelement der Anlage bei Těšetice war ein trichterförmiger Graben, dessen
Außendurchmesser von West nach Ost 64 Meter und von Nord nach Süd 58 Meter betrug. Er bildete also keinen exakten Kreis. Der Graben war rund 3,5 Meter
tief und oben etwa 6 Meter breit. Im Innern umschloß er 2 Palisadenzäune, die
man in 2–3 Meter Abstand voneinander errichtet und in ihrem Verlauf der Form
des Grabens angepaßt hatte. Der Zugang in das gesamte „Rondell" erfolgte über
4 Erdbrücken und durch gleichgerichtete Tore in den Palisaden (Zeichnung 25).
Gebäude gab es in diesem abgegrenzten Areal offenbar nicht. Statt dessen entdeckte man hier kleine, mit verschiedenartigem „Kulturgut" gefüllte Gruben
und Reste von „Öfen" aus Lehm. Um den Graben herum lief in 35–47 Meter
Entfernung eine Außenpalisade, von der bisher nur der östliche Teil freigelegt
wurde. Wo die eigentliche Siedlung lag, zu der das Rondell gehörte, ist noch
nicht klar.
Nach Ansicht des Physikers Zdeněk Weber wurde die Anlage als abgeflachter
Kreis konstruiert, der Ähnlichkeiten mit dem Typ I der von Alexander Thom beschriebenen abgeflachten Kreise besitzt. Zeichnung 26 gibt die Konstruktion des
Gebildes bei Těšetice wieder. Von M aus wurde der Kreisbogen nach Meinung
Webers zunächst nur bis zu den Punkten B und C gezogen. $^1/_3$ des Radius von M
entfernt markierte man den Punkt M' und schlug von ihm aus einen 2. Kreisbogen von B nach C. Auch Weber nimmt an, daß mit solchen abgeflachten Kreisen
eine bestimmte Information vermittelt werden sollte.
Das Rondell von Těšetice ist mit etwa 6500 Jahren noch etwa 1000 Jahre älter als
das Quadrat von Makotřasy. Trifft Zdeněk Webers Interpretation der Rondell-
form und ihrer Konstruktion zu, dann reichen die dafür notwendigen geometri-

schen Kenntnisse bis in diese frühe Zeit zurück. Aber Webers Überlegungen gehen noch viel weiter. Wir verdeutlichen sie uns anhand von Abbildung 27.
Die 4 Eingänge des Rondells liegen sich symmetrisch gegenüber, wobei ihre
Orientierung etwas von den Haupthimmelsrichtungen abweicht. So ist zum
Beispiel der Nordeingang um 9,9° nach Westen zu verschoben. Zdeněk Weber erklärt diese Differenz zum heutigen geographischen Norden mit der Kreiselbewegung der Erdachse, durch die Himmelsnordpol und -südpol in rund 26000 Jahren an der scheinbaren Himmelskugel einen Kreis um den Pol der Ekliptik voll-

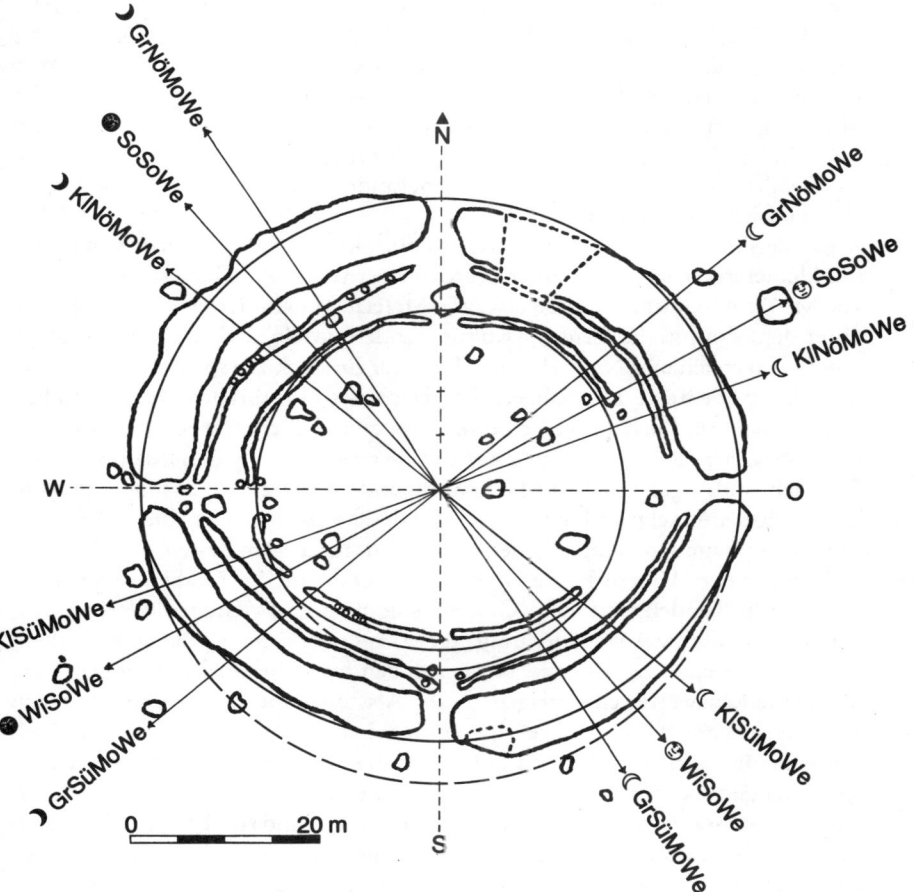

27   Das Rondell von Těšetice mit Visierlinien zu den Auf- und Untergängen der Sonne
zu Sommer- und Winterbeginn sowie zu den Horizontpunkten des Mondes während
seiner großen und kleinen nördlichen und südlichen Wenden

führen. Vor 6700 Jahren markierte nicht der jetzige Polarstern α Ursae Minoris (Alpha im Kleinen Bären) ungefähr den Himmelsnordpol, sondern der Fixstern ι Draconis (Jota im Sternbild Drache). Nach ihm hätte man damals die Nordrichtung bestimmt.

Zeichnung 27 zeigt, daß Graben und Innenpalisaden in groben Zügen dem von Weber angegebenen abgeflachten Kreis entsprechen. Seine Planung und Ausführung könnte, meint Weber, durch die Beobachtung der Horizontpunkte der Sonne zu Sommer- und Winteranfang und des Mondes in seinen Extremstellungen (bei den großen und kleinen Mondwenden, auf die wir später noch zu sprechen kommen) beeinflußt worden sein. In diesem Zusammenhang hat Weber die Lage dieser Punkte, vom Mittelpunkt des Rondells aus gesehen, vor rund 6500 Jahren berechnet. Aus den damaligen Azimute der Sonnen- beziehungsweise Mondauf- und -untergänge schlußfolgert er, es sei nicht zufällig, daß die meisten Visierlinien über wichtige Gruben hinwegführten. Freilich besteht bei all dem die Gefahr, daß in die archäologischen Befunde mehr hineininterpretiert wird, als sie tatsächlich aussagen.

Rondelle sind während des mittleren Neolithikums häufig geschaffen worden. Die kleineren verfügen über einen Durchmesser von 50–70 Metern, die mittleren von 80–150 und die großen von etwa 300 Metern. Man findet sie in Gebieten, die unter dem Einfluß der Lengyel-Kultur standen: in Ungarn, Mähren, Böhmen, Niederösterreich und Niederbayern. Bei ihrer Entdeckung spielten Luftaufnahmen eine große Rolle. Ehemalige, schon längst verfüllte Gräben bleiben nämlich länger feucht und heben sich so dunkel von einer helleren, trockeneren Umgebung ab. Über einstigen Gräben können Getreidewurzeln außerdem tiefer ins Erdreich eindringen und mehr Nährstoffe und Feuchtigkeit gewinnen. Das höhere, länger dunkelgrün bleibende Getreide kennzeichnet auf diese Weise die sonst verschwundenen künstlichen Bodenstrukturen. Am besten sind diese aus einigen hundert Metern Höhe zu erkennen. Die Zahl der Gräben ist verschieden; es gibt Rondelle mit nur 1 Graben oder mit 2 und 3 Gräben. Unterschiedlich ist ebenfalls die Anzahl der Eingänge: 2, 4, 5 oder 6. Sind 4 Eingänge vorhanden, weisen sie, wie in Těšetice, etwa nach den Haupthimmelsrichtungen. Eine der bemerkenswertesten Anlagen dieser Art stellt die niederbayerische von Kothingeichendorf im Landkreis Dingolfing-Landau dar. Sie liegt auf einer nach Norden zur Isar hin abfallenden Lößfläche, die westlich und östlich von schmalen Seitentälern begrenzt wird. Bereits 1921/22 ist man hier auf ein Rondell aus 2 parallelen Grabenringen mit etwa 50 Meter Innen- und rund 70 Meter Gesamtdurchmesser gestoßen. Luftbilder enthüllten im Osten und Westen des Rondells lange Gräben und auch im Süden die Spuren späterer Besiedlungen (Zeichnung 28). Ursprünglich befand sich das nördlich gelegene Rondell innerhalb einer umwehrten Wohnfläche, die rund 350 mal 175 Meter einnahm. Die Eingänge der Kreisanlage bilden die Enden eines (gedachten) Achsenkreuzes, das

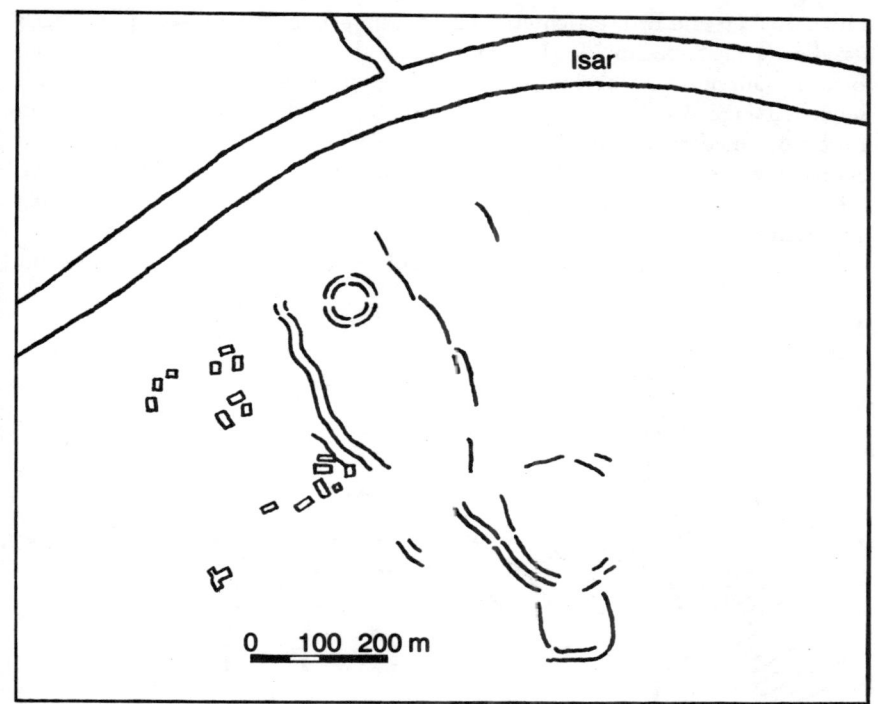

28 Rondell und Gräben der ehemaligen Siedlungen bei Kothingeichendorf

um 12° von Norden nach Westen verlagert ist. Bei einigen anderen Rondellen verhält es sich mit der Abweichung vom heutigen Norden ähnlich. Vielleicht hat man ihre Orientierung nach dem gleichen polnahen Stern vorgenommen. Möglicherweise kam der Ausrichtung der Eingänge eine kultische oder mythische Bedeutung zu, wie wir sie schon bei der Lage der Toten und den Großsteingräbern erörtert haben. Die Rondelle grenzten wohl ein Areal von den Siedlungen ab, in dem besondere kultische Handlungen oder gemeinsame Zusammenkünfte bei wichtigen, die gesamte Gemeinschaft betreffenden Ereignissen stattfanden.

Großes Aufsehen erregte eine Entdeckung, die auf einem Bergsporn in der Feldmark Quenstedt, Kreis Hettstedt, rund 50 Kilometer nordwestlich der Bezirkshauptstadt Halle gelang. Der Name des Bergsporns, Schalkenburg, findet sich zum ersten Male in einer Mansfelder Chronik des 16. Jahrhunderts. Schalkenburg ist er wohl genannt worden, weil ein Wall an seiner Nordseite auf eine burgähnliche Befestigung hinzuweisen schien. So falsch war das nicht. Der Wall stammte freilich nicht aus dem Mittelalter, sondern war fast 3000 Jahre alt. Aus

Holz, Steinen und Erde errichtet, grenzte er ursprünglich den Bergsporn gegen das flache Gelände im Norden und Osten ab. In seinem Schutze siedelten Bauern während der Übergangsphase von der späten Bronzezeit zur frühen Eisenzeit. Lange vor ihnen hatten sich schon Sippen der Jungsteinzeit auf dem Bergsporn niedergelassen. Wie sie und ihre Nachfolger hier lebten, hat Erhard Schröter, wissenschaftlicher Oberassistent und Bezirkspfleger für Bodenaltertümer, im Auftrage des Landesmuseums für Vorgeschichte in Halle von 1967–1984 erforscht.

Die eigentliche Sensation auf der Schalkenburg bildeten die Spuren einer für

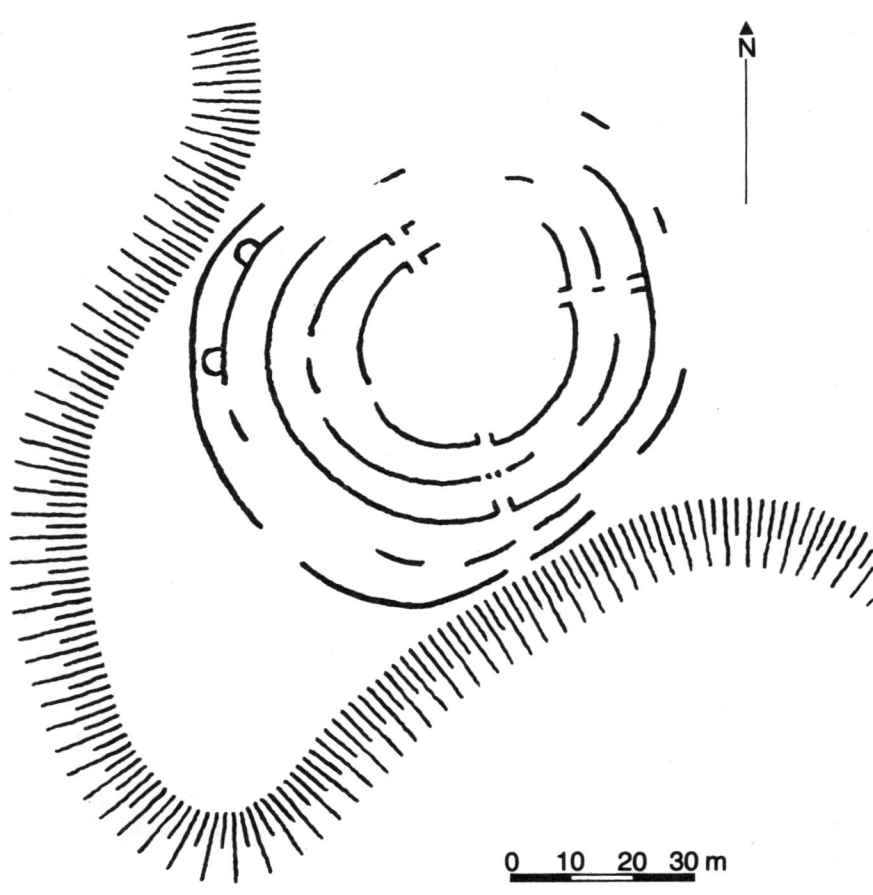

0   10   20   30 m

29   Spuren der fünf Palisadenringe auf der Schalkenburg

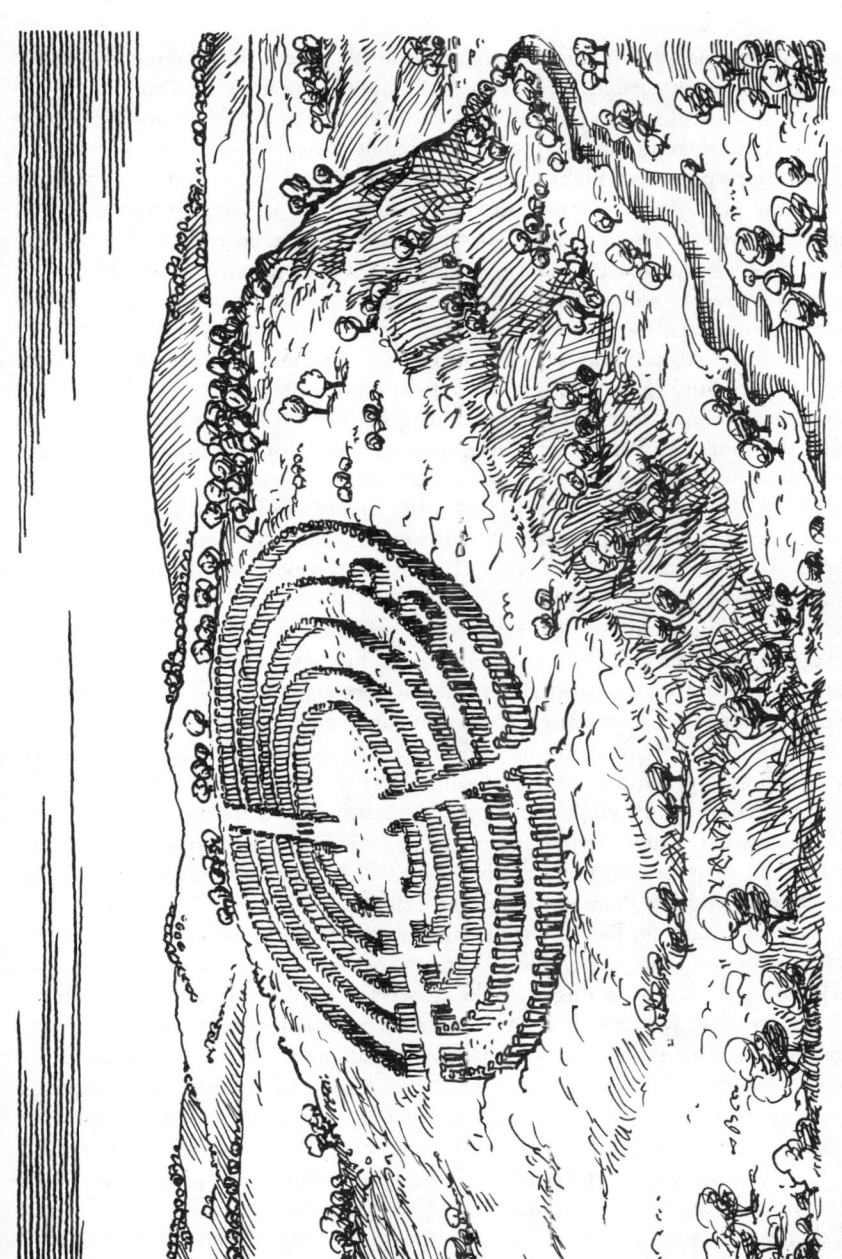

30　Rekonstruktionsversuch der fünf Palisadenringe auf der Schalkenburg

Mitteleuropa bisher einmaligen Anlage. Vermutlich geht sie auf Angehörige der Stichbandkeramik zurück, die ihre Tongefäße vor allem mit eingestochenen zickzackförmigen und waagerechten Bändern verzierten und zeitlich den Angehörigen der Linienbandkeramik folgten. Gesiedelt haben die Stichbandkeramiker auf dem Bergsporn aber nicht. Ihre Dörfer müssen in dessen Umgebung gelegen haben. Sie errichteten jenes merkwürdige Bauwerk, dessen Spuren noch als dunkle Bodenverfärbungen zum Vorschein kam. 5 konzentrisch ineinander geschachtelte, eiförmige Palisadenringe erstreckten sich, jeweils etwa 6 Meter voneinander entfernt, in ihrer Längsachse ungefähr von Südwesten nach Nordosten über den gesamten Bergsporn (Zeichnung 29 und 30). An seinem südöstlichen Rande war der Abstand des 4. und 5. Ringes voneinander etwas enger; hier hatte der zur Verfügung stehende Platz wohl nicht mehr ganz ausgereicht. Der größte Durchmesser des äußersten Ringes betrug 90–100 Meter, während die kleine Achse des innersten Ringes 35 Meter, seine große Achse 45 Meter maß. An der westlichen Außenwand des 4. Ringes und auch zwischen dem 2. und 3. Ring gab es anscheinend irgendwelche Anbauten. Ins Innere der Palisaden gelangte man durch Eingänge im Nordwesten, Nordosten und Südsüdosten. Leider sind die Spuren der erstaunlichen Anlage durch die späteren Besiedlungen teilweise verwischt und vernichtet worden.

Unter dem Wall konnten die Archäologen glücklicherweise noch die Stümpfe von einigen Pfosten freilegen, aus denen sich schließen ließ, daß man für die Palisaden 10–20 Zentimeter starke Baumstämme verwendet hatte, je Meter also etwa 5 Stück. Bei einer Gesamtlänge der Ringe von etwa 1000 Metern wurden demnach rund 5000 solcher Stämme benötigt. Dahinter steckt eine gewaltige Arbeitsleistung. Die Bäume dafür mußten ja mit primitiven Steinäxten erst gefällt, zurechtgehauen und vielleicht über beträchtliche Entfernungen herbeigeschleppt werden. Außerdem mußte man die Gräben für die Palisaden ausheben, die Pfosten einsetzen und feststampfen. Das alles erforderte eine umfangreiche und gut durchdachte Planung und Organisation.

Was sich innerhalb der Palisadenringe alles abspielte, bleibt uns leider verborgen. Vielleicht können uns jedoch die 3 Eingänge noch etwas über den Sinn des Bauwerks verraten. Die Richtungen, in die sie weisen, sind nämlich kaum zufällig so gewählt worden. Wenigstens 2 davon hatten vermutlich etwas mit der Sonne und den Jahreszeiten zu tun. Man bat deshalb die Hallenser Astronomen vom Raumflugplanetarium auf der Peißnitz-Insel, die Auf- und Untergangspunkte der Sonne zu Sommer- und Winteranfang vor 6000 Jahren für die geographische Breite der Schalkenburg zu berechnen. Der Leiter des Planetariums, Karl Kokkel, kam mit seinem Mitarbeiter Gerhard Schön auf den Bergsporn, wo es im Zentrum der Palisadenringe möglicherweise einen markierten Beobachtungsort gegeben hat. Nach den errechneten Sonnen-Horizontpunkten ermittelten Kokkel und Schön im ehemaligen innersten Ring einen hypothetischen Standort, von dem aus einst Auf- und Untergang der Sonne zur Sommersonnenwende durch die Eingänge im Nordosten und Nordwesten beobachtet werden konnten. Im Gegensatz dazu vermochte man jedoch vom gleichen Standort aus den Sonnenaufgang zur Wintersonnenwende durch den südsüdöstlichen Eingang hindurch nicht zu sehen. Mit Hilfe des Planetariumgerätes stellte man aber eine andere auffällige Erscheinung fest. Wenn vor rund 6000 Jahren die Sonne zu Winteranfang unter dem Horizont verschwunden war, stand genau über diesem Eingang das Siebengestirn. Zu Beginn des Frühlings füllte das Kreuz des Südens, das damals auch in unseren Breiten sichtbar war, bei seinem Aufgang die südsüdöstliche Pforte aus. Ob man diesen Sterngruppierungen wirklich eine besondere Bedeutung zuschrieb und den südsüdöstlichen Zugang nach ihnen orientierte, läßt sich freilich nicht beweisen.

Unmittelbare Parallelen zu den Palisadenringen auf der Schalkenburg hat man bisher in Mitteleuropa nicht gefunden. Eher vergleichbar sind sie mit einigen der Henge-Anlagen in Großbritannien. Sie werden durch eine mehr oder weniger kreisförmige Fläche charakterisiert, die von einem Wall umgeben ist, an den sich in der Regel nach innen ein Graben anschließt. Im Innern dieser so umgrenzten Fläche standen anscheinend Pfosten oder Steine in bestimmter Anordnung, die jedoch von Fall zu Fall sehr verschieden sein konnte.

Nach der Zahl der Eingänge unterscheidet man bei den Henge-Monumenten 2 Typen. Die kleineren, vermutlich älteren vom Typ I besitzen nur einen Eingang, bei dem sich eine bevorzugte Orientierung wahrscheinlich nicht feststellen läßt. Zum Typ II zählen die wohl jüngeren, größeren Anlagen mit 2 sich gegenüberliegenden Eingängen. Ein Henge-Monument vom Typ I verkörpert Woodhenge in Südengland unweit der Stadt Amesbury. Die Anlage ist so genannt worden, weil sie zum Teil aus Holz bestand. Obwohl der stark abgepflügte Wall von Woodhenge schon lange bekannt war, geht die eigentliche Entdeckung der merkwürdigen Kultstätte auf das Jahr 1925 zurück. Auf Luftbildern zeigten nämlich Bewuchsmerkmale einen inneren Graben und zahlreiche kreisförmige Stellen an. Bald danach enthüllten archäologische Untersuchungen die Details der von Graben und Wall umschlossenen Fläche. Auf ihr standen einst 6 konzentrisch ineinanderliegende, eiförmige Pfostenringe. Von außen nach innen besaßen Ring A 60, B 32, C 18, D und E je 18 und F 12 Pfostenlöcher (Zeichnung 31).

Südwestlich vom Zentrum barg man auf der längsten Achse der Ringe das Skelett eines etwa 3jährigen Kindes, dem offenbar vor der Bestattung der Schädel gespalten worden war. Wir haben hier ein Bauopfer vor uns. Südlich von diesem Kindergrab befand sich zwischen den Ringen B und C ein einzelner Stein. Eine Anlage dieser Art hatte man bis dahin nicht entdeckt. Mittlerweile kennt man aber in Großbritannien noch eine ganze Reihe vergleichbarer Konstruktionen. Ihre Deutung ist schwierig. Bildeten sie das Gerüst für neolithische „Tempel"? Für Woodhenge hat man versucht, einen solchen zu rekonstruieren. Die

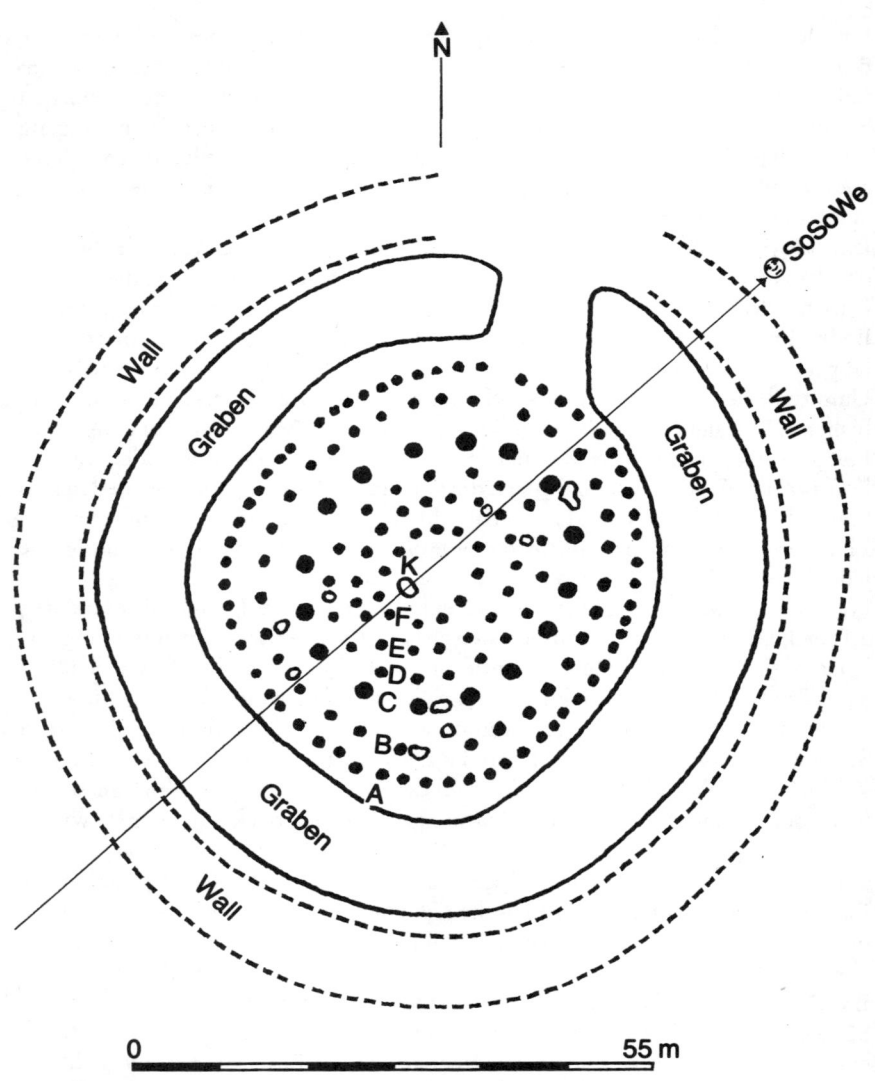

N

SoSoWe

Wall

Graben

Wall

Graben

K
F
E
D
C
B
A

Graben

Wall

0   55 m

31   Woodhenge. A–F: Pfostenringe; K: Kindergrab; helle Kreise beziehungsweise Flächen: extra Pfostenlöcher oder Steine

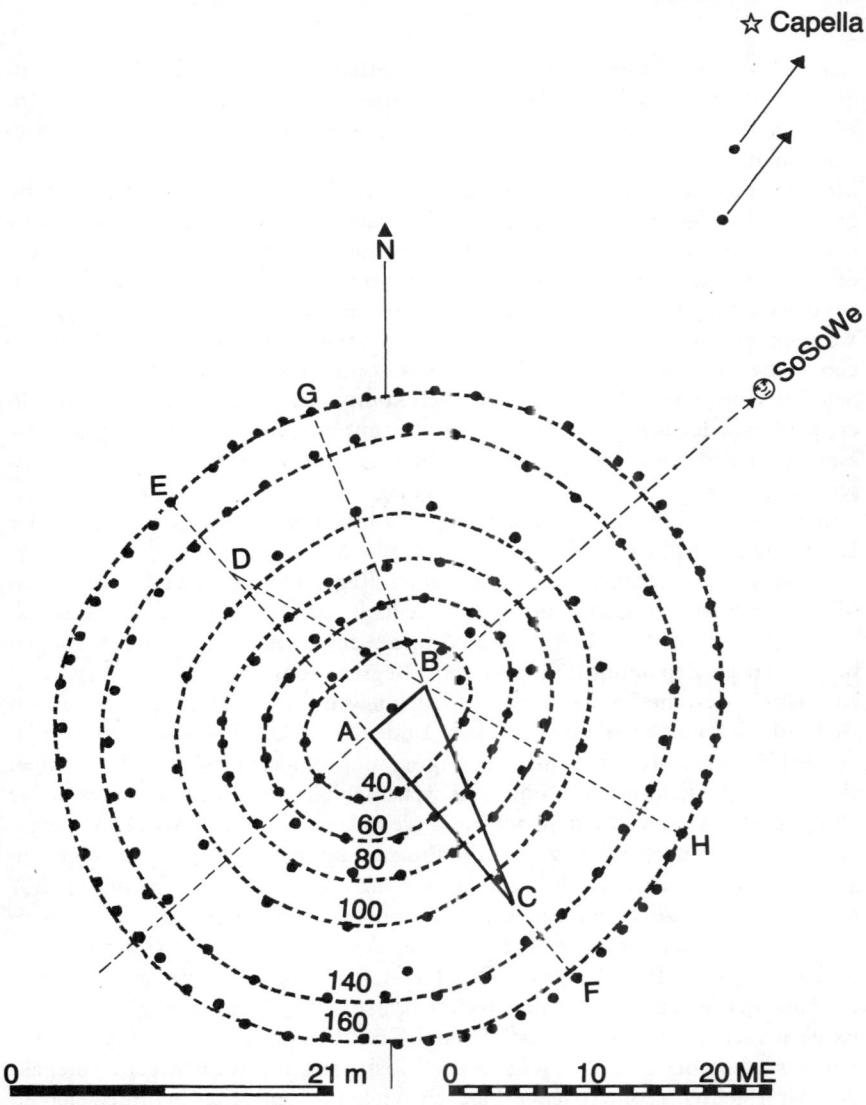

☆ Capella

N

☺ SoSoWe

G

E

D

B

A

40

60

80

100

H

140

160

C

F

| 0 | 21 m | 0 | 10 | 20 ME |

32 Konstruktion der Pfostenringe nach Alexander Thom. Die beiden Steine außerhalb der Anlage könnten nach dem Fixstern Capella orientiert gewesen sein

stärksten und höchsten Pfosten in Ring C hätten den First des Daches gestützt, die schmaleren, niedrigeren das sich nach innen und außen senkende Dach. Im Zentrum des kreisähnlichen Bauwerks soll es einen offenen Lichtschacht gegeben haben.

Merkwürdigerweise weichen der Eingang zwischen Wall und Graben und die größte Achse der Pfostensetzungen in ihrer Richtung voneinander ab. Vielleicht hat man das Ringsystem später nach einem neuen Plan anders orientiert. Wie dem auch sei: die längste Achse der Pfostenringe ist jedenfalls erstaunlich genau auf den damaligen Aufgang der Sonne zur Sommersonnenwende gerichtet!

Woodhenge hat aber darüber hinaus noch zu weiteren Überlegungen Anlaß gegeben, die im Zusammenhang mit den astronomischen Deutungen wichtig sind. Sein Pfostensystem könnte nämlich nach komplizierten geometrischen Regeln errichtet worden sein. Alexander Thom vermutet dafür eine besonders interessante Konstruktion. Den eiförmigen Pfostensetzungen vom Typ I liegen nach seinen Vermessungen und Analysen 2 pythagoreische Dreiecke mit der gemeinsamen Seite $\overline{AB}$ zugrunde (Zeichnung 32). Ihre Länge beträgt 6 MY, die der Strecke $\overline{AC}$ 17,5 MY und die von B nach C 18,5 MY.

2 Seiten sind also, entgegen der allgemeinen Regel, nicht ganzzahlig. In halben MY gerechnet, ergeben die Seiten jedoch das pythagoreische Dreieck $12^2 + 35^2 = 37^2$. Von den Eckpunkten A und B aus schlug man wohl Kreisbögen bis zu den (in Zeichnung 32 markierten) Begrenzungslinien $\overline{EF}$ sowie $\overline{BG}$ und $\overline{BH}$. Um A sind die Radien der Kreisbögen jeweils um 1 MY größer als die um B; auf diese Weise entstand das dickere Ende der „Eier". Die kürzeren, verbindenden Kreissektoren zwischen den Begrenzungspunkten E–G und F–H haben als Zentren die Eckpunkte C und D. Anscheinend hat man die Durchmesser der „Eier" gerade so gewählt, daß ihre Umfänge stets ein Vielfaches von 20 MY ergaben. Von innen nach außen weisen die Pfostensetzungen nämlich Umfänge von 40, 60, 80, 100, 140 und 160 MY auf. Warum man keinen Pfostenring mit 120 MY konstruiert hat, wissen wir nicht. „Es könnte sein", meint Thom, „daß die umständliche Konstruktion von Woodhenge ein Versuch war, einen Ring zu finden, für den π genau gleich 3,0 sein sollte. Der 5. Ring vom Zentrum aus hat einen Umfang, der, geteilt durch seine größere Achse, auf 1/5000 genau gleich 3 ist."[5] Es ist jedoch unverkennbar, daß Thoms Grundriß die Ringe in einer idealen Form wiedergibt. Offenbar folgten die Pfostensetzungen nicht ganz so exakt den dargestellten geometrischen Figuren. Viele Pfostenlöcher befinden sich etwas neben den hypothetischen Linien. Bemerkenswert ist Thoms Vermutung, 2 außerhalb liegende Steine hätten von A und B aus als Visierhilfen zum Aufgangspunkt des hellen Fixsterns Capella gedient.

Die Geheimnisse von Stonehenge

Etwas über 3 Kilometer südwestlich von Woodhenge liegt Stonehenge. Schon lange hat dieses Monument Wißbegier und Phantasie von Fachleuten und Laien beflügelt. Um es vor dem Besucherandrang zu schützen, ist es nun ringsum abgesperrt. Trotz seiner starken Zerstörung hinterläßt es noch immer einen mächtigen Eindruck.

Mit nur einem Eingang zählt Stonehenge zu den Henge-Anlagen vom Typ I (Zeichnung 33). Seine Baugeschichte ist lang und kompliziert; sie umfaßt 3 sehr verschiedene Phasen.

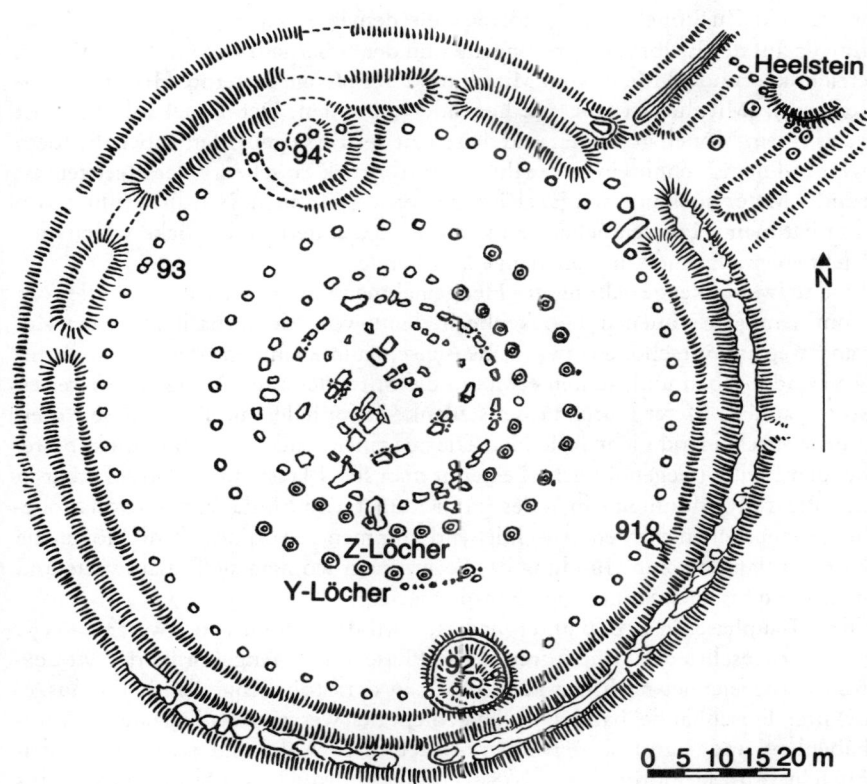

33   Grundriß von Stonehenge. Von außen nach innen: Graben, Wall, Aubrey-Löcher, Stationssteine 91–94, Y- und Z-Löcher, Sarsenkreis, Hufeisen, einige Blausteinpfeiler und, verstreut, Pfostenlöcher

Vor rund 4800 Jahren wurde Stonehenge I geschaffen, eventuell etwa zur gleichen Zeit wie Woodhenge. Stonehenge I bestand aus einem Graben und einem Wall, dessen Durchmesser von Scheitelpunkt zu Scheitelpunkt etwa 98 Meter beträgt. Innerhalb des Walls hatte man 56 Gruben ausgehoben, die zusammen einen Kreis mit etwa 87 Meter Durchmesser bilden. Zu Ehren des Altertumsforschers John Aubrey, der sie im 17. Jahrhundert entdeckte, heißen sie Aubrey-Löcher. Offenbar waren sie nicht zur Aufnahme von Pfosten vorgesehen, denn sie wurden wieder mit Kreidebrocken, der Asche verbrannter Menschen und anderem verfüllt. Es waren demnach Gruben kultischen Charakters. Etwa auf einer Linie mit ihnen befinden sich die sogenannten Stationen 91, 92, 93 und 94, die zusammen ein Rechteck ergeben. Bei den Punkten 91 und 93 steht jeweils ein Stein; ursprünglich wird das auch auf den kleinen Erdhügeln bei 92 und 94 der Fall gewesen sein. Zu Stonehenge I gehörten außerdem in 6 Reihen angeordnete Vertiefungen auf der Erdbrücke am Eingang und der außerhalb von Graben und Wall errichtete, rund 78 Meter vom Mittelpunkt des Henge entfernte Heelstein (Fersenstein). (Mit ihm ist eine alte Legende verbunden. Der Teufel soll ihn einst nach einem Mönch geworfen und diesen an der Ferse getroffen haben. Seitdem wäre auf dem Menhir ein fersenähnlicher Abdruck zu sehen.) Der Heelstein ist rund 5 Meter hoch und wiegt schätzungsweise 35 Tonnen. Nördlich (links) von ihm hat man 4 Pfostenlöcher gefunden. Einige andere Steinblöcke waren vielleicht ebenfalls schon in Stonehenge I vorhanden.

Eine teilweise Neugestaltung des Henge nahmen um 2100–2000 v.u.Z. die vom Kontinent gekommenen Glockenbecherleute vor. Sie verbreiterten den Zugangsweg und verschoben etwas seine Achse, säumten ihn und den Heelstein mit Wall und Graben und stellten etwa um die Mitte der alten Anlage in 2 Kreisen von 23 und 27 Meter Durchmesser schlanke Steinpfeiler auf. Doch diese Arbeit wurde anscheinend nicht vollendet. Die aus einem vulkanischen Gestein bestehenden Pfeiler (wegen ihrer Farbe nennt man sie „Blausteine") sind offenbar in den Prescelly-Mountains in Wales (217 Kilometer Luftlinie westlich von Stonehenge) gebrochen worden. Anschließend fuhr man sie vermutlich auf Flößen die Küste entlang bis zur Mündung des Severn, von wo man sie flußaufwärts und über Land bis nach Stonehenge transportierte.

Die 3. Bauphase, in a, b, c untergliedert, wird den Jahren von etwa 2000–1550 v.u.Z. zugeschrieben. Initiatoren der 3. Phase waren Angehörige der Wessex-Kultur (bezeichnet nach der Landschaft, in der Stonehenge liegt). Ein ausgedehnter Tauschhandel hatte der Oberschicht der Wessex-Bevölkerung zu Wohlhabenheit und Autorität verholfen. Unter ihrer Anleitung wurden aus den Hügeln von Marlborough rund 38 Kilometer nördlich von Stonehenge 25 bis 30 Tonnen wiegende Blöcke einer Sarsen genannten Sandsteinart herbeigeschleppt. Nachdem man die Blausteinkreise abgebaut hatte, stellte man 5 mächtige Sarsentore (Trilithen) in Hufeisenform so auf, daß die Achse des Hufeisens mit der Achse der „Avenue", der Zugangsstraße im Nordosten, übereinstimmte. Das mittelste, größte Tor war etwa 7,40 Meter hoch. Um den Mittelpunkt der ehemaligen Blausteinkreise konstruierte man aus 30 Sarsenpfeilern und Deckquadern einen monumentalen Ring von rund 30 Meter Innendurchmesser. Zwischen Sarsenring und Hufeisen wurde aus 59 oder 60 Blausteinen ein unregelmäßiger Kreis errichtet und innerhalb des Hufeisens eine diesem in der Form vergleichbare Anordnung von 19 Blausteinen geschaffen. In der Mitte des Sarsenkreises stand ein 5 Meter hoher Steinpfeiler, der „Altarstein". Schließlich hob man außerhalb des Sarsenringes zweimal 30 Gruben aus (die sogenannten Y- und Z-Löcher).

Atkinson unterschied noch eine 4. Phase, die jedoch den Henge selbst gar nicht betrifft, sondern nur die Avenue. Sie verläuft nach Nordosten, bis sie, 663 Meter vom Zentrum des Henge entfernt, nach Osten abbiegt. Die Verlängerung wurde während der 4. Bauphase zunächst in östlicher und dann in südöstlicher Richtung bis zum Fluß Avon weitergeführt bzw. an beiden Seiten mit Graben und Wall versehen. Stonehenge war also vor rund 3100 Jahren noch „in Gebrauch". Den genauen Gesamtverlauf der Avenue hat man übrigens 1923 durch Luftaufnahmen erkannt.

Daß Stonehenge eine astronomische Bedeutung besessen haben könnte, ist 1740 zum ersten Male durch den Arzt William Stukeley erwähnt worden. Stukeley bemerkte, daß die Achse des Monuments nach dem Sonnenaufgang zur Sommersonnenwende weist. Im 19. Jahrhundert vermutete man, daß die Richtung der Stationen 91–94 ebenfalls auf die Sonnenwenden orientiert waren: die Schmalseiten des Rechtecks auf den Sonnenaufgang am 21. Juni und den Sonnenuntergang am 21. Dezember. Genauere Messungen dazu führte jedoch erst der englische Astrophysiker Sir Norman Lockyer im Jahre 1901 aus. Er bestätigte Stukeleys Feststellung über die Richtlage des Eingangs und der Avenue und versuchte, aus der Achsenrichtung der Zugangsstraße die Bauzeit von Stonehenge zu errechnen, indem er dabei von den Veränderungen der Ekliptikschiefe in den letzten Jahrtausenden ausging. Als Ergebnis kam er auf die Jahre zwischen 1880 und 1480 v. u. Z. Das hat sich als falsch herausgestellt (was Stonehenge I und die Anlage der Avenue betrifft), und auch die Visuren, die Lockyer in Stonehenge gefunden zu haben glaubte, hält man nun für unzutreffend (außer der Orientierung auf die Sommersonnenwende). Die Visierlinien sollten auf Horizontpunkte der Sonne am Beginn der Monate Februar, Mai, August und November zielen.

Erst richtig in Fluß kam die Diskussion über die astronomische Bedeutung von Stonehenge durch Gerald S. Hawkins, einen in England geborenen Astronomen, der seit 1960 am Smithsonian Astrophysical Observatory in Massachusetts, USA, tätig war. 1963 veröffentlichte er in der britischen Zeitschrift „Nature" einen Beitrag, in dem er für Stonehenge zahlreiche, auf Sonne und Mond

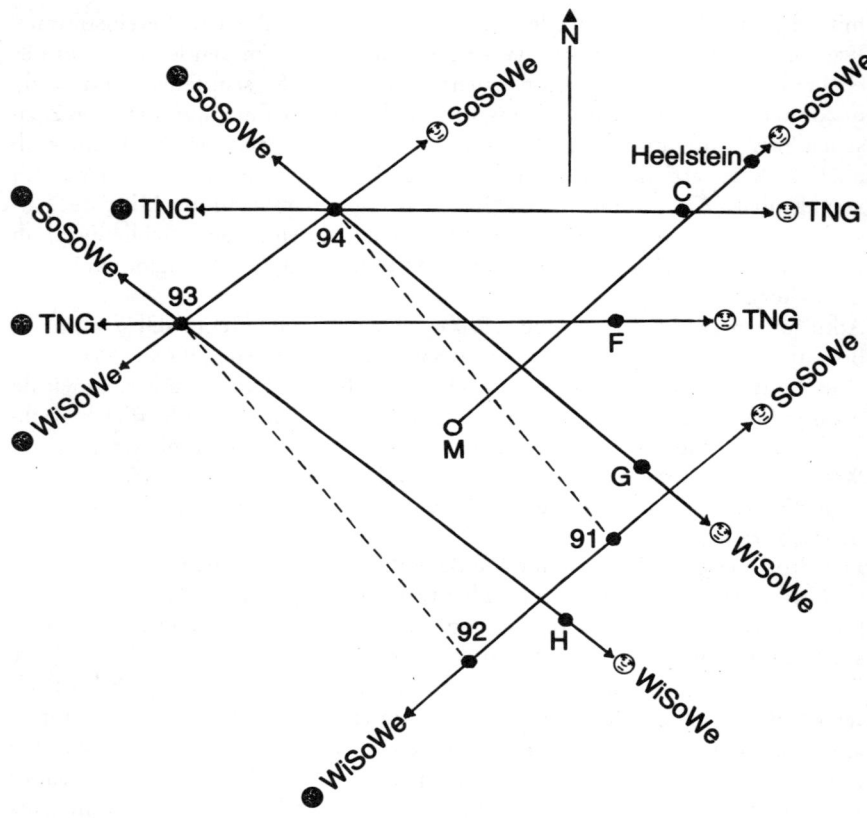

34 Stonehenge. Sonnenvisuren nach Hawkins; M: Mittelpunkt der Anlage

bezogene Visierlinien anführte. Bald darauf deutete er in einem weiteren Artikel die Aubrey-Löcher als eine Art steinzeitlicher Rechenmaschine für Finsternisvorhersagen. Und schließlich gab er in der amerikanischen Zeitschrift „Science" kund, daß auch in der Steinsetzung von Callanish auf den schottischen Äußeren Hebriden astronomische Visuren zu finden wären. Seine Untersuchungen faßte er gemeinsam mit John B. White 1965 in dem Buche „Stonehenge decoded" (Stonehenge entschlüsselt) zusammen. Alle diese Arbeiten erregten größtes Aufsehen und provozierten hitzige Diskussionen. Hawkins erzielte auch deshalb einen besonderen Effekt, weil er zur Gewinnung und Auswertung seiner Daten einen leistungsstarken Computer benutzt hatte.
Wir wenden uns hier nur den vermuteten Sonnenorientierungen zu. Zeich-

nung 34 stellt 13 von Hawkins für Stonehenge I angenommene Sonnenlinien dar. Sie beziehen sich auf die Solstitien und die Äquinoktien, insgesamt also auf 6 verschiedene Horizontpunkte des Tagesgestirns.

Hawkins hatte die benötigten Unterlagen zunächst einem fehlerhaften Plan von Stonehenge entnommen. Atkinson, ein profunder Kenner der Materie, nannte auch aus diesem Grunde das Buch „Stonehenge decoded" „tendenziös, arrogant, schlampig und nicht überzeugend"*. Man bat den bekannten Astronomen und Kosmologen Sir Fred Hoyle, die Hypothesen von Hawkins zu überprüfen. Und Hoyle gab ihm im Prinzip recht! Er entwickelte sogar eine eigene originelle Hypothese zu Finsternisvorhersagen in Stonehenge. Doch die Archäologen blieben skeptisch.

Noch früher als Hawkins hatte sich C. A. Newham mit himmelskundlichen Bezügen in Stonehenge beschäftigt. Weder Archäologe noch Astronom, bekleidete er bis 1958 eine Stellung in der britischen Gasindustrie. Aus Liebhaberei und Interesse vermaß er das Horizontprofil und die Horizonthöhen um Stonehenge sowie die wichtigsten Merkmale des Monuments. Durch widrige Umstände ver-

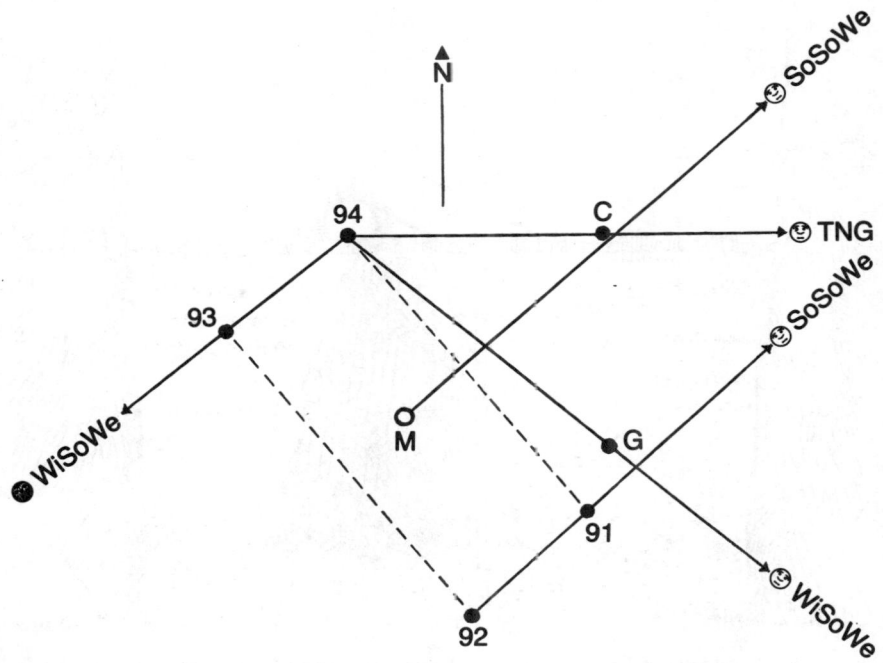

35 Stonehenge. Sonnenvisuren nach Newham; M: Mittelpunkt der Anlage

zögerte sich seine eigene Veröffentlichung darüber; sie erschien dann fast gleichzeitig mit Hawkins' erstem Artikel und wurde, obwohl oder weil gründlicher erarbeitet, vorsichtiger formuliert und weniger sensationell aufgemacht, gar nicht beachtet. Erst nach und nach fanden weitere Publikationen Newhams ihre verdiente Würdigung.

Aufgrund seiner Vermessungen von Profil und Höhe des Horizonts verwarf Newham einen Teil der von Hawkins genannten Visuren, vor allem jene, die „rückläufig" waren, das heißt, die in entgegengesetzte Richtungen verliefen. Statt dessen erkannte er nur folgende Richtungslinien zur Sonne an (Zeichnung 35): 92 → 91: Aufgang zu Sommeranfang; 94 → G: Aufgang zu Winterbeginn; 94 → 93: Untergang zu Winteranfang; 94 → C: Aufgang zur Tagundnachtgleiche; Mittelpunkt der Anlage → Achse der Avenue: Aufgang zu Sommerbeginn. Außerdem unterschied Newham 3 Ortungslinien zu Horizontpunkten des Mondes. Er hob hervor, daß das Rechteck der Stationen 91–94 die astronomische Interpretation stütze. Einige 50 Kilometer nördlich oder südlich von Stonehenge würden die für Visuren bestimmten 4 Stationen nicht mehr ein Rechteck, sondern ein Parallelogramm bilden. Außerdem entdeckte Newham, daß die

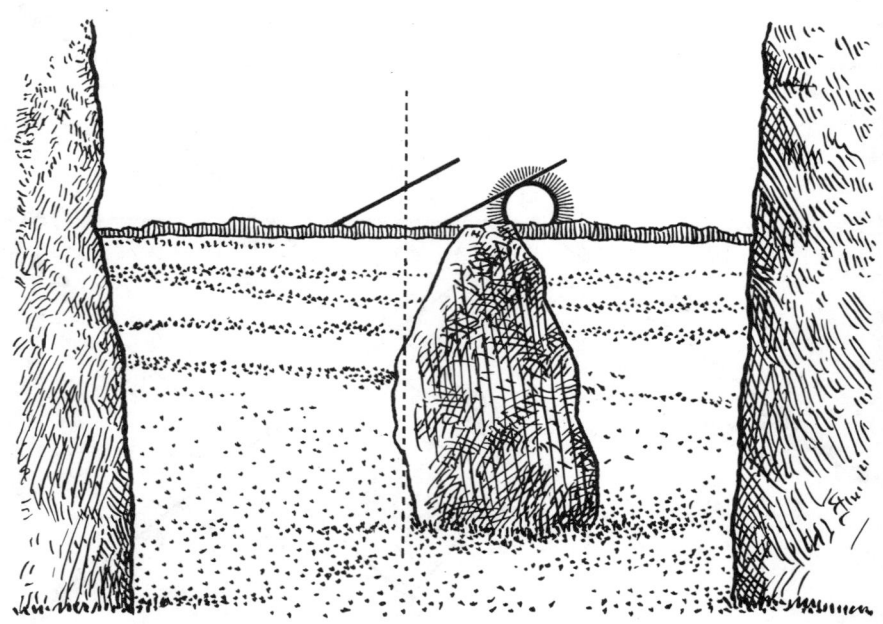

36 Sonnenaufgang in Richtung des Heelsteins heute und (weiter links) vor 3500 Jahren. Die gestrichelte senkrechte Linie gibt die wahre Achse von Stonehenge an

Richtungsfehler der Visuren am kleinsten wurden, wenn man annahm, die Erbauer von Stonehenge I hätten den ersten bzw. den letzten Sonnenstrahl über dem Horizont beobachtet und nicht die volle Scheibe, wie Hawkins glaubte. Allgemein verbreitet ist die Meinung, daß der Heelstein zum Sommersolstitium vom Mittelpunkt der Anlage aus den Sonnenaufgang markiert. Die Wirklichkeit entspricht dem nicht ganz. In unserer Zeit taucht die Sonne zu Sommeranfang links (nördlich) vom Heelstein auf und scheint wenig später die Spitze des Pfeilers zu krönen (Zeichnung 36) – ein Schauspiel, das jedes Jahr viele Besucher angelockt hat. Vor einigen tausend Jahren bot sich jedoch zum Sommersolstitium ein etwas anderes Bild. Da der Winkel, unter dem die Sonne den Himmelsäquator schneidet (gegenwärtig beträgt diese Ekliptikschiefe rund 23,44°) periodisch veränderlich ist, verschiebt sich auch der Sonnwendaufgangspunkt am Horizont. (Lockyer hat diesen Vorgang zur Berechnung der vermeintlichen Entstehungszeit von Stonehenge benutzt.) Vor etwa 3500 Jahren lag der genannte Horizontpunkt etwa 0,8° nördlicher und damit weiter links als gegenwärtig. Die Sonne hat damals seine Spitze offensichtlich nicht berührt, und erst recht nicht zur Bauzeit von Stonehenge I vor rund 4800 Jahren, als sie noch 0,5° weiter links aufging. Der Heelstein steht nicht in der Mitte der Avenue, sondern etwas rechts von ihr und ist zum Henge hin im Winkel von 30° geneigt. Ursprünglich wird er senkrecht emporgeragt haben und so etwa 50 Zentimeter höher gewesen sein. Hawkins meint daher, daß die Sonne auch vor 4000–3500 Jahren seine Spitze gestreift habe. Doch bei senkrechter Stellung des Menhirs befand sich die Spitze wohl weiter rechts als heute, so daß die vermutete „Berührung" mit dem Sonnenball eben nicht zustande kam. Vielleicht ist der Heelstein aber gar nicht als Sonnen-, sondern als Mondvisur verwandt worden?

Nach Hawkins wurde der Sarsenkreis so konstruiert, daß er die wichtigsten Visierlinien nicht abschnitt, sondern an sich vorbei „passieren" ließ. Auch durch die Trilithen und Sarsenkreistore hindurch ergäben sich Orientierungslinien. Sie wiesen zum Sonnenauf- und -untergang am Winteranfang, zum Sonnenuntergang zur Sommersonnenwende sowie auf Horizontpunkte des Mondes bei seinen großen und kleinen Wenden (bei ersteren hat er eine Deklination von ± 28,5°, bei letzteren von ± 18,5°) (Zeichnung 37). Als Beleg für seine Annahme fügte Hawkins seinem Buch über Stonehenge eindrucksvolle Fotos der horizontnahen Sonne zwischen den noch erhaltenen Pfeilerdurchblicken bei. Allerdings umfassen solche Blickrichtungen bis zu 8° auf dem Gesichtskreis. Von genauen Richtweisern kann man daher nicht sprechen.

Die meisten Steine von Stonehenge stehen so nahe beieinander, daß sie keine Möglichkeiten für exakte Visuren bieten. Eventuell hat man aber weit außerhalb des Monuments zusätzliche Visierziele geschaffen. Bei Erdarbeiten zur Erweiterung eines Parkplatzes tauchten nämlich etwa 250 Meter nordwestlich von der Mitte des Sarsenkreises die Spuren von 3 Löchern mit jeweils rund 76 Zentimeter

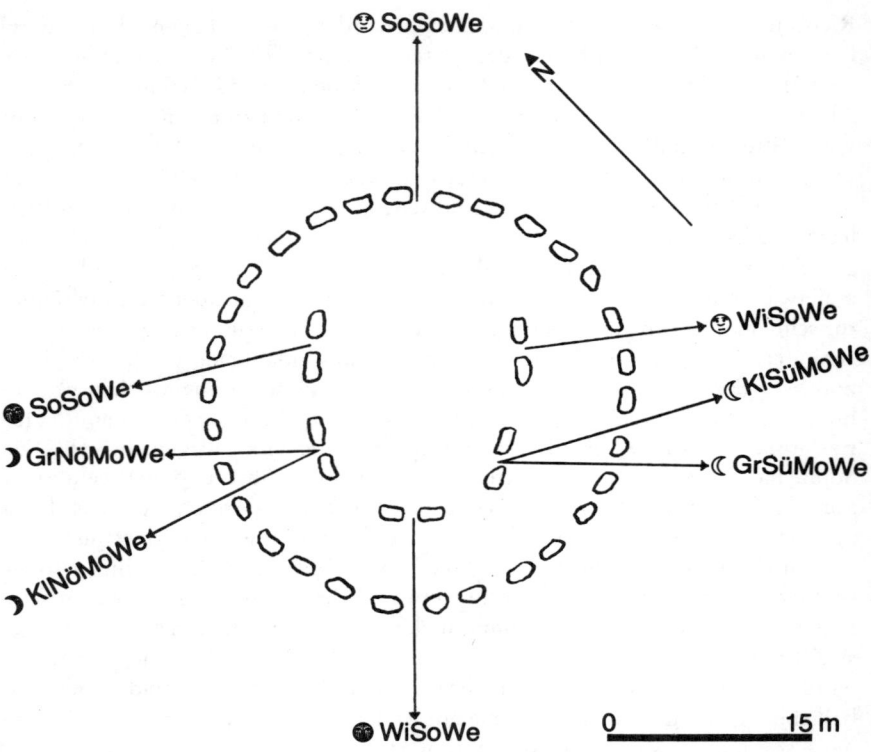

☺ SoSoWe

⊕ WiSoWe

☾ KlSüMoWe

⊕ SoSoWe

☽ GrNöMoWe

☾ GrSüMoWe

☽ KlNöMoWe

⊕ WiSoWe

0   15 m

37 Stonehenge III. Visierlinien durch die Tore und den Sarsenkreis (nach Hawkins)

Durchmesser auf. Offenbar standen in ihnen einst mächtige Pfosten, die, wie Untersuchungen bestätigten, durch Keile senkrecht gehalten wurden. Wenn diese Pfosten 10 Meter hoch waren, ragten ihre Spitzen, von dem Henge aus gesehen, etwas über die Horizontlinie. Dann vermochte man, fand Newham heraus, von Station 91 über den nordwestlichsten sowie von Station 94 über den mittleren Pfosten den Sonnenuntergang zum Sommersolstitium zu beobachten. Vom Heelstein aus markierte der nordwestlichste Pfosten den Sonnenuntergang Anfang Mai und Anfang August. Auch wichtige Horizontpunkte des Mondes hätte man mit Hilfe der Holzsäulen bestimmen können. In diesem Zusammenhang erinnern wir an das Quadrat von Makotřasy, bei dem vielleicht ebenfalls hohe Pfosten als Markierungshilfen dienten.

Hawkins rechnete aus, daß die Wahrscheinlichkeit für die Annahme, die einzelnen Bestandteile des Monuments würden nur zufällig so angeordnet sein, wie sie

78

es tatsächlich sind, unter 1 : 1000000 liegt. Auf die Merkmale von Stonehenge I bezogen, wären 50 Visierlinien denkbar, von denen 24 zu Sonnen- und Mondpunkten auf dem Gesichtskreis wiesen. Als jedoch Atkinson Stonehenge in dieser Hinsicht untersuchte, kam er statt auf 50 auf 111 Visiermöglichkeiten. Demnach wäre nicht bei rund der Hälfte der betreffenden Stein- oder Pfostenpaare eine astronomische Orientierung vorstellbar, sondern nur bei grob einem Fünftel. Dadurch verändert sich natürlich das Bild wesentlich. In Stonehenge I und III fand Hawkins insgesamt 240 theoretisch vorstellbare Visuren. Nach seiner Meinung sind 32 davon astronomisch bedingt. Hier hakte Heggie ein, indem er analysierte, daß unter 240 Visierlinien der Wahrscheinlichkeit nach sogar 48 rein zufällig auf Sonnen- und Mondstellen zielen könnten. Nur 32 Linien bildeten also, statistisch betrachtet, keinen Beweis.

Diese und andere Widersprüche erklären sich aus der ungewöhnlichen Vielfalt des Henge. Sie läßt zu viele Möglichkeiten für scheinbare oder tatsächliche Richtlagen offen. Deshalb ist Stonehenge, das „Paradepferd" der Archäoastronomie, für klärende Untersuchungen der Statistiker schlecht geeignet. Man kommt eher weiter, wenn man sich vielen weniger komplizierten Anlagen widmet, die nur über eine Orientierung oder über 2–3 eventuelle Visuren verfügen. In ihrer Gesamtheit liefern solche Orte für die Statistik wesentlich brauchbareres Material, das zu verhältnismäßig sicheren Aussagen führt. Diesen Weg hat Alexander Thom mit seinen Forschungen beschritten.

Der Sonnenkalender der Steinzeit

Nehmen wir an, eine Horizontstelle im Nordwesten zeichne sich durch eine markante Bergspitze und eine Einkerbung aus, die wir zur möglichst genauen Ermittlung der Sommersonnenwende nutzen möchten. Wenige Tage vor dem Solstitium sehen wir, daß die Sonne gerade hinter der Bergspitze untergeht und dann noch einmal am Grunde der sich anschließenden „Kerbe" mit ihrem oberen Rand auftaucht. Am nächsten Tag hat sich die Position der Sonne in bezug auf dieses Horizontprofil, vom selben Standort aus betrachtet, etwas nach rechts, nach Norden zu, verschoben. Wir wollen aber das gleiche Phänomen beobachten wie am Tage vorher und gehen deshalb einige Schritte nach links, bis sich wieder der gleiche Anblick Sonne – Berg – Tal bietet. Das setzen wir nun in den nächsten Tagen fort, indem wir den Ort, an dem wir uns dabei befinden, jeweils durch eine Stange kennzeichnen. Am Tage der Sonnenwende sind wir auf unserem Wege am weitesten nach links gelangt. Von nun an müssen wir Tag für Tag einige Schritte nach rechts bis zu unserem ursprünglichen Beobachtungspunkt zurückgehen, um die Sonne hinter dem Berg und in dem Einschnitt verschwinden zu sehen. Das können wir jedes Jahr um dieselbe Zeit wiederholen.

Wenn wir dann ab und zu wegen schlechten Wetters den Sonnenuntergang nicht so kontinuierlich zu verfolgen vermögen, wissen wir durch Abzählen der Stangen doch stets, wie viele Tage wir vom eigentlichen Solstitium entfernt sind. Am Standort, den wir zum Zeitpunkt des Sonnenwendtages einnehmen, errichten wir als dauerhafte Markierung einen Steinpfeiler.

Zur Verfolgung des Sonnenuntergangs könnten wir je Tag auch einige Schritte seitlich zurücktreten und eine Stange an dem jeweiligen Beobachtungsort in den Boden treiben. Der Verlauf der Stangenreihe ergibt dann eine Kurve, deren Extrempunkt die größte Deklination der Sonne und so den Wendepunkt anzeigt.

„Mit diesem einfachen Verfahren", erläuterten die Thoms, „hätten die Megalithastronomen eine Genauigkeit erzielen können, die weit über der irgendeines aus der Antike bekannten Meßinstruments lag. Bis zur Erfindung des Fernrohrs war durch Instrumente gar keine vergleichbare Genauigkeit möglich."[7]

2 Steinsetzungen zur Markierung natürlicher Zielpunkte am Horizont hielt Alexander Thom für besonders interessant. Einer dieser beiden Orte ist Kintraw an der Westküste Schottlands (westnordwestlich von Glasgow). Als „Kimme" für die Visur diente dort wahrscheinlich ein 3,6 Meter hoher Menhir. Rund 140 Meter nordöstlich von ihm befindet sich jenseits einer Schlucht auf einem steil ansteigenden Hang ein schmales natürliches Plateau. Auf ihm steht ein Felsblockpaar, das zwischen sich einen kerbförmigen Einschnitt bildet. Südöstlich davon, bis an den Fuß dieses Blockpaares, kam eine dichte Lage kleiner Steine zum Vorschein. Der Archäologe Euan W. Mackie hat diese pflasterartige Schicht ausgegraben, ohne dabei aber irgendwelche Werkzeuge oder andere Objekte zu entdecken. So läßt sich nicht eindeutig beweisen, daß die Steinschicht künstlichen Ursprungs ist, und auch über ihr Alter kann man deshalb nichts Sicheres aussagen. Dennoch nehmen Mackie und Alexander Thom an, daß man in megalithischer Zeit die Plattform mit den Steinen gepflastert hat, um sie für Beobachtungszwecke herzurichten. Das Felsblockpaar könnte nämlich der bewußt markierte Beobachtungsort gewesen sein, von dem aus in Richtung des Menhirs der Sonnenuntergang zum Wintersolstitium verfolgt wurde.

Nähere Auskünfte darüber vermittelt uns Zeichnung 38. Im Hintergrund ist hier die Bergkette der Insel Jura dargestellt. Die Sonne bewegt sich in Pfeilrichtung auf eine Bergflanke zu, verschwindet hinter ihr und blitzt dann noch einmal kurz in einem Tal zwischen 2 Berghängen auf. Das geschieht oder geschah gerade zum Wintersolstitium. Im Vordergrund des Bildes ist rechts der schräg stehende Menhir wiedergegeben. In seiner jetzigen Stellung deutet er nur sehr vage die Richtung zum letzten Sonnenstrahl an. Vielleicht ist die Aufrichtung des umgestürzten Pfeilers nicht sorgfältig genug geschehen. Ursprünglich bildete er wohl eine genauere „Kimme" für den Sonnenuntergang. Links von dem Menhir erblicken wir einen zerstörten Grabhügel, auf dem die Spuren eines Pfostenloches gefunden wurden. Eventuell wies ein Pfosten an diesem Platze auf den Beginn des Son-

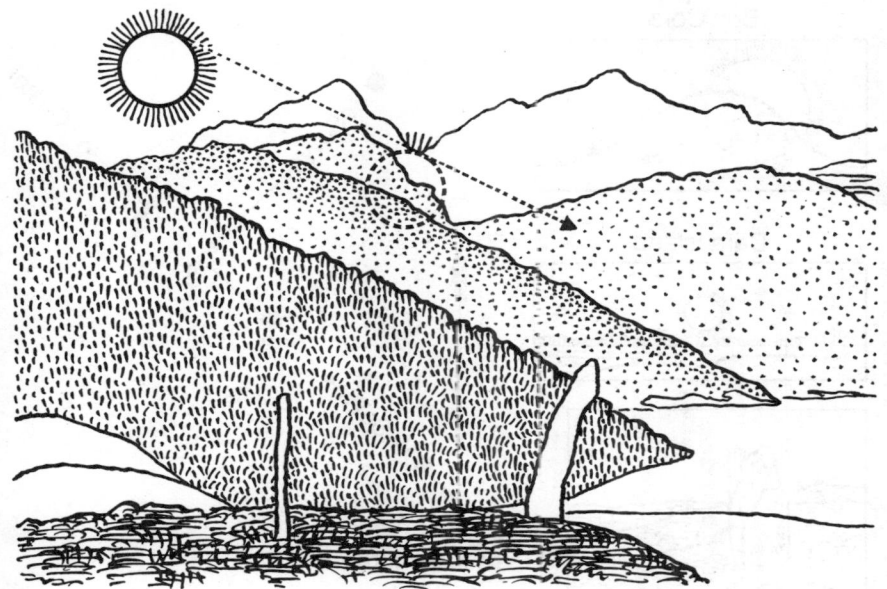

38   Sonnenuntergang zur Wintersonnenwende hinter den Bergen der Insel Jura, von der Plattform von Kintraw aus gesehen. Im Vordergrund rechts ein Menhir, links eine Stange auf einem Hügelgrab

nenuntergangs an der Bergflanke hin. Die Plattform bot Raum genug, um im Hin- und Hergehen den jeweiligen Sonnenstand zu beobachten und den Wendepunkt sehr genau zu erkunden. Mit seiner Plattform verkörpert Kintraw eine bisher einmalige Besonderheit unter den megalithischen Orten.

Den nach Thoms Meinung interessantesten und instruktivsten Solstitial-Ort finden wir ungefähr 60 Kilometer südlich von Kintraw auf der Halbinsel Kintyre in 55°43' nördlicher Breite. Es ist die Steinsetzung von Ballochroy: ein Alignement aus 3 Menhiren und 1 Steinkistengrab (Zeichnung 39). Von Nordosten nach Südwesten zeigt das Alignement auf die kleine Insel Cara. Astronomisch bedeutsam ist, daß über dem Westende des Eilands der obere Rand der Sonne zu Beginn des Winteranfangs untergeht. Vielleicht sollte dieses Ereignis durch das Alignement markiert werden. In umgekehrter Richtung, nach Nordosten, war es möglicherweise auf den Aufgangspunkt des hellen Fixsterns Castor (im Sternbild Zwillinge) etwa um 1750 v. u. Z. orientiert. Die Steinreihe besitzt offenbar eine 3., noch wichtigere Ausrichtung. Der mittlere und zugleich breiteste Menhir weist mit seinen flachen Seiten nach Nordwesten zur etwa 39 Kilometer entfernten Bergkuppe Ben Cora auf der Insel Jura. Beim Untergang wird die Sonne

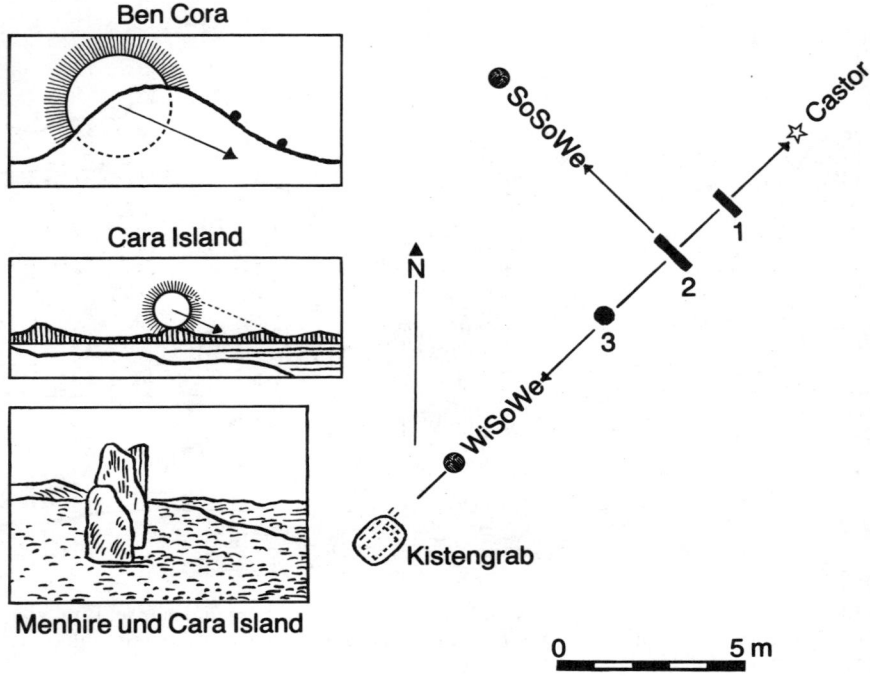

Ben Cora

Cara Island

Menhire und Cara Island

N

SoSoWe

Castor

1

2

3

WiSoWe

Kistengrab

0   5 m

39   Ballochroy: Visierlinien zum Sonnenuntergang zu Sommerbeginn (Ben Cora) und zu Winteranfang (Cara Island) sowie nach Nordosten zum Aufgang von Castor

dort während des Sommersolstitiums von Ben Cora, der nördlichsten Bergspitze, verborgen. Aber ihr oberer Rand leuchtet mehrmals kurz hinter der rechten Bergflanke auf, da diese nicht ganz eben ist, sondern leicht wellenförmig verläuft. Thom glaubt, daß der oder die Beobachter einst von Menhir 3 aus verfolgten, wie der Sonnenball hinter der Bergspitze versank. Sobald der obere Sonnenrand hin und wieder am entgegengesetzten Berghang aufblitzte, ging man langsam zu Menhir 2 und 1 oder sogar bis zum Steinkistengrab, und zwar so, daß man dabei gerade noch die letzten Sonnenstrahlen bis zu ihrem endgültigen Verschwinden wahrzunehmen vermochte. Verglich man diese Lichtphänomene an mehreren Tagen hintereinander, konnte man den Tag der Sonnenwende bestimmen.

Was Thom in bezug auf die Orientierungen von solchen und anderen Anlagen nach bestimmten Sonnenstellungen herausfand, führt uns Zeichnung 40 vor Augen. In einem Diagramm sehen wir hier in 3 Reihen untereinander jeweils eine

82

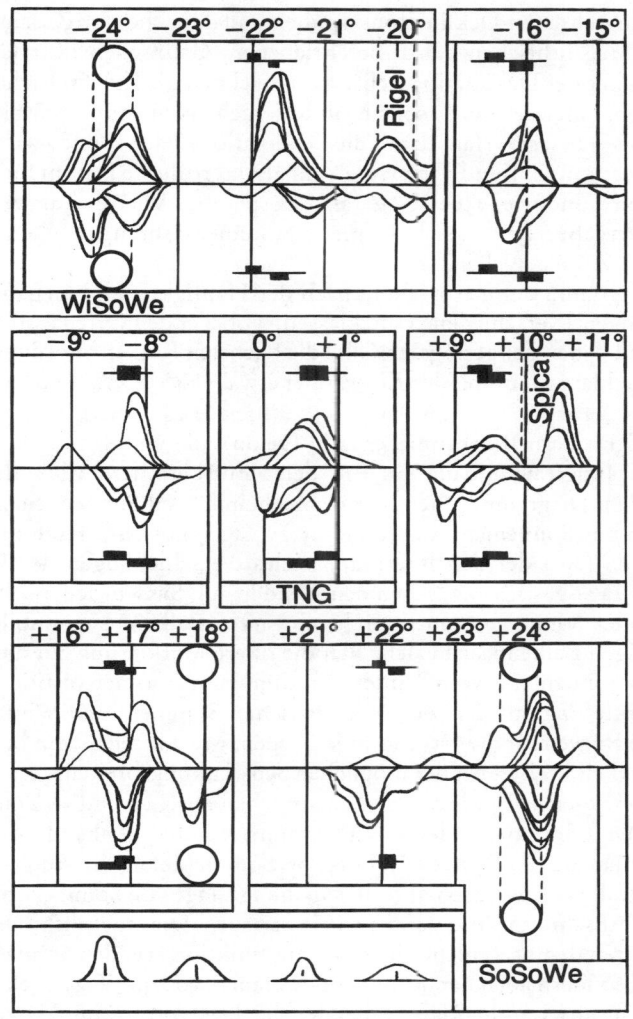

40 Deklinationsachse von −25° bis +25° mit Häufungen von Gaußflächen, aus denen auf einen sechzehnmonatigen Kalender geschlossen werden kann. Die Kurven bei −20° sowie bei +10° beziehen sich eventuell auf Rigel (1900–1800 v. u. Z.) und auf Spica (2000–1900 v. u. Z.)

waagerechte Achse mit Deklinationsangaben und den schon im Zusammenhang mit dem Megalithischen Yard beschriebenen Gaußschen Kurven (Zeichnung 20). Über der Deklinationsachse kennzeichnen die Kurven Richtlagen zur aufgehenden, unter der Achse solche zur untergehenden Sonne. Die Skala reicht von $-25°$ bis $+25°$; sie erfaßt damit die Deklinationen der Sonne zwischen etwa 3300 und 1500 v. u. Z. Rund 3300 v. u. Z. gilt als das früheste Datum für einen der betreffenden Fundorte, 1500 v. u. Z. als das späteste. Wie die Auswertung der Richtlagen ergab, scheinen sich die meisten Sonnenvisuren auf einen Zeitraum um 1800 v. u. Z. zu beziehen.

Für das Diagramm definierte Thom nach der Häufigkeit und Genauigkeit der Orientierungen 4 verschiedene Güteklassen, wobei er den Orten erster Güte die steilsten und denen der geringsten Güte die flachsten Kurven zuordnete. Wir erkennen eine klare Häufung der Kurven bei etwa $-24°$, $-22°$, $-20°$, $-16°$, $-8°$, $+0,5°$, $+9,5°$, $+10,5°$, $+16°$ bis $+17°$, $+18°$, $+22°$, $+24°$. Die Deklination $-20°$ könnte den Fixstern Rigel (im Sternbild Orion), die von $+10,5°$ den Fixstern Spica (in der Jungfrau) und die von $+18°$ den Mond betreffen. Alle anderen Häufungen in dem Diagramm gehen sehr wahrscheinlich auf Sonnenorientierungen zurück. Da das Sonnenjahr aus rund 365,25 Tagen besteht, treten im Verlaufe von 4 Jahren (also der Schaltperiode) leichte Verschiebungen der Horizontpunkte des Tagesgestirns zwischen den Wenden auf. Sie wurden, nach auf- und untergehender Sonne getrennt, durch schwarze „Balken" versinnbildlicht. In dem jeweiligen Balkenpaar bezieht sich die obere Markierung auf die Schwankungen des Sonnenlaufs vom Wintersolstitium zum Sommersolstitium und die untere Markierung auf den Zeitraum zwischen Sommer- und Wintersonnenwende. Die Kurven für die Ortungslinien liegen, wie wir sehen, mit befriedigender Genauigkeit im Bereich der möglichen Schwankungsbreiten.

Die 9 ausgewiesenen Deklinationen entsprechen anscheinend 16 Zeitabschnitten zwischen 2 Sommer- oder 2 Wintersonnenwenden. Anhand der Gaußflächen kann man die 183 Tage vom Winter- bis Sommeranfang in 1 Intervall von 22 und 7 Intervalle von 23 Tagen unterteilen, die 182 Tage von Sommer- bis Winterbeginn in 6 Abschnitte von 23 und 2 von je 22 Tagen. Die „megalithischen Astronomen" hätten demnach nicht nur einen gut funktionierenden Sonnenkalender geschaffen, sondern auch den Rundwert des Jahres von 365 Tagen gekannt.

Zählt man in unserem heutigen Kalender die Tage von Frühlings- zu Herbst- und von Herbst- zu Frühlingsanfang, erhält man eine ungleiche Tageszahl, nämlich 186 zu 179. Die Erdbahn bildet ja eine Ellipse mit einem sonnennächsten (im Halbjahr Herbst bis Frühling) und einem sonnenfernsten Punkt (im Halbjahr Frühling bis Herbst). In Sonnennähe bewegt sich die Erde schneller als in Sonnenferne. Folglich unterscheiden sich diese beiden Halbjahre um 7 Tage. Das haben die Megalithiker in ihrem Kalender anscheinend nicht berücksichtigt. Statt dessen haben sie wohl das Jahr zunächst in 4 möglichst gleichlange Zeitintervalle mit der gleichen Zahl von Tagen gegliedert (was nicht restlos aufgeht). Bei einer solchen Zählung steht die Sonne zu Frühlings- und Herbstbeginn nicht genau auf dem Himmelsäquator (wie es der astronomisch definierten Tagundnachtgleiche entspricht), sondern 0,5° nördlich von ihm. Auf diesen Wert weist auch eine der Kurvenhäufungen auf der Deklinationsachse hin! Ebenfalls bemerkenswert ist eine weitere Schlußfolgerung. In Zeichnung 40 ist bei den Sonnenwenden maßstabgerecht der Durchmesser der Sonnenscheibe eingezeichnet. Die Gaußflächen bilden hier 2 Kuppen, die auf den oberen und unteren Rand der aufgehenden bzw. versinkenden Sonne zeigen. Man hat also offenbar nicht die Mitte der Sonnenscheibe beobachtet, sondern deren erste oder letzte Sichtbarkeit.

Rolf Müller glaubt, Spuren des 16„monatigen" Kalenders gäbe es noch in anderen Gegenden Europas, zum Beispiel bei Kerlescan in der Bretagne und auf der nordfriesischen Insel Sylt. Bei Kerlescan haben vielleicht fächerförmig angeordnete lange Steinreihen als Fluchtlinien für das Sommersolstitium, die Äquinoktien und andere Daten gedient. Auf der Insel Sylt gab es nach Müller 1770 „noch rund 400 Grabhügel oder ‚Hünenbetten'". Als Müller die Insel 1937 besuchte, waren davon nur etwa 100 übriggeblieben. „Ich habe", schrieb er 1970 in seinem Buche „Der Himmel über dem Menschen der Steinzeit", „80 von diesen durch Einzelvermessungen untereinander angeschlossen und ihre Richtlagen (Ortungen) bestimmt. Das einzige noch guterhaltene Großsteingrab aus der jüngeren Steinzeit ist der Denghoog, es ist nach meiner Vermessung etwa Nord-Süd orientiert. ... Vom Hügel, der sich heute etwa 4 Meter über diesem Ganggrab wölbt, hat man einen weiten Überblick über die Insel, und es bieten sich von hier aus dem Auge eine Anzahl von Grab- oder Malhügeln als auffallende Geländepunkte dar. Diese Kette von Ortungsmalen habe ich vom Denghoog aus vermessen und komme zu der Überzeugung, daß der Denghoog ehemals den Mittel- oder Ausgangspunkt einer Kalenderanlage bildete. Der Meßbefund... spricht dafür, daß wir hier Spuren des ... 23tägigen Monatskalenders vor uns haben."[8] (Damit meint Müller die 16fache Gliederung des Jahres.)

Rückschau und Ausblick

Der Überlieferung nach sollen sich schon immer Bewohner von Amesbury in der Morgendämmerung der längsten Tage in Stonehenge versammelt haben, um den Aufgang der Sonne über dem Heelstein zu beobachten und zu feiern. Doch erst William Stukeley beschäftigte sich in der ersten Hälfte des 18.Jahrhunderts eingehender mit Stonehenge. Er schrieb die Errichtung der Anlage den Druiden, den keltischen Priestern, zu, und er zitierte den griechischen Schriftsteller Plutarch (46–etwa 119 u. Z.), der über die alte Praxis berichtet hatte, die Tempel am

Tage ihrer Gründung nach dem Sonnenaufgang zu orientieren. Die Druiden hätten, vermutete Stukeley, beim Bau von Stonehenge bereits einen Kompaß benutzt, und er unternahm den interessanten Versuch, aus der Verschiebung des magnetischen Nordpols von damals bis zu seiner Zeit das Alter des Henge zu berechnen. Er kam dabei ungefähr auf das Jahr 460 v. u. Z. und so der Wahrheit näher als andere, die Stonehenge für ein Werk der Römer hielten. Den Glauben, die Druiden wären die Schöpfer der Anlage gewesen, teilten mehr oder weniger phantasievoll auch Stukeleys Nachfolger im 18. und 19. Jahrhundert.

Das Verdienst, sich als erster Astronom mit alten Tempeln und megalithischen Steinsetzungen beschäftigt zu haben, kommt Sir Norman Lockyer zu, 1885–1913 Direktor des Solar Physics Observatory in South Kensington und Begründer des Hill Observatory in Sidmouth. Lockyer war einer der Pioniere auf astrophysikalischem Gebiet, der wichtige Arbeiten zur Spektralanalyse sowie zur Entwicklung der Fixsterne leistete und im Sonnenspektrum ein bis dahin unbekanntes Gas entdeckte, dem er den Namen Helium verlieh.

Im März 1890 verbrachte Lockyer seine Ferien in Griechenland, besichtigte dort die antiken Stätten und wunderte sich, daß bei manchen Tempeln ältere und neuere Bauteile offenbar nach abweichenden Richtungen konstruiert waren. Ihm fiel dabei ein, daß mitunter auch christliche Kirchen auf jenen Horizontpunkt wiesen, an dem die Sonne zum Festtag des jeweiligen Schutzheiligen aufging. Sollte man im Altertum ähnlich verfahren haben? Um das zu überprüfen, bereiste er ebenfalls mehrere Male Ägypten und faßte dann seine Ergebnisse 1894 in dem Buche „The Dawn of Astronomy" (Das Erwachen der Astronomie) zusammen. Ohne es zunächst zu wissen, bewegte er sich dabei in ähnlichen Gedankengängen wie der deutsche Historiker Heinrich Nissen, der schon 1885 über die Orientierung ägyptischer und griechischer Bauwerke berichtet hatte.

„The Dawn of Astronomy" fand ein sehr zwiespältiges Echo. Die Kritik richtete sich teilweise gegen Lockyers Berechnungen, insbesondere aber gegen die Orientierungshypothesen. Darauf antwortete Lockyer, er wünsche nur, jeder Archäologe möge selbst ein wenig Astronomie lernen.

Sein Freund, der Astronom und Archäologe F. C. Penrose, widmete sich wie er in gleicher Weise den Richtlagen und Gründungsdaten von griechischen Tempeln und publizierte seine gut dokumentierten Beobachtungen darüber 1892. Dann wandten sich die beiden Stonehenge zu und bestimmten unter anderem das Azimut von dessen Achse. Daraus leiteten sie 1901 das Alter der Avenue beziehungsweise des Henge ab und bezifferten es mit 1680 v. u. Z. (mit einem Unsicherheitsfaktor von ± 200 Jahren). Später stellte sich heraus, daß sie für die Berechnungen ungenaue Tabellen benutzt hatten, und Lockyer korrigierte das Datum auf 1820 ± 200 Jahre v. u. Z., was etwa der tatsächlichen Anlage der Avenue entspricht.

In der Folgezeit vermaß Lockyer noch weitere megalithische Orte. Sein Buch darüber erschien 1906: „Stonehenge and other British Stone Monuments Astronomically Considered" (Stonehenge und andere britische Steinmonumente astronomisch betrachtet). 3 Jahre danach kam das Buch in einer 2., erweiterten Auflage heraus, ergänzt durch umfangreichere Hinweise auf geographische Verwandtschaften zwischen verschiedenen Monumenten mit einer vermuteten astronomischen Ausrichtung. Lockyer schlußfolgerte daraus, daß an diesen Orten Sonnenauf- und -untergänge markiert wurden, die die zeitlichen Mitten zwischen den Äquinoktien ankündigten. Nach seiner Meinung waren jene Tage bis zu den Kelten weitervererbt worden, bei denen sie dann Anfang Februar, Mai, August und November die Hauptfesttage bildeten. Auch Stonehenge sollte zuerst zur Bezeichnung dieser Tage gedient haben, bevor es zur Orientierung auf die Solstitien umfunktioniert wurde.

Das Buch über Stonehenge enthielt zahlreiche Fehler, Ungenauigkeiten und Ungereimtheiten. Vor allem bei den Archäologen fand es keine Anerkennung. Sie kritisierten oder übergingen es einfach. Dennoch war es ein ernsthafter Versuch, mit astronomischen Methoden Beiträge zur Geschichtswissenschaft und Archäologie zu leisten. Deshalb wird Sir Norman Lockyer zu Recht als eigentlicher Begründer der Archäoastronomie angesehen. Als erster hat er ein systematisches Studium frühester Astronomie versucht, indem er von den alten Bauwerken selbst ausging. Mit seiner Begeisterung steckte er auch andere an. So führte ein Besuch in Cornwall im April 1907 erstmalig zur Gründung einer örtlichen Gesellschaft für das astronomische Studium megalithischer Steinsetzungen. Ein Jahr darauf wurde eine solche Gesellschaft in Wales ins Leben gerufen. Ihr Sekretär war der Vikar John Griffith, eine sehr eigenwillige, phantasiebegabte Persönlichkeit. Griffith wollte die vermeintlich altkeltischen Überlieferungen entschlüsseln, wobei er zu der Überzeugung gelangte, die Kelten hätten bereits außerordentlich weit entwickelte astronomische Kenntnisse besessen. Offenbar hat Griffiths Beredsamkeit Eindruck auf Lockyer gemacht. Die beiden besuchten zusammen verschiedene megalithische Orte und begannen an eine Übereinstimmung zwischen alten Überlieferungen und den archäoastronomischen Zeugnissen zu glauben. Durch diese „Brille" sahen sie die Altertümer Britanniens mit anderen Augen als vorher. Nun schien ihnen die Landschaft durch ein Muster astronomisch orientierter Orte geprägt zu sein. Lockyer zeichnete ein Dreieck, das, auf die Ebene von Salisbury übertragen, nahezu gleiche Seiten mit fast 10 Kilometer Länge besaß. Seine Eckpunkte bildeten Stonehenge und die ehemaligen Befestigungsanlagen Groveley Castle und Old Sarum. Außerdem verwies Lockyer darauf, daß, von Stonehenge ausgehend, eine gerade Linie ungefähr nach Süden über Old Sarum, die Kathedrale von Salisbury und die Hügelfestung Clearbury Ring verlief. Damit verband er in Wirklichkeit Orte, die gar nichts miteinander zu tun hatten. Doch John Griffith ging in dieser Beziehung noch viel weiter. Er sah überall astronomisch bestimmte Verbindungslinien.

Das alles hat sicher dazu beigetragen, die Archäoastronomie in den Augen vieler Archäologen nicht glaubwürdiger zu machen. Sie waren gegenüber Einmischungen sachfremder Gelehrter sowieso mißtrauisch. Und in der Tat bot ja die Verknüpfung astronomischer und archäologischer Fakten viel Spielraum für kühne Spekulationen. Aufsehen erregten dabei vor allem die Ansichten von Alfred Watkins, einem Geschäftsmann, der am 30. Juni 1921 wie in einer Art Vision sein heimatliches Herefordshire mit einem Netz gerader Linien oder Spuren überzogen sah. Von da an suchte er bewußt nach solchen Linien, die sich nach seiner Meinung weithin durch das Land erstreckten. Dabei berührten sie als Markierungspunkte Steinsetzungen, Straßenkreuzungen, heilige Bäume und Brunnen oder Quellen, Grabhügel, Versammlungsplätze, Einsiedeleien, Kapellen, Kirchen an vorchristlichen Orten usw. Solche Linien sollten mit urgeschichtlichen Pfaden zusammenfallen, auf denen man einst auf geradem Wege von einer Landmarke zur anderen die verschiedenen Gebiete durchstreifte und bereiste. Watkins sammelte Material über die angeblichen Markierungspunkte und legte darüber schließlich 1922 einer wissenschaftlichen Gesellschaft in Hereford einen Bericht vor. In 2 Büchern warb er dann ausführlicher für seine Hypothesen: „Early British Trackways" (wörtlich, frühe britische Spurwege) und „The Old Straight Track" (Die alte gerade Spur). Die phantasievoll gezogenen schnurgeraden Linien nannte Watkins „Leys". Das Wort Ley bezeichnete in altsächsischer Zeit eine Lichtung, und da es oft bei den Namen von Plätzen auftauchte, die entlang der „geraden Spur" lagen, taufte Watkins diese selbst als Ley. Oft wären die Leys, fand er, auch mit Orientierungen zur Sonne identisch, die Norman Lockyer entdeckt hatte.

Bewunderer und Enthusiasten der „Alte-Spur-Hypothese" gründeten schließlich den „Old Straight Track Club", der eifrig weiter Zeugnisse für die Leys zusammentrug. Aber nach dem Tode seines Propheten Watkins erlahmte das Interesse, und zu Beginn des 2. Weltkrieges löste sich der Club auf. Dennoch waren Watkins Ideen nicht tot. Es ist eine seltsame Ironie, daß sie gerade durch die Forschungen von Alexander Thom zu neuem Leben erwachten. Die von Thom ermittelten Visierlinien zu natürlichen Zielpunkten am Horizont erstrecken sich ja ebenfalls über relativ weite Entfernungen. Natürlich hat auch die Diskussion um Probleme der Archäoastronomie dazu beigetragen, die Ley-Jünger wieder auf den Plan zu rufen. Watkins Ideen sind nun von Paul Screeton, dem früheren Herausgeber des Magazins „The Ley Hunter" (Der Ley Jäger), und John Michell, der eine Geschichte der Archäoastronomie verfaßte, variiert und ins Mystische weitergetrieben worden. Zu welch haltlosen Spekulationen das geführt hat, lassen wir uns am besten von Edwin C. Krupp in seinem Buch „Astronomen, Priester, Pyramiden. Das Abenteuer Archäoastronomie" erläutern. Krupp schreibt darin: „John Michell sieht in dem Ley-System nichts anderes als eine Komponente geometrischer Tradition, die so alt ist wie die Vorgeschichte. Unter ,Geomantik' sei hier die Geheimwissenschaft verstanden, Gräber, Tempel und andere Bauten nach den Regeln ‚heiliger' Geometrie und Geographie anzulegen. In seinem Buch ‚The View over Atlantis' setzt Michell das Ley-System mit dem alten *fêng-shui* genannten chinesischen Wahrsagesystem gleich. Der chinesische Geomantiker bediente sich der *fêng-shui*-Prinzipien, um geplante Landschaftsveränderungen mit unsichtbaren Kraftströmen (lung-mei = Drachenwege) in Harmonie zu bringen, die der Gegend ihren Charakter gaben.

Nach Michells Ansicht bezeichnen Ley-Linien die Ströme einer subtilen tellurischen (der Erde innewohnenden) Energie, die sich nicht in terrestrischem Magnetismus erschöpft, wohl aber mit ihm verwandt sein könnte. Die tellurische Energie sei eine unbeschreibbare Substanz, etwas, was die physikalische Wissenschaft nicht nachzuweisen oder zu isolieren vermochte, wodurch aber in keiner Weise die Bedeutung der subtilen Kraft gemindert wird für jene, die an sie glauben. Michell stellt extravagante Behauptungen auf, wonach vorgeschichtliche Grabgänge wie New Grange im irischen County Heath zu Energiesammlern werden. Die alten geraden Spuren folgen angeblich Wasserläufen oder unterirdischen Strömungen und damit verwandten Kraftlinien, wie sie der Wünschelrutengänger aufspürt. Ley-Linien gelten als Kraftströme, bei denen das Geheimnis ihrer Anwendung verlorengegangen ist. Michell erklärt ganz ernsthaft, daß sich die Menschen in alter Zeit irgendwie der Kraft der ‚Drachenwege' bedient hatten, um durch die Luft zu fliegen. Bladud, der Druide, eine Sagengestalt des 1. Jahrhunderts nach Chr., soll beim Flug auf einem in die Luft erhobenen Stein eine Bruchlandung gemacht haben."[9]

Seltsamerweise entstand die Idee von den alten, geraden Linien nicht nur in England, sondern auch, unabhängig davon, in den 20er Jahren unseres Jahrhunderts in Deutschland. Hier war es der evangelische Geistliche Wilhelm Teudt, der das altgermanische Gebiet von „heiligen Linien" durchzogen glaubte. Teudts Vorstellungen waren stark nationalistisch und rassistisch gefärbt; sie paßten deshalb den braunen Machthabern des sogenannten „Dritten Reiches" gut ins Konzept. Nach Teudt und seinen Anhängern verbanden astronomisch orientierte Linien heilige Plätze im Teutoburger Wald und in Nordgermanien miteinander. Solche Plätze waren außer alten Heiligtümern zum Beispiel Wegekreuze, Markierungssteine, Wachttürme, Burgen, Versammlungs- und Gerichtsstätten und vieles andere mehr. Zu gewissen jahreszeitlichen Festen hätten sich die Menschen an diesen Orten zusammengefunden, um von dort aus den Aufgang der Sonne bei einem charakteristischen Merkmal am Horizont zu beobachten. Sie taten das angeblich aus kultischen Gründen, aber auch, um damit den Kalender zu überprüfen. Allmählich hielt man die weit entfernten Zielpunkte ebenfalls für heilig und wandelte sie dementsprechend in Festplätze um. Von ihnen aus mußte man neue Zielpunkte für den Sonnenaufgang festlegen, die auf einer Linie mit den schon benutzten heiligen Stätten lagen. So durchquerten schließlich derartige gerade

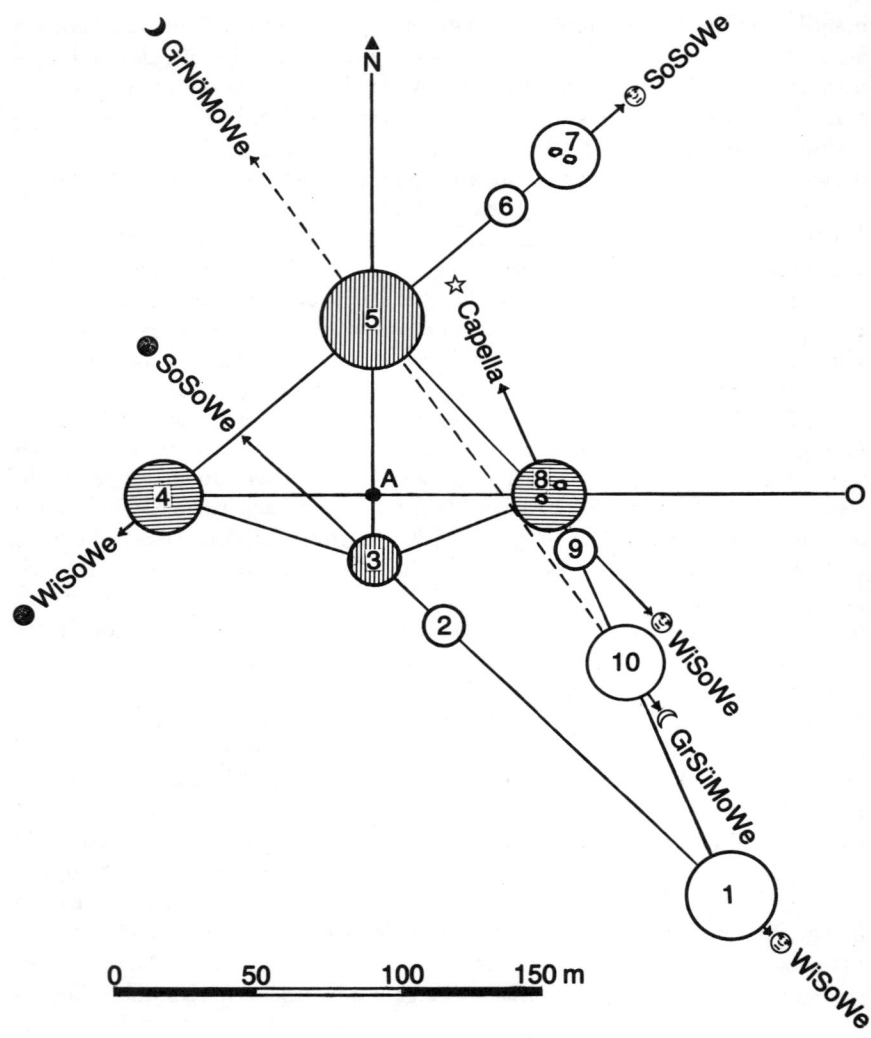

41 Steinsetzung von Odry (Polen) mit vermuteten Visierlinien zur Sonne, zum Mond und zu Capella

Strecken das gesamte Land. In ihrem Verlauf reihten sich die Festplätze auf wie Perlen an einer Schnur. Sie waren, meint Teudt, zugleich die Grundlage für ein gut funktionierendes Nachrichten- und Kommunikationssystem, das zu den kriegerischen Erfolgen der germanischen Stämme beitrug. Wie Watkins in England (der jedoch weder weltanschaulich noch politisch etwas mit ihm gemein hatte), gründete Teudt gleichfalls einen „Club", eine Gesellschaft der Freunde germanischer Prähistorie, die umfangreiche Berichte über die „germanischen Leys" anhäufte.

Aber es gab nicht nur solche Schwärmer. Der Astronom Rolf Müller zum Beispiel befaßte sich auf der Grundlage seines Fachgebietes streng wissenschaftlich mit archäoastronomischen Problemen. Zunächst am Astrophysikalischen Observatorium Potsdam tätig, war er 1928–1931 Leiter der Hochsternwarte bei La Paz in den Anden. Während dieser Zeit unternahm er Expeditionen zu Inka-Stätten, um sie astronomisch zu überprüfen. 1939 führte ihn eine Forschungsreise nach Island zur Erkundung alter Zeitmarken. Nach 1946 stand er 18 Jahre lang als Direktor dem Sonnenobservatorium Wendelstein der Universitätssternwarte München vor.

Schon 1934 widmete Rolf Müller der großen Steinsetzung Odry am Rande der Tucheler Heide im ehemaligen Westpreußen (heute Volksrepublik Polen) eine sorgfältige Studie. Die ausgedehnte Anlage besteht aus 10 Kreisen mit Durchmessern zwischen 15 und 33 Metern. Bei ihr fällt auf, daß die Kreise 3, 4, 5 und 8 sehr genau nach den 4 Himmelsrichtungen orientiert sind (Zeichnung 41). Ost-West beträgt die Abweichung nur 0,3°, Süd–Nord nur 0,9°. Die 4 Kreise bilden sozusagen das Gerüst der gesamten Anlage. Eine zentrale Rolle spielte dabei offenbar der Ring 5. In Richtung 7 vermochte man durch die dort aufgestellten Doppelmenhire die aufgehende Sonne während des Sommersolstitiums zu beobachten. Dagegen blickte man in Richtung 8 durch ein Steinpaar auf den Horizontpunkt der aufgehenden Sonne zum Winterbeginn. Eine Visur zu diesem Ereignis war auch von Ring 3 aus zu Ring 1 möglich. (Eventuell stand hier ebenfalls ein Steinpaar, das vielleicht einem Feldweg weichen mußte.) Von A aus (dem imaginären Schnittpunkt der west-östlichen und nord-südlichen Achse) ließen sich nach 8 bzw. 4 die Auf- oder Untergänge der Sonne während der Äquinoktien verfolgen. Ein Beobachter im Kreis 1 hätte über die Ringe 10, 9 und 8 hinweg außerdem den Aufgang des Fixsterns Capella etwa um das Jahr 1760 v. u. Z. sehen können. Visierlinien zwischen den Kreisen 5 und 10 würden zum Mondaufgang an seinem nördlichsten und zum Monduntergang am südlichsten Horizontpunkt gewiesen haben. Die Steinkreise sind jedoch, wie mit ihnen verbundene Grabstätten beweisen, rund 2000 Jahre jünger, als Müller angenommen hat. Zumindest die vermutete Visierlinie zur Capella kann es dann wegen der sogenannten Präzession nicht gegeben haben.

Sehr eindrucksvoll sind auch die megalithischen Grabanlagen in der Ahlhorner

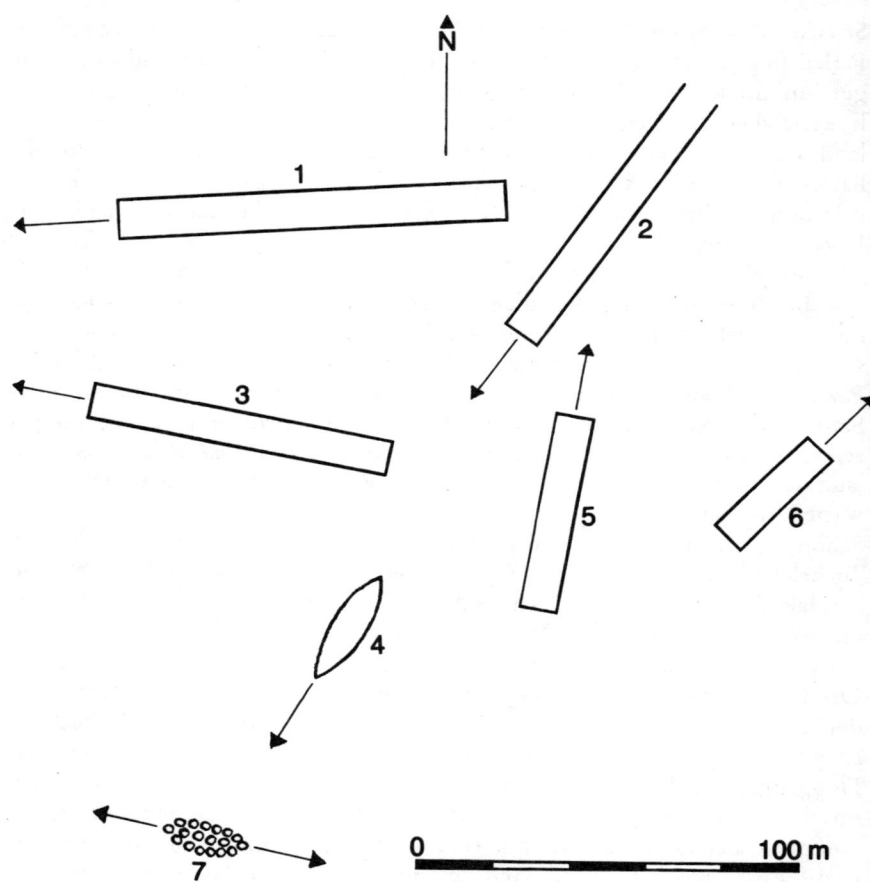

42 Hünenbetten in der Ahlhorner Heide. 1: Visbeker Bräutigam, 2: Visbeker Braut, 3: Glaner Braut, 4: Schiffsförmiges Bett, 5 und 6: Kleinknetener Steine, 7: Hohe Steine

Heide bei Wildeshausen in Niedersachsen. 3 davon heißen Visbeker Braut, Visbeker Bräutigam und Glaner Braut, weil hier der Sage nach ein Hochzeitszug versteinert worden ist. Insgesamt befinden sich in dem Gebiet etwa ein Dutzend Großsteingräber, einige hundert Hügelgräber sowie meist bronzezeitliche Gräberfelder. Die in Zeichnung 42 im Grundriß dargestellten langen schmalen Rechtecke sowie die schiffartige Form geben „Hünenbetten" an (Großsteingräber mit langer Kammer und Steinumrahmung werden im Volksglauben den „Hünen", das heißt Riesen, zugeschrieben).

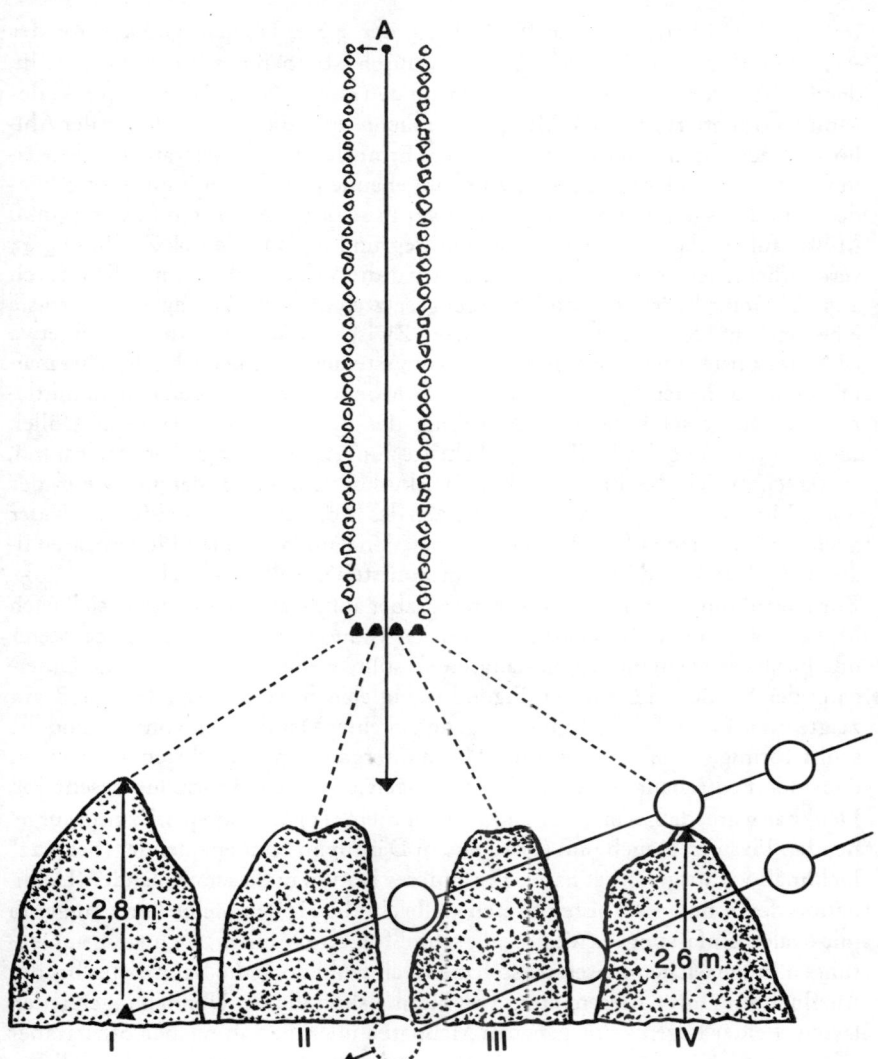

43 Die vier Abschlußsteine der Visbeker Braut und der untergehende Mond in seiner südlichsten Horizontstellung. Über den Steinen ist das Rechteck des Hünenbettes angedeutet. Der Beobachter steht bei A

Im Jahre 1934 hatte Dietrich Wattenberg, der später langjährige Direktor der Archenhold-Sternwarte Berlin-Treptow, durch Kompaßmessungen festgestellt, daß die Visbeker Braut wahrscheinlich auf den nördlichsten Aufgangspunkt des Mondes orientiert ist. Auch Müller untersuchte 1935 die Grabstätten in der Ahlhorner Heide und bestätigte Wattenbergs Ermittlungen. Er vertrat aber die Meinung, das Hünenbett wäre statt zum aufgehenden wohl eher zum untergehenden Mond ausgerichtet worden, und zwar in seinem südlichsten Extrempunkt. Müller führte dazu eine einleuchtende Begründung an, die uns Zeichnung 43 verdeutlicht. Am südwestlichen Ende wird die Visbeker Braut nämlich durch 4 große Steine begrenzt. Vom entgegengesetzten offenen Zugang aus bilden sie eine markante Silhouette mit 3 schmalen Zwischenräumen. Stand man in etwa 80 Meter Entfernung von den 4 Begrenzungssteinen im Zugang bei A, hätte man um 1800 v. u. Z. den letzten Schimmer des Mondes zwischen den beiden mittleren Steinen verschwinden sehen. „Ging der Beobachter", erläuterte Müller, „etwa in Richtung des Pfeils einige Schritte zum Anfang der (linken) Steinwand, so verschob sich das Bild. Die Himmelskundigen konnten dann – wie es der obere Mondlauf zeigt – etwa das Aufsitzen des Mondes über dem Pfeiler IV oder auch zweimal seinen Durchgang zwischen den dann folgenden Pfeilerpaaren fixieren."[10] Der Mond erreicht diese Horizontstellung aller 18,6 Jahre.

Zur Anordnung der anderen Großsteingräber auf Zeichnung 42 ergab sich nach Müller folgender Tatbestand: Der Visbeker Bräutigam (er mißt über 100 Meter und besitzt je 50 Steine an den Langseiten) sollte vielleicht zum Auf- und Untergang der Sonne während der Tagundnachtgleichen weisen. Die Glaner Braut zeigte eventuell auf den Monduntergang bei einer Deklination von $+5°$ und die schiffsförmige Steinsetzung zum Monduntergang im südlichsten Extrem, in dem der Erdtrabant seinen kleinsten Bogen über dem Horizont beschreibt. Denkbar wäre, daß man die Kleinknetener Steine (5) um 1800 v. u. Z. zum aufgehenden Fixstern Deneb und (6) zu einem Datum im Sonnenkalender (bei $+22°$ Deklination) ausgerichtet hatte. Ein anderes Datum in diesem Kalender (Deklination der Sonne $-8°$) bezeichneten vielleicht die Hohen Steine (ein Ganggrab mit ovaler Einfassung). „Wenn ich", schlußfolgerte Müller, „auch einigen Deutungen Fragezeichen beisetzte, so haben sich wohl doch die Baumeister bei der Ausfluchtung ihrer Riesenbetten von himmelskundlichen Überlegungen leiten lassen. Leider liegen keine genauen Meßdaten über die zahlreichen Steingräber oder über die Orientierung zwischen ihnen vor, so daß wir uns mit den 7 diskutierten Ortungen begnügen müssen."[11]

Nicht nur im damaligen Deutschland wurde das Interesse an der astronomischen Deutung alter Bauwerke (freilich aus unterschiedlichen Motiven) wachgehalten. Der französische Marineleutnant A. Devoir, Kommandant in Brest, erarbeitete eine umfangreiche Studie über die astronomischen Beziehungen der Steinmonumente in der Bretagne. In England ließen die Anhänger und Nachfolger Lockyers durch regelmäßige Beiträge in der Zeitschrift „Nature" das Thema nicht völlig in Vergessenheit geraten.

Ein Mann, der die Archäoastronomie durch eigene Forschungen mit am stärksten voranbrachte, war Admiral H. Boyle Somerville, Sproß einer sehr bekannten anglo-irischen Familie. Als Somerville 1908 mit einer hydrographischen Vermessung an der Nordküste Irlands beschäftigt war, las er Lockyers Buch über Stonehenge und andere Steinsetzungen und begann daraufhin selbst solche Untersuchungen in dem Gebiet, in dem er sich gerade aufhielt, vorzunehmen. Bald wurde er ein überzeugter Anhänger der Archäoastronomie. Von Irland dehnte er seine Forschungen auf Schottland und sogar auf die Bretagne aus.

Müller war es möglich, in noch unveröffentlichte Aufzeichnungen und Vermessungen des Admirals Einsicht zu nehmen und über dessen Ermittlungen zu berichten. In der Bretagne hatte Somerville bei Großsteingräbern Ausrichtungen gefunden, die offenbar mit dem megalithischen Kalender und mit Ortungen nach der Capella verbunden waren. Bei einigen der nordwestfranzösischen Grabanlagen gelang Müller ebenfalls die Feststellung, daß sich ihre Richtlage anscheinend auf Sonne oder Mond bezog. In Irland und Schottland stieß Somerville auf 19 nach den Sonnenwenden, 19 nach Zwischenstationen des Sonnenweges und 8 nach Fixsternen orientierte Steingräber. Auf der Inselgruppe der Hebriden an der Westküste Nordschottlands wurden nach Müller „rund 50 steinerne Anlagen" gefunden, „die als himmelskundlich ausgerichtet angesprochen werden können"[12]. Zu ihnen gehört das 17 Meter lange „Haus der Feen", ein Megalithgrab auf der einsamen Insel St. Kilda 30 Kilometer westlich von der Hauptgruppe der Äußeren Hebriden. Eingang und Längsachse weisen zur aufgehenden Sonne im Wintersolstitium. Da auf der Insel der meist stürmische Winter fast 6 Monate anhält, haben die jungsteinzeitlichen Erbauer des Grabes, die sich bis hierher vorgewagt hatten, den Beginn der Wintersonnenwende sicher mit Sehnsucht erwartet. Ein anderes Grab von St. Kilda weist direkt nach einem Findling, der als „Korn" auf die Spitze eines Hügels gewälzt wurde. Er markiert den Aufgang des Tagesgestirns etwa 3 Wochen vor und nach Sommeranfang. Die Sonne hat dann eine Deklination von $+22°$ – ein Wert, der bei einer ganzen Reihe von megalithischen Richtlagen auftritt und demnach wohl vor und nach dem Sommersolstitium je ein Datum im damaligen Kalender bezeichnete (Zeichnung 40).

Sehr bemerkenswert sind gleichfalls 2 von Steinkreisen umgebene Kuppelgräber bei Clava nahe Inverness im nördlichen Schottland. Ihnen haben Somerville, Thom, Müller und andere zu verschiedenen Zeiten ihre Aufmerksamkeit zugewandt. Die eine Steinumrahmung wurde in Form eines Eies vom Typ I angelegt, das man vermutlich mit Hilfe eines pythagoreischen Dreiecks entworfen hat (Zeichnung 44). Seine Seitenlängen müßten 6, 8 und 10 MY betragen haben ($6^2 + 8^2 = 10^2$). Der Umfang des Eies mißt fast genau 125 MY (50 MR) und damit

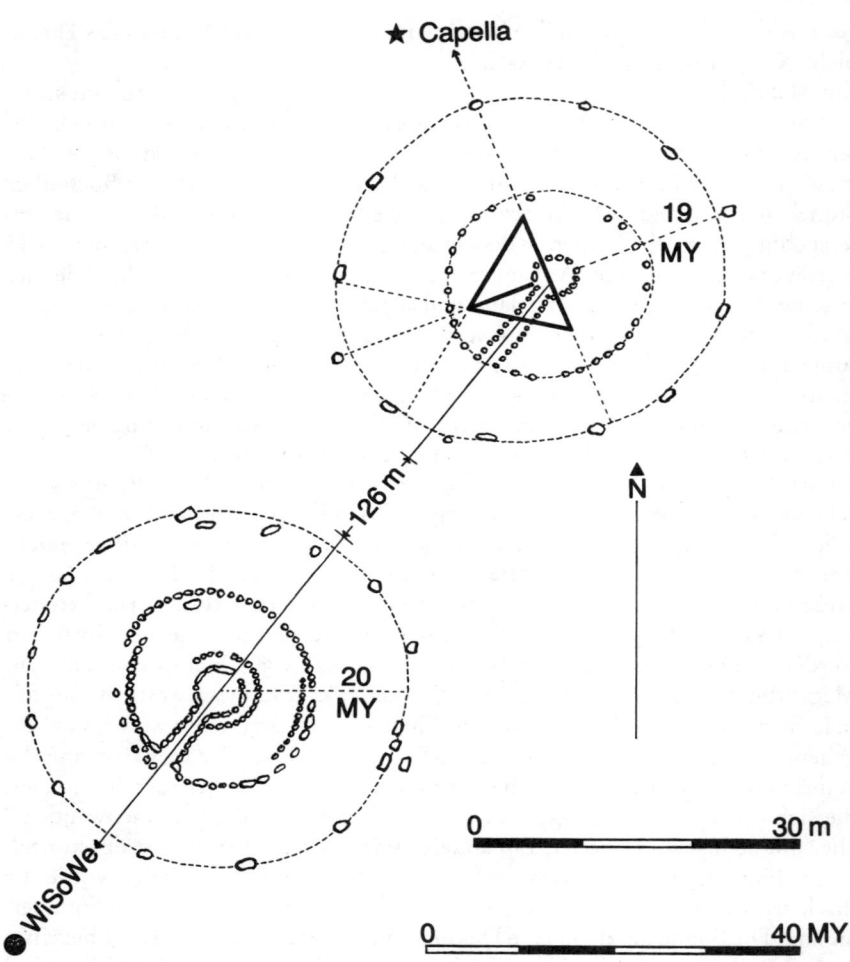

★ Capella

19 MY

N

20 MY

126 m

WiSoWe

0   30 m

0   40 MY

44   Ganggräber bei Clava nahe Inverness (Schottland). Die Gänge der Gräber sind auf den Sonnenuntergang zur Wintersonnenwende ausgerichtet. Die kleine Achse der eiförmigen Steinsetzung zeigte möglicherweise zum Untergangspunkt von Capella

nahezu ebensoviel wie der Umfang des kreisförmigen Steinringes um das 2. Kuppelgrab. Man hat dabei den Durchmesser dieses Ringes zu 20 MY und den der Steinsetzung, die den eigentlichen Grabhügel umschließt, zu 10 MY gewählt. Außer diesen geometrischen „Kunststückchen" ist die Ausrichtung beider 126 Meter voneinander entfernter Gräber erwähnenswert. Ihre Gänge zeigen nämlich genau zur untergehenden Sonne am Winteranfang. Diese präzise Dopplung ist sicher kein Zufall! Ein 3. Kuppelgrab ist leider teilweise zerstört; ein kleinerer Steinring in der Umgebung verriet dagegen noch Anordnungen für 2 Orientierungen zu den Sonnenwenden. Müller hat alle Daten über diese Grabstätten in dem Windrosenbild vereinigt, das wir bereits in Zeichnung 7 vorstellten.

Auch bei den himmelskundlichen Ausrichtungen erhebt sich die Frage nach ihrem praktischen Nutzen. Daß man für landwirtschaftliche und andere Tätigkeiten einen Kalender benötigte, ist unumstritten, und die Steinsetzungen deuten auf eine Zeiteinteilung nach den verschiedenen Sonnenständen hin. Warum hat man jedoch einen so großen Aufwand dabei getrieben? Meist trägt er gar nichts zu genaueren Visuren nach Horizontpunkten der Sonne (und analog zu denen des Mondes oder heller Fixsterne) bei. Die Bauwerke müssen also noch aus anderen als astronomischen Gründen errichtet worden sein. Dafür spricht ebenfalls die Verbindung solcher Bauten mit unterschiedlichen Grabstätten, mit bestimmten geometrischen Plänen, mit Gravierungen auf Steinen und mit Sichtlinien. Offenbar waren die astronomischen Ausrichtungen nicht einfach kalendarischer Art, sondern zugleich kultischen Erfordernissen unterworfen. Wahrscheinlich galten Astronomie und Kult im Bewußtsein der damaligen Menschen als eng miteinander verknüpft. Außerdem hat es sich wohl insbesondere um eine auf Beobachtungen beruhende, empirische Himmelskunde gehandelt und nicht um theoretische Interpretation der astronomischen Phänomene.

Versucht man eine Datierung von Orten mit Visierlinien zur Sonne, so kommt man etwa auf eine Periode von 1800 oder 1700 v. u. Z. Auch „Mondlinien" lassen sich in diesen Zeitraum einordnen, während eventuelle Visuren zu Sternen in bestimmten Fällen mehr für ein Datum um 2100 v. u. Z. sprechen. Ungefähr um 2000 v. u. Z. scheint also die Orientierung von Steinsetzungen nach Horizontpunkten von Sonne, Mond und hellen Fixsternen in Nordwest-, Nord- und gleichfalls in Mitteleuropa üblich gewesen zu sein. Darüber hinaus gibt es astronomisch orientierte Bauten (Gräber, Erdwerke, Pfostenringe), denen ein wesentlich höheres Alter zuzuschreiben ist.

Für die Zukunft ergeben sich für die Archäoastronomie eine Menge Aufgaben. Erfahrungen an Orten wie Kintraw, wo offenbar eine astronomische Beobachtungsplattform freigelegt wurde, zeigen, daß durch Ausgrabungen noch manche Probleme gelöst werden könnten. Vielleicht entdeckt man so auch Beweise für zeitweilige Markierungen, die den gesuchten Horizontpunkt eines Himmelskörpers ermitteln halfen, bevor man ein Alignement oder eine andere Visiermöglichkeit aus großen Steinen schuf. Bei elliptischen Ringen ließe sich zum Beispiel nach der ehemaligen Kennzeichnung der vermuteten Brennpunkte forschen. Oder man bemüht sich, durch Ausgrabungen die Entstehungszeit einer Steinsetzung zu erschließen, für die ein ganz bestimmtes, astronomisch begründetes Datum angenommen wird, und vergleicht dann die auf verschiedene Weise gewonnenen Entstehungszeiten miteinander – als Bestätigung oder Diskrepanz. Interessant ist die Frage, ob gewisse Orientierungen vorzugsweise bei bestimmten Typen von Steinsetzungen anzutreffen sind. Nützlich könnten neue Vermessungen schon relativ gut bekannter Orte sein, um vollständigere Informationen zu erhalten. Noch wichtiger sind jedoch genaue Ausmessungen und Kartierungen megalithischer Bauten, die bisher vernachlässigt wurden. Dadurch würde sich wohl neues, wertvolles Material für Vergleiche und Statistiken ergeben. Da viele solcher Orte durch moderne Umgestaltungen der Landschaft gefährdet sind, ist das eine besonders dringende Aufgabe. Schließlich sollten noch bessere Analysen und Tests für statistische und andere Untersuchungen entwickelt werden.

Fakten und Spekulationen

Nilschwemme, Sirius und Sonnenjahr

Vielleicht ist vielen gar nicht mehr bewußt, daß die Wurzeln unseres modernen Kalenders bis zu den alten Ägyptern zurückreichen. Wahrscheinlich hatten diese zunächst einen Mondkalender aufgestellt. Zeitbestimmungen nach dem Monde haben aber manche Nachteile. 2 gleiche Monate folgen in rund 29,5 Tagen aufeinander. Das ist für den Kalender unpraktisch. Besser läßt sich mit Monaten zu abwechselnd 29 und 30 Tagen rechnen. 12 solcher Monate ergeben ein Mondjahr zu 354 Tagen, also rund 11 Tage weniger als ein Sonnenjahr. Wollte man die Zeitrechnung nach Mond und Sonne einigermaßen in Übereinstimmung halten, mußte man aller 2 bis 3 Mondjahre einen zusätzlichen Schaltmonat einfügen.

Die alten Ägypter fanden schließlich eine andere Lösung des Kalenderproblems. Ihr Lebensrhythmus wurde, wie noch heute, vor allem durch die Überschwemmungen des Nils bestimmt. Sein Wasser und sein fruchtbarer Schlamm boten die Grundlagen für Ackerbau und Viehzucht sowie für die Entwicklung der ägyptischen Gesellschaft und des Staates. Der Wasserstand des Nils gliederte das Jahr zwanglos in 3 Jahreszeiten: in die Zeit der Überschwemmung, die der Aussaat und des Wachstums sowie des Niedrigwassers und der Ernte.

Wichtig war vor allem der Beginn des Hochwassers. Er konnte sich verfrühen oder verspäten. Zählte man 2–3 Jahrhunderte lang die Tage von einem Überschwemmungsbeginn zum anderen, erhielt man als Mittelwert etwa 365 Tage. Noch einfacher vermochte man diesen Wert durch Beobachtung des ersten Auftauchens von Sirius am Morgenhimmel zu ermitteln. Fixsterne und Sternbilder gehen nämlich jeden Tag 4 Minuten früher auf und 4 Minuten früher unter. (Der Sonnentag umfaßt zwar 24 Stunden, aber die Erde dreht sich bereits in rund 23 Stunden 56 Minuten einmal um ihre Achse, also 4 Minuten schneller.) Je Monat ergibt das eine Zeitdifferenz von 2 Stunden, in einem Jahr von 24 Stunden. Wir sehen also im Frühling, Sommer, Herbst und Winter während der Abend- und Nachtstunden jeweils andere Sternbilder, die typisch für die betreffenden Jahreszeiten sind. Aus ihrem Erscheinen oder Verschwinden am Himmel vermag der Landmann die richtige Zeit für Aussaat und Ernte abzuschätzen.

Im Laufe eines Jahres wandert die Sonne von West nach Ost scheinbar durch die zwölf Sternbilder des sogenannten Tierkreises. Dabei überblendet sie alle Sterne, an denen sie vorüberzieht, und entläßt sie wieder aus ihrer Strahlenfülle, wenn sie sich weit genug von ihnen fortbewegt hat. Am Morgenhimmel werden allmählich immer andere Sterne sichtbar, solange sie noch unter dem Horizont steht. Das erste Erscheinen eines Sterns am Osthimmel nennt man sein Morgenerst oder seinen heliakischen, das heißt auf die Sonne bezogenen Aufgang (abgeleitet von dem griechischen Wort Helios, Sonne).

Vor fast 5000 Jahren fiel das Morgenerst des Sirius, des Fixsterns mit der größten scheinbaren Helligkeit, etwa mit dem Beginn der Nilschwemme und der Sommersonnenwende zusammen. Sah man den Sirius in seinem heliakischen Aufgang, wußte man, daß unmittelbar danach der Nil anschwellen würde. Deshalb wurde das Morgenerst des Sirius mit Spannung erwartet. Es ist leichter zu beobachten als der genaue Zeitpunkt der Sonnenwenden.

Die Gleichzeitigkeit von Morgenerst des Sirius, Überschwemmungsbeginn und Sommersonnenwende hat die alten Ägypter tief beeindruckt. Alle 3 Ereignisse fanden jeweils wieder nach 365 Tagen statt, also nach Verlauf eines Sonnenjahres. Dieses wurde in Ägypten nun zur Grundlage des „bürgerlichen" Kalenders. Man teilte das Jahr in 12 Monate zu je 30 Tagen sowie in 5 zusätzliche Tage, die zu keinem dieser Monate gehörten. Der ägyptische Sonnenkalender ist also unter anderen Voraussetzungen entstanden und nach anderen Gesichtspunkten gegliedert worden als der vermutliche Kalender des Neolithikums und der frühen Bronzezeit.

365 Tage bilden kein vollständiges Sonnenjahr, denn dieses ist fast noch 6 Stunden länger. Nach Einführung ihres Kalenders haben die Ägypter das bemerkt. Doch da war die gebräuchliche Zeitrechnung bereits so fest in der Verwaltung und im Volksbewußtsein verankert, daß man sie so beließ, wie sie eben war, und die Nachteile in Kauf nahm. Da das Jahr um nahezu 6 Stunden zu kurz war, rückte der erste Tag des Jahres immer weiter vom Morgenerst des Sirius fort: in 4 Jahren um 1 Tag, in 8 um 2 Tage, in 40 Jahren um 10 Tage usw., bis nach 1461 „ägyptischen" Jahren zu je 365 Tagen das Morgenerst des Sirius wieder mit dem Neujahrstag übereinstimmte. Diesen Zeitraum nennt man seit dem Altertum Sothisperiode (nach Sothis, der griechischen Bezeichnung des ägyptischen Namens für Sirius, Sopdet).

Die alten Ägypter hatten also stets 2 verschiedene Zeitabläufe zu beachten: den 365 tägigen Kalender und das Morgenerst des Sirius mit den darauf folgenden, jeweils 4 monatigen Jahreszeiten der Überschwemmung, Aussaat und Ernte. Auch Feste und Kulthandlungen waren dieser Zweiteilung unterworfen. Die mit Sirius-Sopdet, einer mythischen Verkörperung der Göttin Isis, verbundenen Opfer und Zeremonien richteten sich nach dem heliakischen Aufgang des Fixsterns, alle anderen waren in das „Wandeljahr" eingeordnet. Daran änderte sich bis ins 3. Jahrhundert v. u. Z. nichts. Im Jahre 238 v. u. Z. wurde dann auf Anordnung von Pharao Ptolemaios III. Euergetes in Kanopos (westlich vom heutigen Abukir) ein Dekret erlassen, daß alle 4 Jahre ein Schalttag eingefügt werden sollte, „damit auch die Jahreszeiten fortwährend nach der jetzigen Ordnung der Welt ihre Schuldigkeit tun und es nicht vorkomme, daß einige der öffentlichen Feste, welche im Winter gefeiert werden, einstmals im Sommer gefeiert werden, indem der Stern um einen Tag alle 4 Jahre weiterschreitet". (Mit dem Stern war der Sirius gemeint.) Trotzdem blieb im Volke das alte Wandeljahr weiterhin in Gebrauch, ja, das Dekret von Kanopos wurde von dem Nachfolger Ptolemaios'III. sogar wieder aufgehoben. Klaudios Ptolemaios, der berühmte Astronom in Alexandreia, hat in seinem Hauptwerk „Megale syntaxis" (Große Zusammenstellung) um 150 u.Z. noch immer das alte 365tägige ägyptische Jahr verwandt. Als Iulius Caesar in Ägypten weilte, lernte er dort den revidierten Kalender zu 365,25 Tagen kennen. Er beschloß, ihn in Rom einzuführen, und beauftragte mit seiner genauen Ausarbeitung Astronomer aus Alexandreia unter Leitung des Sosigenes. Dieser Kalender, der zu Ehren von Iulius Caesar den Beinamen Julianischer Kalender erhielt, galt in Rom vom Jahre 46 v.u.Z. an. Kaiser Augustus verfügte schließlich, daß der Julianische Kalender offiziell auch in Ägypten zu verwenden sei.

Zweifellos bedeutete die Julianische Kalenderreform einen großen Fortschritt und ermöglichte eine geregelte Zeitrechnung. Doch das sogenannte tropische Jahr (es ist gleich der Zeit zwischen zwei aufeinanderfolgenden Durchgängen der Sonne durch den mittleren Frühlingspunkt) ist um 11 Minuten und 14 Sekunden kürzer als das Julianische. Bis zum Jahre 1582 ergab sich daher ein Fehler von rund 13 Tagen. Deshalb ordnete Papst Gregor III. in diesem Jahre eine erneute Kalenderreform an, deren Ergebnis nun als Gregorianischer Kalender bezeichnet wird. Nach dem Julianischen Kalender mußten innerhalb von 400 Jahren 100 Schaltjahre eingefügt werden. Der Genauigkeit wegen dürfen es jedoch nur 97 sein. Daher sind jetzt volle Jahrhundertjahre keine Schaltjahre mehr, wenn sie sich nicht durch 400 teilen lassen. Schalttage bleiben dagegen in den Jahren 1600, 2000, 2400, 2800 usw. Wir fügen hinzu, daß die Astronomen aus praktischen Gründen eine ununterbrochene Tageszählung benutzen, als deren Beginn der 1.Januar 4713 v.u.Z. festgesetzt wurde. Man nennt diesen Tag Julianisches Datum. Von da ab bis zum 1.Januar 1991 sind zum Beispiel 2448258 Tage vergangen.

Spekulationen um die Cheopspyramide

Trotz der vielen überlieferten Hieroglypheninschriften und Texte gibt es nur wenige Hinweise auf die ägyptische Astronomie. Außerdem sind die Berichte durch die Art ihrer Abfassung mitunter mehrdeutig. So bleibt manches umstritten. Dennoch läßt sich wohl sagen, daß die ägyptischen Astronomen nicht mit den systematischen Beobachtungen und Auswertungen ihrer „Kollegen" in Mesopotamien wetteifern konnten.

Der Mangel an ausführlichen astronomischen Texten fiel bald auf, als man sich näher mit der Kultur des Nillandes beschäftigt und die Hieroglyphenschrift entziffert hatte. John Taylor, einen Londoner Buchhändler und Verleger, führte das zu der Annahme, die Priester des Pharaonenreiches hätten ihr astronomisches Wissen geheimgehalten und es nur verschlüsselt hinterlassen, und zwar in der Cheopspyramide.

Ihr Erbauer, ein Pharao der IV. Dynastie, regierte etwa von 2575–2550 v. u. Z. Zusammen mit den Pyramiden seiner Nachfolger, der des Chephren und des Mykerinos, zählte man die Pyramide des Cheops in der Antike zu den 7 Weltwundern. Alle 3 Grabstätten erheben sich westlich von Kairo am linken Nilufer bei Gise.

Heute ist die Cheopspyramide noch 137,18 Meter hoch und besitzt Seitenlängen von 227,50 Metern. Wie groß sie ursprünglich war, vermag man nicht mehr genau festzustellen, denn ihre Spitze und die Kalksteinplatten, mit denen man sie einst verkleidet hatte, fehlen. Die Platten sind im Laufe der Zeit abgenommen und für andere Bauten verwandt worden. Ein Teil davon ist noch in Moscheen der näheren Umgebung zu sehen. Vermutlich maß das Grabmal von Cheops einst rund 146 Meter Höhe und rund 230 Meter Länge.

In seinem 1859 erschienenen Buche „The great pyramid, why it was built and who built it" (Die große Pyramide, warum sie erbaut wurde und wer sie erbaute), erläuterte Taylor, welches geheime Wissen in der Cheopspyramide verborgen sein sollte. Zum Beispiel würde der Innenraum des Granitsarkophags von Cheops gerade 4 Viertel eines Quarters umfassen. Quarter (das heißt Viertel) ist die Bezeichnung für ein altes englisches Getreidemaß; es entspricht 290,79 Litern. Nach Taylor wäre es vom Rauminhalt des Sarkophaginneren abgeleitet worden.

Als andere erstaunliche Tatsache wurde in dem Buche verkündet, daß die Ägypter bereits zu Cheops' Zeiten den „Goldenen Schnitt" gekannt hätten (Zeichnung 45), dessen Entdeckung man dem griechischen Mathematiker Euklid (um 300 v. u. Z.) zuschreibt. Goldener Schnitt wird ein bestimmtes Verhältnis von 2 Strecken zueinander genannt, das als besonders schön empfunden wird. Es ist früher vielfach in der bildenden Kunst berücksichtigt worden. Man teilt eine Strecke dabei so, daß sich der kleinere Abschnitt zum größeren wie dieser zur ganzen Strecke verhält ((a : b = b : (a + b)). Freilich ist diese Proportion in ganzen Zahlen nicht vollkommen, sondern nur annäherungsweise ausdrückbar (3 : 5; 5 : 8; 8 : 13; 13 : 21; 21 : 34 usw.). Die Ägypter hätten den Goldenen Schnitt durch das Verhältnis Höhe der Cheopspyramide zu deren Basislänge zum Ausdruck gebracht.

Mit seinem Buche fand Taylor unerwartet einen prominenten Anhänger: Charles Piazzi Smyth, 1819 in Neapel als Sohn eines späteren englischen Admirals geboren. Smyth wurde 1845 königlicher Astronom für Schottland und Direktor der Sternwarte in Edinburgh – ein verdienstvoller Mann, der unter anderem durch Untersuchungen zur Spektralanalyse hervortrat. Von 1864–1865 weilte er in Ägypten. Welchen Geheimnissen er dort auf die Spur gekommen zu sein glaubte, veröffentlichte er in „Our inheritance in the great pyramid" (Unser Erbe in der großen Pyramide).

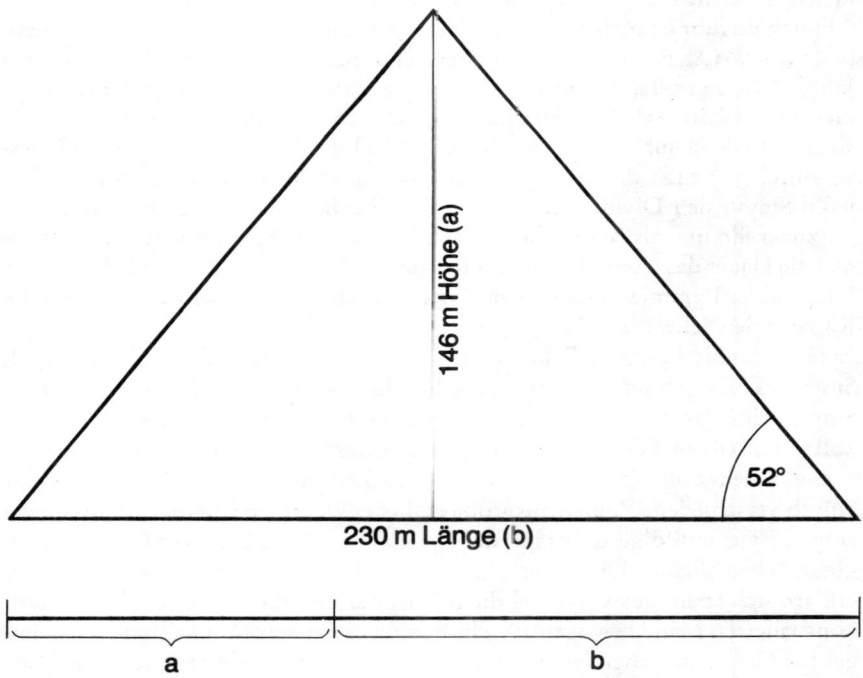

45   Die Seitenlänge der Cheopspyramide entspricht im Verhältnis zur Pyramidenhöhe etwa dem Goldenen Schnitt

Smyth verstrickte sich darin seltsamerweise in haltlose Spekulationen und deutliche Manipulationen. Da der Neigungswinkel der Mantelflächen der Cheopspyramide nicht mehr genau gemessen werden kann, nahm er ihn zu 51° 51′ 14,3″ an. Bei diesem Winkel ergab sich eine Höhe von 486,256 Fuß (148,2108 Meter). Der Umfang der Pyramidengrundfläche betrug nach den ihm zur Verfügung stehenden Messungen 3055,24 Fuß (931,2371 Meter; tatsächlich waren es nur etwa 920 Meter). Nach diesen vermeintlich richtigen Werten errechnete Smyth, daß der Umfang der Pyramidenbasis dem Umfang eines Kreises mit der Höhe der

Pyramide als Radius entsprochen habe. Praktisch hätten die Ägypter damit die Quadratur des Kreises gelöst, also den Kreis in ein Quadrat von gleichem Flächeninhalt zu verwandeln versucht. Die doppelte Basislänge einer Seite geteilt durch die Höhe der Pyramide führe zum Wert der Zahl π. Dieser wäre den Baumeistern also klar bewußt gewesen. In Wirklichkeit hatte Smyth damit keine sensationelle Entdeckung gemacht, sondern die Ergebnisse durch seine willkürlichen Annahmen der Größenverhältnisse selbst manipuliert.

Ähnlich verfuhr er auch weiterhin. Die angebliche Länge der einen Pyramidenbasis von 763,81 Fuß (232,809 28 Meter) teilte er durch die Länge des tropischen Jahres (365,242 2 Tage) und erhielt 2,091 24 Fuß oder 0,637 41 Meter. Er definierte diese Länge als 1 Pyramidenmeter. Das „Standardmaß" ergäbe sich auch, wenn man den Umfang eines Kreises mit der Höhe der Pyramide als Durchmesser durch 365,242 2 dividiere und den Quotienten nochmals durch 2 teile. Obwohl Smyth den Dividenden 365,242 2 willkürlich selbst eingesetzt hatte, benutzte er ihn nun als Beweis für die Behauptung, die Ägypter hätten bereits genau die Dauer des tropischen Jahres bestimmt, da 365,242 2 Pyramidenmeter die Länge einer Pyramidenbasis ausmachten. Auf diese Weise beißt sich jedoch die Katze in den Schwanz.

Eine Pyramide besitzt 4 Ecken und 1 Spitze – sozusagen die „5. Ecke" (nach Smyth). Die 5 galt im Altertum als heilige Zahl. $5 \cdot 5 = 25$ ist ihre Potenzierung. Smyth teilte das Pyramidenmeter durch 25 und „ermittelte" so den Pyramidenzoll = 0,083 649 6 Fuß oder 2,549 63 Zentimeter – ein Wert, der sehr nahe bei 1 englischen Zoll = 0,083 33 Fuß (2,539 99 Zentimeter) liegt. Vermutlich hat Smyth verschiedene Zahlen ausprobiert, bis er zu dieser Übereinstimmung gelangte. Er schlußfolgerte aus ihr, der Pyramidenzoll wäre bis zur Gegenwart in Gebrauch geblieben. Die geringfügige Abweichung vom nunmehr üblichen Zoll erkläre sich leicht aus Unkorrektheiten bei der Überlieferung. Die von Smyth konstruierten Maße bewogen 1879 in Boston einige seiner unkritischen Anhänger zur Gründung einer Vereinigung, die das „atheistische metrische System" als ungesetzlich erklären lassen wollte. Sie wurde sogar von dem amerikanischen Präsidenten James Garfield unterstützt.

Für einen findigen Kopf boten Pyramidenmeter und -zoll ganz neue Kombinationsmöglichkeiten, die auf ein geradezu phänomenales astronomisches Wissen der alten Ägypter hinzuweisen schienen. Smyth multiplizierte 1 Pyramidenmeter mit 10 Millionen und erhielt 20 912 424 Fuß oder 637 410 Kilometer – etwa die Hälfte der Polachse unserer Erde (genau 6356,7747 Kilometer). 500 Millionen Pyramidenzoll sollten der gesamten Länge dieser Achse entsprechen. Offenbar machte es Spaß, mit solchen fiktiven Werten umzugehen und damit den vermeintlichen Geheimcode von Cheops' Grabstätte zu entschlüsseln. Ergab nicht die Höhe des Bauwerkes in Pyramidenzoll (5813,0104), multipliziert mit 1 Milliarde, die Entfernung der Erde von der Sonne zu 148 210 250 Kilometern? (Die mittlere Erdentfernung beträgt jedoch 149 597 870, ihre kleinste rund 147 100 000, ihre größte rund 152 100 000 Kilometer.) Der Sarkophag war anscheinend nicht nur das „Urganze" für das Quarter, sondern mehr. Man erhielt den Rauminhalt seiner Aushöhlung, wenn man 1 Kubikpyramidenmeter mal 5,7 rechnete. 5,7 aber wäre die mittlere Dichte der Erde in Gramm je Kubikzentimeter (in Wirklichkeit nur 5,517 g/cm^3). Probiert man lange genug, ergeben sich wohl noch mehr solcher scheinbaren Annäherungen bzw. Entsprechungen. Günstig ist dabei, wenn die Zahlen oder Maße, mit denen man experimentiert, nur kleine Werte oder Längen bezeichnen. Man kann zum Beispiel auch der Frage nachgehen, welche Beziehungen sich aus der Größe des eigenen Schreibtisches zu dem Zimmer oder Hause ergeben, in dem man wohnt, und wird da vielleicht ebenfalls ganz überraschende Entdeckungen machen. Nur wird vermutlich niemand bestreiten, daß solche Beziehungen rein zufällig sind.

Zahlenspielereien dieser Art üben einen Reiz besonderer Art aus. Smyth ließ sich sogar davon verleiten, das angebliche Volumen der Cheopspyramide in Kubikpyramidenzoll mit der Zahl aller Menschen gleichzusetzen, die bis zu seiner Zeit auf der Erde gelebt hätten. Seine Nachfolger glaubten, aus dem Abstand der Steinfugen in den Gängen und Räumen der Pyramide die Geschichte der Menschheit ablesen zu können. Ein Pyramidenzoll sollte jeweils der Länge eines Sonnenjahres entsprechen. Auch die Atomgewichte der Elemente, die Schwangerschaftsdauer beim Menschen, die Trächtigkeitsdauer bei den Säugetieren und anderes würden in der Pyramide verschlüsselt sein. Der Schriftsteller Max Eyth verlieh diesen Phantastereien in seinem Roman „Der Kampf um die Cheopspyramide" schließlich sogar literarische Ehren.

Natürlich nahmen die Fachleute den Rummel nicht einfach zur Kenntnis. Schon 1883 wandte sich Sir Flinders Petrie in „Pyramids and temples of Giseh" (Pyramiden und Tempel von Gise) gegen die Ergüsse von Smyth und verglich sie mit den nüchternen Tatsachen. Noch wirkungsvoller argumentierte 1922 der deutsche Architekt und Archäologe Ludwig Borchardt in der Veröffentlichung „Gegen die Zahlenmystik an der großen Pyramide bei Gise". Er zeigte (was Smyth ebenfalls hätte tun müssen), wie die Ägypter eigentlich Strecken und Winkel maßen. Ihr am häufigsten benutztes Längenmaß war die Elle, der man ursprünglich die Länge eines männlichen Unterarms vom Ellbogen bis zur Spitze des ausgestreckten Mittelfingers zugrunde legte. Eine Elle (52,5 cm) umfaßte 7 Handbreiten, 1 Handbreite 4 Fingerbreiten. Für diese Maße gab es Meßstäbe aus Holz und Metall. 100 Ellen bildeten 1 Klafter. Außerdem kannte man ein Wegemaß von etwa 10,5 Kilometer Länge. Bei Winkeln oder Schrägen wurde nach Borchardt wie bei der Konstruktion einer Treppe verfahren. Um die Berechnung zu erleichtern, wurde als Höhe stets 1 Elle angenommen und dann die horizontale Abweichung von dieser Vertikalen in Ellen, Hand- oder Fingerbreiten ausgedrückt. Auf diese Weise erhielt man die betreffenden Schrägen und Winkel.

Was die alten Ägypter tatsächlich leisteten, ist erstaunlich genug, auch ohne die phantasievollen Behauptungen der Pyramidologen. Aber diese haben ernsthafte Untersuchungen über astronomische Bezüge bei den Bauten des Pharaonenreiches belastet und lange ins Zwielicht gerückt. Seriöse Forschungen in astronomischer Hinsicht sind hier jedoch wichtig und vielversprechend.

Jenseits aller Spekulationen sollten wir uns bei der Cheopspyramide einige verblüffende Feststellungen vor Augen halten: Das Pflaster um die Pyramide ist fast in idealer Weise waagerecht angelegt. Die größte Abweichung beträgt nur 2,1 Zentimeter bei Seitenlängen von rund 230 Metern. Alle 4 Seiten der Pyramide sind mit bewundernswerter Genauigkeit nach den Himmelsrichtungen orientiert. Dabei beträgt der Fehler bei der Nord-, Süd- und Westseite weniger als 2,5' und bei der Ostseite etwa 5,5'.

Zur Erklärung dieses Phänomens stellten Hoimar von Ditfurth und Volker Arzt einige interessante Möglichkeiten zur Diskussion. Bei der Ermittlung der Nordrichtung wäre „eine Mauer mit waagerechter Oberkante" benutzt worden, die von West nach Ost einen ebenen künstlichen Horizont bildete. Dann mußte man einen helleren polnahen Stern anvisieren und dessen Verschwinden und Wiederauftauchen hinter der Mauerkante an den betreffenden Stellen markieren. Die Mitte zwischen ihnen bezeichnete die genaue Nordrichtung (Zeichnung 46).

Die Nivellierung des „von losem Sand und Gestein" gesäuberten Baugrundes erzielten die Ägypter, Meister in der Bewässerungstechnik, vermutlich mit Hilfe von Wasser. Sie umgaben das Baugelände mit einem niedrigen Damm und leiteten Wasser in dieses Terrain, bis es die meisten Unebenheiten bedeckte. „Mit der Oberfläche dieses künstlichen Sees aber war eine garantiert horizontale Ebene geschaffen, die man als Bezugsfläche heranziehen konnte. Die Aufgabe hieß jetzt, den Untergrund so weit abzutragen, daß der See überall die gleiche Tiefe bekam. ... Man wird den Untergrund zuerst nur an einigen gleichmäßig verteilten Stellen – vor allem auch an den Basisecken – auf das richtige Niveau gebracht haben, um dann erst, nach Ablassen des Wassers, den Rest des Gesteins wegzumeißeln."

Was die Maßverhältnisse der Cheopspyramide betrifft, boten Ditfurth und Arzt eine überraschende Lösung an, die auf der Verwendung eines Kreises beruht. Als Scheibe oder Kreis gaben die Ägypter auch die Sonne wieder – nach ihrem Glauben eine Erscheinungsform des Gottes Re. Über den Entwurf der Pyramide schrieben die genannten Autoren (Zeichnung 47):

„Man stelle eine beliebig große Kreisscheibe auf eine ebene Unterlage und rolle sie – von einem fixierten Punkt aus – eine Umdrehung weiter. Am Ende dieser Strecke setze man viermal die Kreisscheibe übereinander... und markiere den höchsten Punkt. Damit ist bereits eindeutig ein Böschungswinkel und eine Pyramidenform festgelegt; man braucht nur diesen höchsten Punkt mit dem anfangs

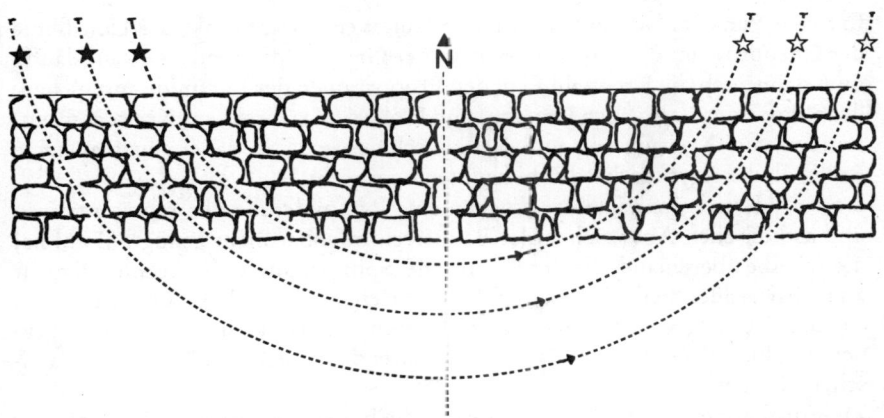

46 Die Mitte zwischen den Auf- und Untergangspunkten polnaher Sterne an einer Mauerkante gibt die genaue Nordrichtung an

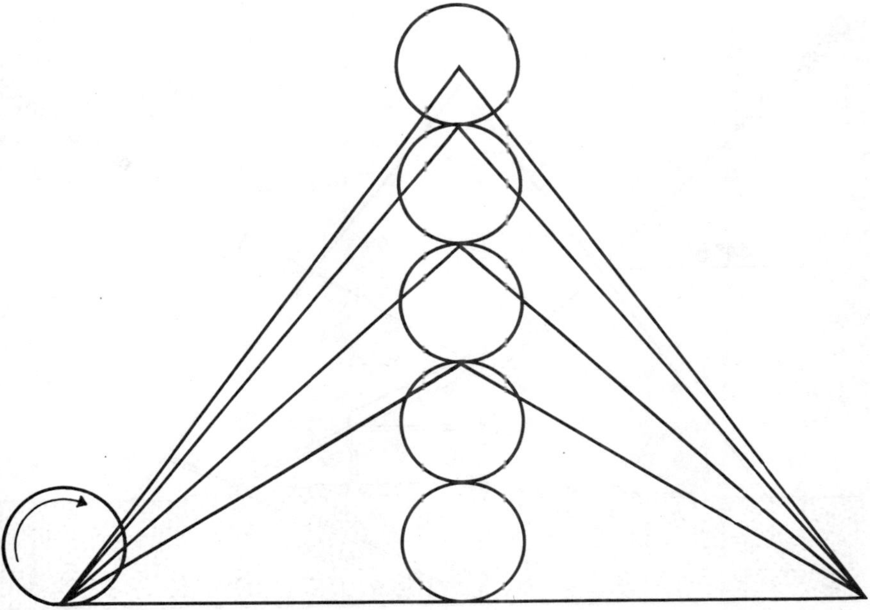

47 Konstruktion einer Pyramide durch Abrollen und Übereinandersetzen von Kreisscheiben

fixierten Punkt zu verbinden. ... Das Resultat entspricht exakt der Umrißlinie der Cheopspyramide, Böschungswinkel: 51 Grad 52 Minuten! ... Zwangsläufig muß dann auch die Kreiszahl Pi in den Proportionen der Pyramide auftauchen; denn ihre Breite (also auch Umfang) und Höhe sind ja direkt aus Kreisdaten entstanden, aus Kreisumfang und Kreisdurchmesser. Und dabei spielt es keine Rolle, ob die Ägypter diese Zahl kannten oder nicht."

2 oder 3 Kreise übereinander ergaben eine Pyramide, die den repräsentativen und ästhetischen Ansprüchen der Bauherren offenbar nicht genügt. „Fünfmal die Scheibe übereinandergesetzt, hätte eine ‚Spitzpyramide' von technisch nicht zu realisierender Steilheit bedeutet."[13] So entschied man sich für 4 Kreise, die zu einem Böschungswinkel von rund 52° führten. Diesem Neigungswinkel begegnen wir, bis auf zwei bautechnisch zu erklärende Ausnahmen, bei allen „klassischen" Pyramiden.

Zu ernsthaften Erwägungen forderten auch die sogenannten Ventilationsschächte heraus, die von der „Königskammer" aus schräg zur Nord- und Südseite der Cheopspyramide emporführten. Der Schacht nach Norden ist um 31° zur Waagerechten geneigt (Zeichnung 48). Er weist damit auf den Himmels-

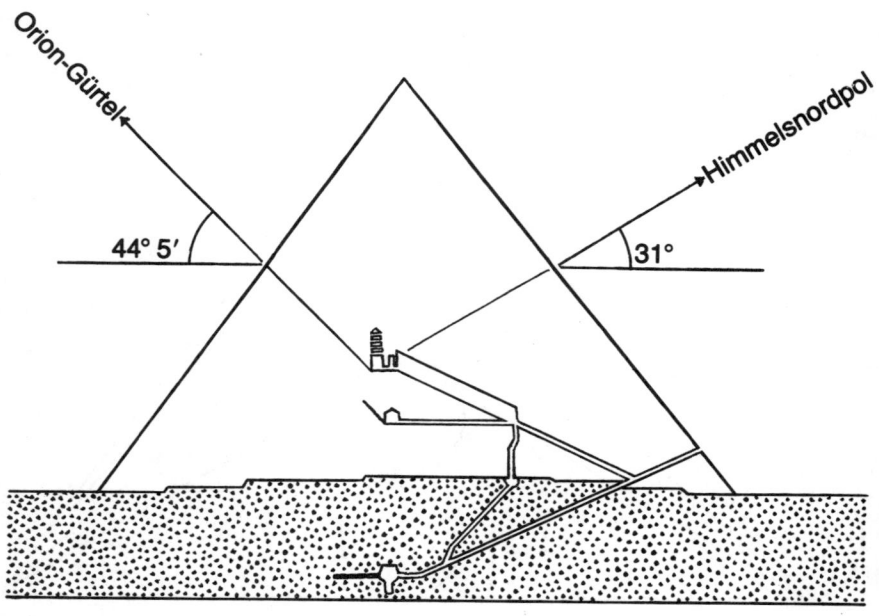

48 Die „Entlüftungsschächte" der Cheopspyramide weisen auf den Himmelsnordpol und nach Süden in Richtung Orion

nordpol. Nach Süden bildet der Schacht einen Winkel von 44,5° zur Waagerechten. In dieser Höhe hätte der mittlere Fixstern im Gürtel des Sternbilds Orion (ε Orionis) zur Entstehungszeit der Pyramide den Meridian (die Südlinie) überquert. Es ist freilich sehr zweifelhaft, ob die Schächte überhaupt als „Visierrohre" gedacht waren. Vielleicht sollte durch sie die Seele des Pharaos zu den Zirkumpolarsternen im Norden und zum Orion im Süden gelangen. In den „Pyramidentexten" wird ein solcher Aufstieg des verstorbenen Herrschers beschrieben. Unter Führung des Sternes Sopdet (Sirius, den man mit der Göttin Isis verglich) trifft er dort den Herrn des Totenreiches, den Gott Osiris, der sich im Sternbild Orion verkörpert. Zusammen nehmen sie dann am täglichen Umschwung des Himmels teil. Andere Textstellen geben der Hoffnung Ausdruck, daß die Seelen der Toten die nie untergehenden, also unsterblichen Zirkumpolarsterne erreichen mögen, um bei ihnen weiterzuleben. Vielleicht erklären sich aus solchen Vorstellungen die Richtungen der 2 „Luftschächte".

Tempel und ihre Orientierung

Die genaue Ausrichtung der Cheopspyramide und auch der des Chephren und des Mykerinos nach den Himmelsrichtungen bildete keine Ausnahme. Offenbar war die astronomische Orientierung für die Ägypter auch bei anderen Bauwerken wichtig. Sie wird ebenfalls bei Bestattungen aus der Anfangszeit der ägyptischen Geschichte deutlich.

Den Westen hielt man für das Reich der Toten. Aus der geographischen Situation des Landes erklärt sich diese Gleichsetzung leicht. Im Westen, wo die Sonne täglich in die Unterwelt zu versinken scheint, erstreckt sich jenseits der linken Ufergebirge des Nils die unfruchtbare, lebensfeindliche Wüste. Dort setzte man die Toten bei; kostbares Ackerland wollte man für die Gräber nicht opfern. Mit dem Körper nord-südlich orientiert, hat man vor allem in Oberägypten die Verstorbenen in vor- und frühdynastischer Zeit in linksseitiger Hocklage zur Ruhe gebettet, den Kopf nach Süden gerichtet und dabei nach Westen schauend. Der Glaube, daß dort das Land der Toten zu suchen sei, blieb bei den Ägyptern lebendig, die Blickrichtung der Leichen änderte sich jedoch schon während des Alten Reiches (3.–6. Dynastie, 2665–2155 v. u. Z.). Vermutlich unter dem Einfluß der in den Vordergrund drängenden Sonnenreligion wurden nun andere Orientierungen üblich, so die nach Osten.

Die verstärkte Hinwendung zum Sonnenkult begann mit den Pharaonen der 5. Dynastie. Zeugnisse dafür sind unter anderem Kultstätten, deren Reste südwestlich von Kairo zum Vorschein kamen. Dort sind von der Deutschen Orientgesellschaft 3 von ursprünglich 6 Sonnentempeln ausgegraben und erforscht worden. Einen davon ließ der Pharao Ne-user-Re um 2400 v. u. Z. auf dem Hügel bei Abu Gurab errichten.

Der Tempel „Erfreut ist das Herz des Sonnengottes Re" war 80 mal 100 Meter groß (Zeichnung 49). Durch ein Torgebäude im Tal gelangte man innerhalb eines gedeckten Ganges zum Heiligtum auf dem Plateau. Den großen Hof des Tempels beherrschten ein mächtiger Pyramidenstumpf von etwa 20 Meter Höhe und ein dem Stumpf aufgesetzter, etwa 36 Meter hoher, gemauerter Obelisk. Während der Untersatz den Urhügel verkörperte, der einst aus dem Urgewässer auftauchen sein sollte, symbolisierte der Obelisk die Strahlen des Sonnengottes Re. Jeden Morgen, glaubte man, würde sich Re auf der Spitze des Obelisken niederlassen, um in ihm zu wohnen. Vor dem Pyramidenstumpf lag der Altar, der im Osten aufgehenden Morgensonne zugewandt. Seine Seiten waren, ebenso wie die von Stumpf, Obelisk und Umfassungsmauern, nach den 4 Himmelsrichtungen orientiert. Südlich außerhalb des Heiligtums befand sich eine Barke, die das Boot nachahmte, in dem die Sonne alltäglich über den Himmelsozean fuhr.

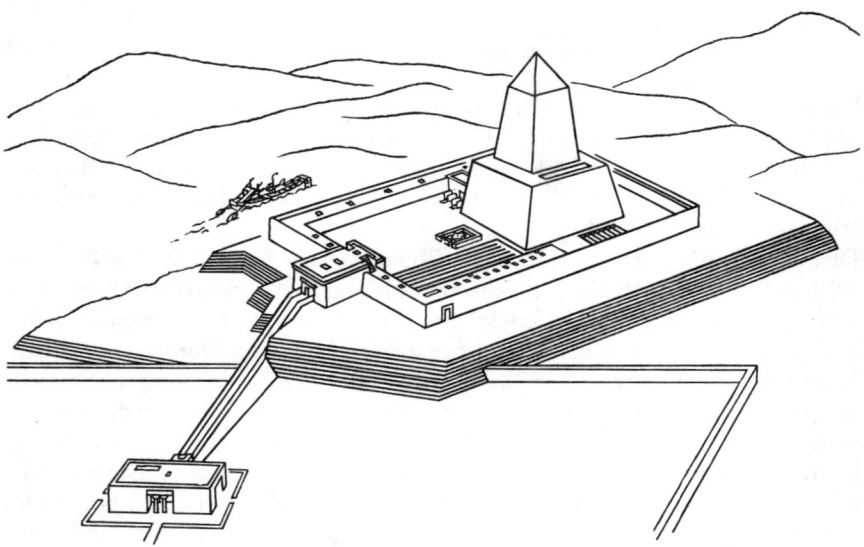

49   Der Sonnentempel bei Abu Gurab. Rekonstruktion

In einer Kapelle südlich neben dem Pyramidenstumpf entdeckten die Ausgräber Reliefs, die Feierlichkeiten bei der Gründung des Tempels darstellten. Dabei wurden die Himmelsrichtungen festgelegt. Wie das zu geschehen hatte, war rituell genau vorgeschrieben. Als wichtigster Akt galt das „Fest des Schnurspannens". Es diente zur Bestimmung der Nord-Süd-Achse und der Ecken des Heiligtums. Der Pharao visierte dazu Sterne des Großen Bären und des Orion an, wobei er ein Lot benutzte. Die ermittelten Richtungslinien und Ecken wurden durch Fluchtstäbe markiert, zwischen denen eine Schnur straff gespannt wurde. Auch Texte aus viel später errichteten Tempeln berichten von der Orientierung nach dem Großen Bären und vom „Spannen der Schnur".

Sir Norman Lockyer, der mehrmals in Ägypten weilte, sah in den Tempeln Observatorien und Zeremonialzentren für wichtige Ereignisse am Himmel. Aufgrund seiner Messungen schloß er, daß die Hauptachsen der Tempel nach Horizontpunkten der Sonne und einiger Fixsterne ausgerichtet wären. Sehen wir uns zunächst den Aufbau dieser Kultstätten an (Zeichnung 50).

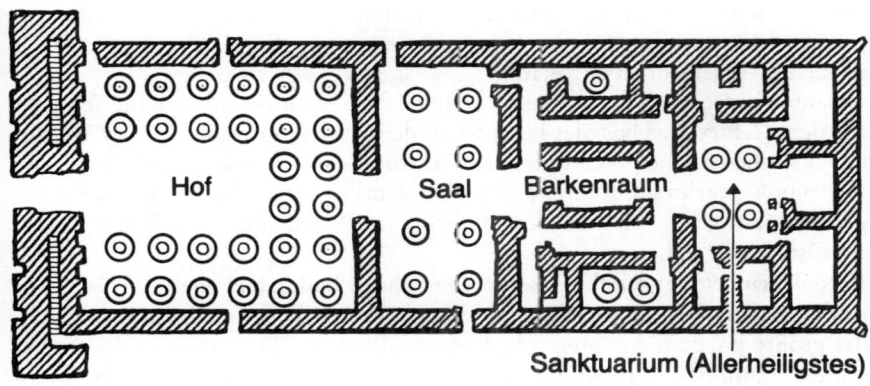

50 Grundriß vom Tempel des Mondgottes Chons in Karnak

Der Kanon für den monumentalen, einer Gottheit geweihten Tempel entstand erst während des Neuen Reiches (18.–20. Dynastie, 1551–1080 v.u. Z.). Zu den Heiligtümern gehörte am Nilufer eine Anlegestelle für die Barken, in denen die Priester die Statue des Gottes bei feierlichen Anlässen zu der Kultstätte fuhren. Vom Kai aus führte eine Sphinxallee zum Tempel. Sphinxe verkörperten anfangs den Pharao, dann aber auch die Götter Amun und Re. Meist wurden sie mit Menschenkopf und Löwenleib dargestellt.

Das Eingangstor zum Tempel bildete ein Pylon, ein Doppelturm, dem das Schriftzeichen für Horizont ähnelte: zwei Berge mit einer Sonne dazwischen. Dem Pylon folgte ein Hof, der in der Regel auf 3 Seiten von Säulengängen umgeben war. Ihm schloß sich ein gedeckter, quer zur Längsrichtung liegender Säulensaal an, mitunter auch noch ein kleinerer Saal, von dem aus man in den Barkenraum gelangte. Die Barke, mit der die Gottheit den Himmelsozean befahren sollte und in der ihre Statue bei Prozessionen mit dem dazugehörigen Schrein umhergetragen wurde, stand hier auf einem besonderen Untersatz. Hinter dem Barkenraum befand sich schließlich die Kapelle für den Gott oder die Göttin. Diese Abfolge von Hof, Sälen und Räumen konnte jedoch ergänzt und variiert werden, etwa durch weitere Höfe und Säulenhallen, die durch Pylone voneinander getrennt wurden. Aus dem Hof gelangte man ins Dämmerlicht der Hallen, das Halbdunkel des Barkenraums und endlich in das geheimnisvolle Dunkel der Kapelle. Von Anfang bis Ende reihte sich das alles an einer Hauptachse auf. Hier setzte Lockyer an. Er meinte, diese Längsachse sei so ausgerichtet, daß die Strahlen der Sonne oder eines anderen Himmelskörpers durch die ganze lange Passage hindurch bis ins Heiligtum drangen, um dieses an einem bestimmten Tage, zum Beispiel zur Sommersonnenwende, zu erhellen. War die Passage lang und eng genug, wurde die Kammer nur ein paar Augenblicke lang erleuchtet (wie in den irischen Ganggräbern). Auf solche Weise hätte man die Länge des tropischen Jahres auf eine Minute genau messen können. Ob die Ägypter wirklich so verfuhren, ist jedoch unbekannt.

Orientierungen nach der Sonne vermutete Lockyer unter anderem bei Tempeln auf dem Gebiet Thebens, der Hauptstadt des Mittleren Reiches, etwa 750 Kilometer südlich des heutigen Kairo. Am Westufer des Nils wurde dort eine große Nekropole gegründet, während sich die eigentliche Stadt Theben mit den riesigen Tempelanlagen von Karnak und Luxor, den Palastbauten und Wohnvierteln, am Ostufer befand.

Karnak heißt ein ägyptisches Dorf im ehemaligen Stadtgebiet Thebens. Nach ihm ist der umfangreiche Tempelkomplex benannt worden, der seit etwa 2000 v. u. Z. der größte im alten Ägypten war. Hier residierte der Hohepriester des Staatsgottes Amun. Als Gottheit der Luft, meist menschengestaltig dargestellt, sollte er einst mit seinem Atem Bewegung und Leben in das Urgewässer gebracht haben. Eine Widderallee führte von einem Kai am Nil zu seiner Kultstätte in Theben. (In Gestalt eines Widders bildete Amun eine Sonderform der Sphinxe.) Fast 2000 Jahre lang, bis zum Beginn unserer Zeitrechnung, haben die Pharaonen immer wieder neue Um- und Anbauten am großen Amun-Tempel vollziehen lassen. Entlang seiner Hauptachse von Westnordwest nach Ostsüdost reihten sich schließlich 6 mächtige Pylone hintereinander, von denen der größte noch 113 Meter breit, 15 Meter tief und nahezu 45 Meter hoch ist. In Süd-Nord-Richtung zur Hauptachse des Tempels sind weitere Anlagen mit 4 Pylonen errichtet worden (Zeichnung 51). Die Monumentalität dieser Amun-Kultstätte ist vielfach bis ins Erdrückend-Gigantische getrieben.

Aufgrund seiner Messungen behauptete Lockyer, die Hauptachse all der Höfe, Säle und Räume weise zum Sonnenuntergang bei der Sommersonnenwende. Einst hätten daher die Strahlen der den Horizont berührenden Sonne durch die vielen Passagen hindurch das Allerheiligste erreicht. Hinter dem Amun-Tempel, aber ebenfalls auf dessen Achse liegend, gab es noch ein kleines Heiligtum für

Re-Harachte, einer Verbindung des Sonnengottes Re mit dem falkengestaltigen Himmelsgott Horus, dessen Augen Sonne und Mond bildeten. Re-Harachte, der „Horus vom Lichtland" oder der „Horizontische Horus", verkörperte die ins Morgenrot getauchte Stätte des Sonnenaufgangs. Die ihm geweihte Kultstätte östlich des Amun-Heiligtums öffnete sich nach Lockyer genau zum Aufgang des Tagesgestirns zur Wintersonnenwende. Für einen Ort, wo man Re-Harachte verehrte, wäre das eine durchaus einleuchtende Orientierung. Sowohl täglich wie jährlich zur Wintersonnenwende wurde Re nach den Vorstellungen der alten Ägypter im Osten neu geboren. Andererseits würde, schrieb Lockyer,

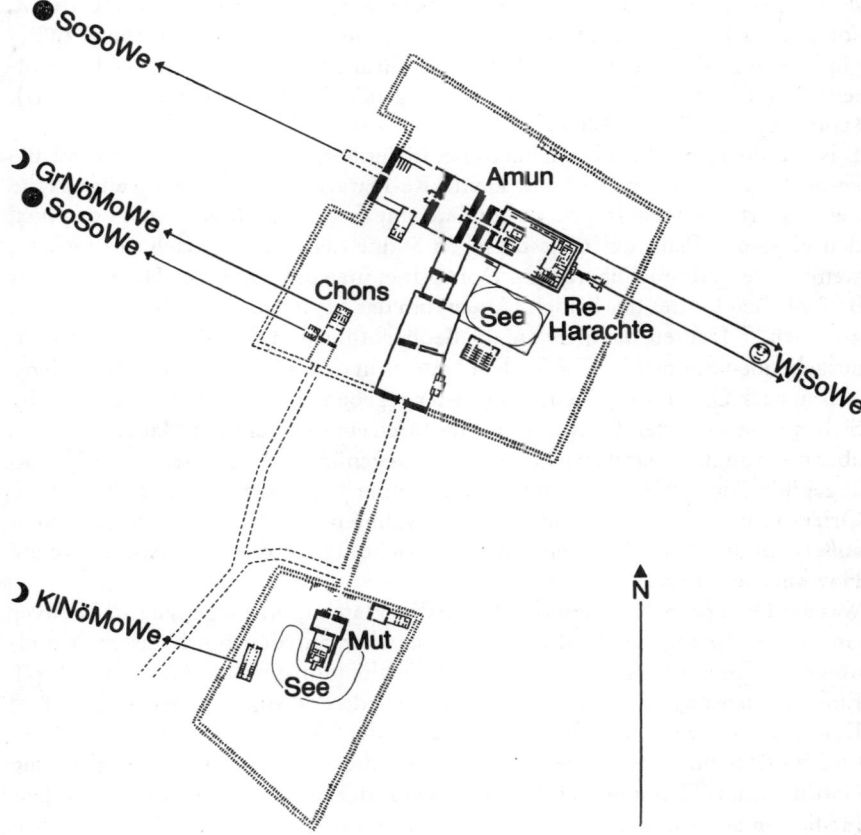

51 Grundriß des Tempelbezirks von Karnak. Nach Lockyer und Hawkins gab es Orientierungen zur Sonne und zum Mond

ein Anbau am südwestlich vom Amun-Tempel gelegenen Heiligtum des Mondgottes Chons bei Sommerbeginn zum Sonnenuntergang zeigen (Zeichnung 51).

Hawkins widmete sich gleichfalls der möglichen Orientierung ägyptischer Tempel und folgte dabei Lockyers Spuren, aber er gelangte teilweise zu anderen Ergebnissen. Vor allem bezweifelte er die Richtlage des Amun-Heiligtums. Er berief sich auf den Bericht von P.J.G.Wakefield, einem Ingenieur der britischen Armee, der 1891 versucht hatte, den Untergang der Sonne am Sommeranfang durch den Eingang des 1. Pylons hindurch zu beobachten. Doch Wakefield hatte damit keinen Erfolg – die Hügelketten jenseits von Theben versperrten ihm die Sicht auf den erwarteten Untergangspunkt. Lockyers Angaben stimmten also in dieser Beziehung nicht. Der Tempel wies jedoch nicht nur nach Westnordwest, sondern auch nach Ostsüdost, genau in Richtung der aufgehenden Sonne zu Beginn des Winters. Freilich: Nach dieser Richtung besaß das Heiligtum keine offene Passage; hier versperrte die querliegende Festhalle von Thutmosis III. (1490–1436 v. u. Z.) den Blick.

Das Problem ließ Hawkins keine Ruhe. In der nordöstlichen Ecke der Festhalle entdeckte er auf deren Dach eine kleine, Re-Harachte geweihte Kultstätte. Nahe der emporführenden Treppe verkündete eine Inschrift: „Man ersteigt den *aha*, den einsamen Platz der majestätischen Sonne, das Hochgemach des Geistes, wenn er den Himmel überquert. Dort öffnet man die Türen des Horizonts des urtümlichen Gottes der beiden Länder, um das Mysterium des Gottes leuchten zu sehen."[14] Deutete das nicht auf die Beobachtung und Verehrung der im Osten aufgehenden Sonne hin? Tatsächlich hatte es in dem kleinen Re-Harachte-Tempel ein nach Ostsüdost gerichtetes Fenster gegeben (Zeichnung 52). Heute ist die Sicht auf die betreffende Horizontstelle durch eine neuzeitliche Mauer verwehrt, aber ursprünglich war das sicher nicht so. Gegenüber dem Fenster ist der Pharao abgebildet, der offenbar die aufgehende Sonne begrüßt. Hier läge also dieselbe Orientierung vor wie bei der schon erwähnten Re-Harachte-Anlage östlich außerhalb des Amun-Tempels, deren Ausrichtung auf die Wintersonnenwende Hawkins bestätigte.

Was das Heiligtum des Chons betrifft, nahm Hawkins im Gegensatz zu Lockyer eine Orientierung der Säulenhallen-Querachse auf den nördlichsten Monduntergangspunkt an (große Nordwende, Deklination des Mondes rund +28,5°). Eine Ausrichtung nach der kleinen Nordwende des Mondes (bei rund +18,5° Deklination) vermutete er bei der Querachse der Säulenhalle im Tempel der Göttin Mut (Zeichnung 51). Diese hielt man für die Mutter des Chons und für die Gattin Amuns. Zusammen bildeten diese Götter die Dreiheit von Theben. Das Heiligtum der Mut befand sich südlich des Amun-Tempels. Wenn Hawkins' Angaben zuträfen, enthielten die Kultstätten von Chons und Mut die ersten Mondvisuren, die man in altägyptischen Bauten entdeckt hätte.

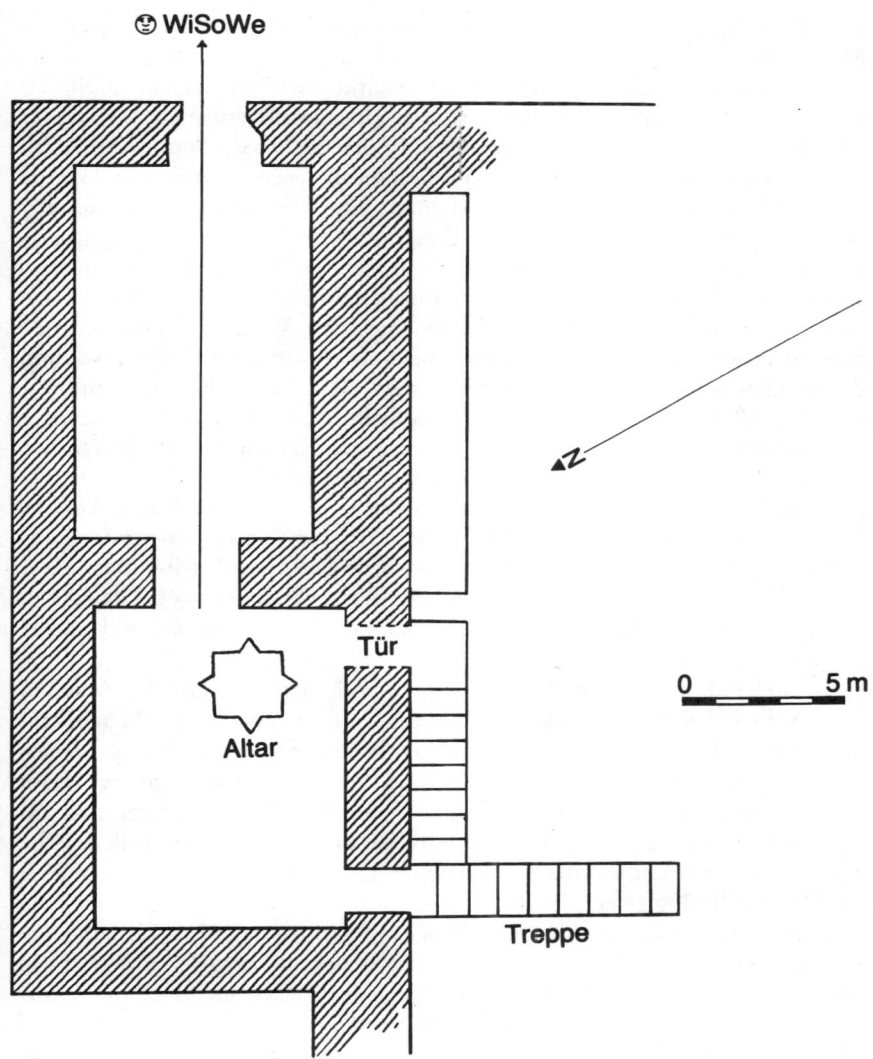

52 Orientierung einer Kultstätte des Re-Harachte auf dem Dach der Festhalle von Thutmosis III. im Amun-Tempel von Karnak nach dem Aufgang der Sonne zur Wintersonnenwende

Der Meinung Lockyers schloß sich Hawkins in bezug auf die sogenannten Memnonskolosse in der Nekropole Thebens am linken Nilufer an. Bei ihnen handelt es sich um 2 fast 18 Meter hohe Sitzstatuen des Pharaos Amenophis III. (1403–1365 v. u. Z.). Einst flankierten sie den Eingang zu seinem heute völlig verschwundenen Totentempel. Griechen und Römer hielten die Statuen für Abbilder von Memnon, des Sohnes von Eos (der Göttin der Morgenröte) und von Tithonos (des Königs von Äthiopien). Memnon eilte seinem Onkel Priamos, dem König von Troja, zu Hilfe, um ihn und die belagerte Stadt im Kampf gegen die Griechen zu unterstützen. Er wurde jedoch von Achilleus erschlagen. Im Jahre 27 v. u. Z. beschädigte ein Erdbeben die nördliche Sitzstatue, die seitdem bei Sonnenaufgang einen merkwürdigen Ton von sich gab. Vermutlich bewirkten die Sonnenstrahlen vorübergehend Spannungen innerhalb des Kolosses, wodurch das seltsame Klingen erzeugt wurde. Es schien, als ob Memnon damit seine Mutter Eos grüßen wollte. Die Statue wurde deshalb zu einer Touristenattraktion ersten Ranges. Viele Reisende kratzten damals ihren Namen in den hohen Sockel. Doch als der römische Kaiser Septimius Severus im Jahre 199 u. Z. den Koloß reparieren ließ, verstummte der Ton, und so ist es bis heute geblieben. Und bis heute blicken die Abbilder von Amenophis III. zum Wintersonnwendaufgang, was Lockyer als erster bemerkte. Offenbar war die Achse des Totentempels in gleicher Weise ausgerichtet. Wir haben eine solche Orientierung bei den Ägyptern nun schon mehrfach erwähnt; sicher kam ihr in Kult und Weltbild eine besondere Bedeutung zu.

Aufschlußreich ist auch die Richtung einer berühmten Kultstätte bei Abu Simbel, nördlich des 2. Nilkatarakts, rund 320 Kilometer südlich von Theben. Hier ließ Ramses II. (1290–1224 v. u. Z.) 2 in ihrer Art einmalige Felsentempel bauen. Alles, was die charakteristischen Merkmale eines Tempels ausmachte (Hof, Halle, Sanktuarium), hat man hier in das Innere eines Felsens verlegt. Das größere der beiden Heiligtümer war Amun-Re, Re-Harachte und dem Kult des Pharaos geweiht, das kleinere der Verehrung der Göttin Hathor und der Gemahlin von Ramses II., Nofretere.

4 Sitzfiguren, jede 20 Meter hoch, stellten den Pharao vor der Fassade seines Felsentempels dar. In das Innere der axial geordneten, 55 Meter tiefen Anlage führte eine Passage, durch die man in einen Saal gelangte (Zeichnung 53). Dort verkörperten 8 monumentale Säulen Ramses in der Gestalt des Gottes Osiris. Eine schmale Galerie, ein 2. Säulensaal und das Allerheiligste schlossen sich an. Neben diesen Haupträumen befanden sich noch 8 schmalere Gelasse, in denen vermutlich die Kultgeräte aufbewahrt wurden. Die Baumeister hatten die Achse des Tempels so orientiert, daß die Strahlen der aufgehenden Sonne etwa am 18. Oktober (nach unserem heutigen Kalender) das Allerheiligste im Berginneren erleuchteten. Mit den Feierlichkeiten zum 30jährigen Krönungsjubiläum des Pharaos, an das der Tempel erinnerte, fiel damals im Oktober auch der Beginn des

ägyptischen Wandeljahres zusammen. Aufgehende Sonne und Jahresbeginn waren ein gutes Omen für die weiteren Regierungsjahre des Herrschers. Daraus erklärt sich die besondere Richtlage des Heiligtums. Hawkins entdeckte sogar noch eine weitere, ebenfalls bezeichnende Orientierung. Eine kleine, dem Re-Harachte geweihte Kapelle am Nordende der Tempelfassade war auf den Wintersonnwendaufgang gerichtet (Zeichnung 53).

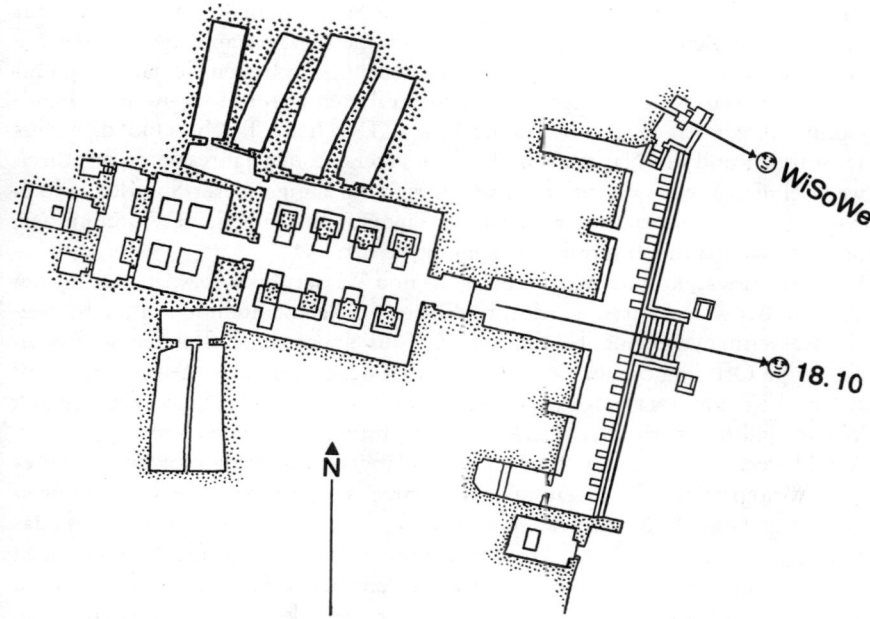

53   Orientierung des Felsentempels Ramses' II. bei Abu Simbel nach dem ehemaligen Sonnenaufgang am 18. Oktober sowie der Kultstätte des Re-Harachte nach dem Aufgang der Sonne zur Wintersonnenwende

Das Schicksal der Felsentempel von Abu Simbel erregte vor wenigen Jahren großes Aufsehen. Durch den Bau des Staudammes bei Assuan wurde das ganze Gebiet überflutet. Doch vorher sind unter großer internationaler Beteiligung die künstlerisch wertvollen Teile der Tempel abgebaut und seit 1967 auf einem höher gelegenen Platze wieder zusammengefügt worden.

Die größte Sonnenuhr der Welt

Wie wir sahen, erfolgte die Beobachtung der Sonne (und der anderen Himmelskörper) in urgeschichtlicher Zeit und im Altertum stets aus praktischen und kultischen Gründen.

Auch bei den alten Ägyptern lernten wir beide Aspekte der Himmelsbeobachtung kennen: die kultisch bestimmte Orientierung von Pyramiden und Tempeln sowie den auf Nilschwemme, Morgenerst des Sirius und jährlichen Sonnenlauf bezogenen Kalender. Nach der Sonne haben die Ägypter auch den lichten Tag eingeteilt, nach den Sternen die Nacht. Ursprünglich hatten sie dabei Tag und Nacht in jeweils 10 Teile untergliedert. Später fügten sie für Morgen- und Abenddämmerung noch jeweils 1 Stunde hinzu. Der helle Tag bestand dann aus 12 Stunden und die Nacht ebenfalls. Entsprechend den Jahreszeiten mit ihren wechselnden Lichtverhältnissen änderte sich die Länge dieser Stunden jedoch von Tag zu Tag. Im Sommer waren die 12 Tagesstunden länger, im Winter kürzer; bei den Nachtstunden verhielt es sich umgekehrt.

Wie spät es war, konnte man an Sonnen- und Wasseruhren bzw. an Sternuhren ablesen. Bei Wasseruhren wurde mit Hilfe einer Skaleneinteilung gemessen, welche Wassermenge in einer bestimmten Zeit aus einem Gefäß floß, das am Boden eine enge Öffnung besaß. Die Sonnenuhren bestanden aus einem Stab, einem Richtscheit, von etwa 1 Meter Länge. An einem der beiden Enden war, im rechten Winkel und etwas erhöht, ein 2., kürzerer Stab angebracht (Zeichnung 54).

Am Morgen legte man das freie Ende des längeren, unteren Holzes so, daß es nach Westen zeigte. Der Schatten des Querstabes gab dann an den Markierungen des Längsstabes die Stunden an. Nach Mittag drehte man die Sonnenuhr um, das freie Ende nun nach Osten. Da man die unterschiedlich großen Sonnenbögen während eines Jahres und somit auch die verschiedenen Schattenlängen während der wechselnden Jahreszeiten nicht besonders berücksichtigte, vermochte man mit dieser Art Sonnenuhr die Tageszeiten nur ungenau zu ermitteln. Aber eine größere Genauigkeit war offenbar noch nicht erforderlich. Technik, Handel und Wandel, Verkehr, das gesellschaftliche und private Leben überhaupt befanden sich noch in einem Stadium, in dem es auf $1/2$ Stunde mehr oder weniger nicht ankam.

Die Römer glaubten, daß den Ägyptern auch die Obelisken als Schattenwerfer für Sonnenuhren gedient hätten. Aber das ist sehr zweifelhaft; jedenfalls gibt es keine ägyptischen Berichte darüber. Von den Römern ist jedoch ein Obelisk als Gnomon, als Schattenwerfer, benutzt worden. Er war der „Zeiger" der wohl größten Sonnenuhr, die je errichtet wurde, und stammte aus Heliopolis, der Hauptstadt des 13. unterägyptischen Gaus. Ihre Spuren befinden sich heute im Stadtgebiet Kairos. Den Obelisken, den Kaiser Augustus für die Sonnenuhr nach Rom transportieren ließ, hatte man einst im Auftrag von Pharao Psamme-

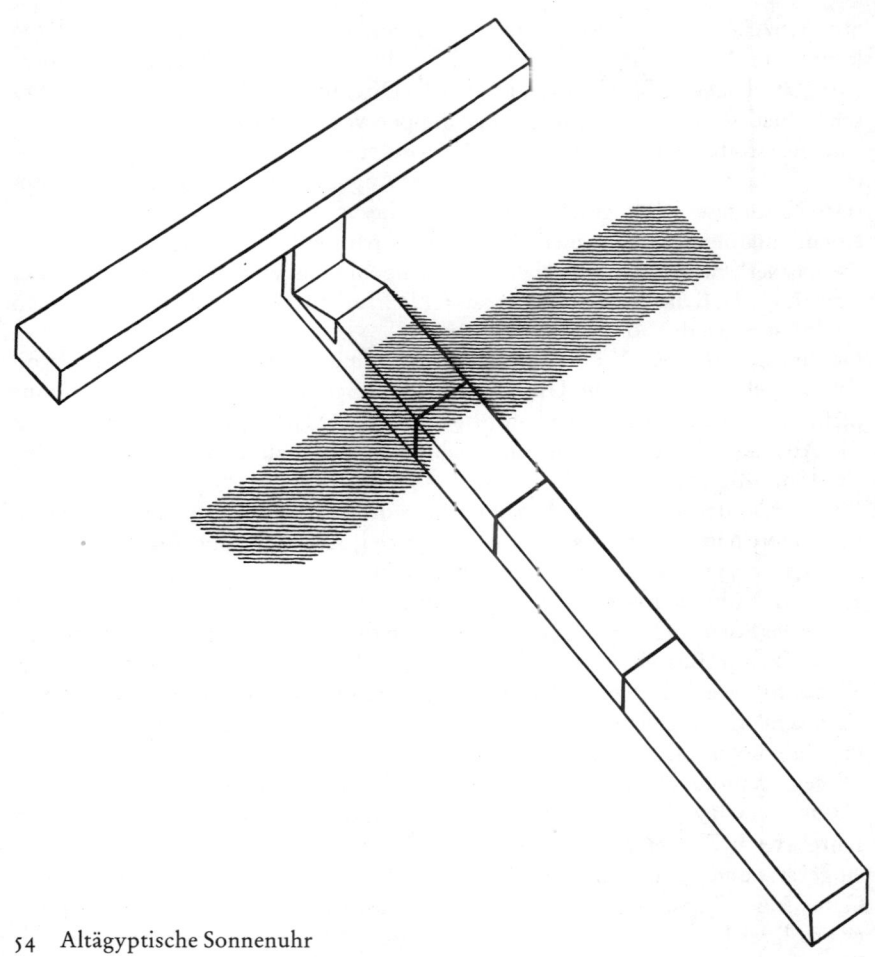

54   Altägyptische Sonnenuhr

tich II. (595–589 v. u. Z.) in Heliopolis errichtet. Der schlanke Steinpfeiler ist 1748 auf der Piazza del Parlamento wiederentdeckt, ausgegraben und 200 Meter nördlich des ursprünglichen Standortes vor dem Palazzo Montecitorio, dem heutigen italienischen Parlament, aufgestellt worden.

Obwohl man bereits 1750 dem Obelisken und der mit ihm verbundenen Sonnenuhr eine spezielle Veröffentlichung widmete, ist deren genaue Konstruktion bis vor wenigen Jahren unbekannt, ja rätselhaft gewesen. Seltsamerweise ist bis dahin das riesige Solarium (wörtlich Sonnenzeiger) und Horologium (wörtlich

Stundenzeiger) des Augustus, an dem man die Jahres- und Tageszeiten ablesen konnte, in der Fachliteratur auch nicht mehr erwähnt und behandelt worden. Ihre Rätsel hat erst 1976 Edmund Buchner, Direktor des Deutschen Archäologischen Instituts in Rom, in einer tiefgründigen Veröffentlichung gelöst. Buchner studierte zunächst, was der Historiker und Schriftsteller Plinius der Ältere (23/24–79 u. Z.) über das Solarium des Augustus in seiner „Naturalis historia" (Naturgeschichte) geschrieben hatte. Plinius zufolge war das Solarium von einem „mathematicus" namens Facundus Novius entworfen worden. Ein „Mathematiker" war nach damaligem Sprachgebrauch zugleich Astronom und Astrologe. Daß Facundus Novius tatsächlich auf allen 3 Gebieten gut Bescheid wußte, wird an der Sonnenuhr deutlich.

Der Spitze des Obelisken hatte man als eigentlichen Schattenzeiger eine vergoldete Kugel aufgesetzt. Die Uhr „ging" jedoch schon zu Lebzeiten von Plinius nicht mehr richtig. Als Gründe führte dieser unter anderem ein Erdbeben oder das Absinken der Fundamente an. Nähere Angaben zum Liniennetz des Solariums machte er leider nicht.

Buchner las daher nach, was Vitruvius über die Konstruktion von Sonnenuhren überliefert hatte. Vitruvius Pollio, ein Offizier, Architekt und Ingenieur, hatte nämlich ab 33 v. u. Z. „Zehn Bücher über die Baukunst" verfaßt, in denen er auch auf Sonnenuhren einging. Schließlich befaßte sich Buchner mit der Umgebung, in der das Solarium stand. Er vermochte es in diese einzuordnen und zu anderen Bauwerken in Beziehung zu setzen. Was er dabei, für ihn selbst überraschend, alles entdeckte, bildet eines der interessantesten Kapitel der Archäoastronomie. Es macht uns zugleich mit geschichtlichen Zusammenhängen und mit Leben und Taten von Kaiser Augustus bekannt.

Dieser stammte aus altem römischem Patriziergeschlecht und hieß eigentlich Gaius Octavius (Lebenszeit 63 v. u. Z. – 14 u. Z.). Früh verwaist, wurde er im Jahre 45 v. u. Z. von seinem Großonkel Gaius Iulius Caesar zum Haupterben eingesetzt und testamentarisch an Kindes Statt angenommen. Von nun an hieß er Gaius Iulius Caesar Octavianus. Nach Caesars Ermordung 44. v. u. Z. kämpfte er erfolgreich gegen dessen Gegner und gegen seine eigenen Widersacher. Als letzte besiegte er 31 v. u. Z. bei Aktium an der nordwestgriechischen Küste den Antonius und die mit ihm verbündete ägyptische Königin Kleopatra. Danach besetzte er Ägypten und gliederte es dem römischen Reiche als Provinz ein. Der Senat verlieh ihm daraufhin den Titel „Imperator Caesar Augustus" (das bedeutet „Herrscher Caesar der Erhabene"). Nach Jahrzehnten des Bürgerkrieges war nun der innere Frieden im Reiche wiederhergestellt. Auch die Grenzen des Imperiums sicherte Augustus bei Kämpfen in Spanien und Gallien (das im wesentlichen das heutige Frankreich, die Westschweiz und Belgien umfaßte). Als er am 4. Juli 13 v. u. Z. aus Gallien zurückkehrte, gelobte der Senat, ihm eine „Ara Pacis Augustae", einen „Altar des Augustusfriedens", errichten zu lassen. Der Altar wurde am 30. Januar 9 v. u. Z. zum Geburtstag der 3. Frau von Augustus, der Kaiserin Livia Drusilla, eingeweiht. Wie Buchner entdeckte, steht der Altar in Richtung, Anlage und Größe in engster Beziehung zum Solarium, das Augustus dem römischen Sonnengott Sol widmete und das wahrscheinlich am gleichen Tage wie der Altar eingeweiht wurde.

Ara und Solarium befanden sich im Nordteil des Marsfeldes, einer damals weiten Ebene zwischen dem Tiber und den Hügeln Pincius, Quirinalis und Capitolinus. Unter Augustus begann die intensive Bebauung der nach dem Kriegsgott Mars genannten Stätte. Sie wurde von der Via Flaminia (heute Via del Corso) durchschnitten, einer Straße, die 220 v. u. Z. von dem Zensor Flaminius angelegt wurde. Fast genau parallel zur Via Flaminia, etwa 35 Meter von ihr entfernt, baute man den Altar unter einem Winkel auf, der um 18°37' von der Nordrichtung nach Westen abwich. Unter dem gleichen Winkel war höchstwahrscheinlich auch der Sockel des Obelisken vom Solarium orientiert.

Die Überreste des Altars sind 1903 ausgegraben und vermessen worden. 1938 hat man ihn aus Originalstücken und Abgüssen wiederhergestellt. Seine Umfassungsmauern werden von Reliefs geschmückt, die zu den bedeutendsten künstlerischen Zeugnissen der augusteischen Zeit gehören.

Und noch ein anderes Bauwerk war nach den Untersuchungen Buchners in die Konzeption von Altar und Sonnenuhr einbezogen: das Augustus-Mausoleum, mit dessen Errichtung etwa 15 Jahre vor Ara und Solarium begonnen wurde. Es befindet sich rund 300 Meter nordnordwestlich von deren ehemaligen Standorten, ist kreisrund und besitzt fast 90 Meter Durchmesser. Einst erhob sich über dem marmorverkleideten Tuffsteinsockel ein ungefähr 44 Meter hoher Erdkegel, der mit Bäumen bepflanzt war (Zeichnung 59).

Auf die genauen Beziehungen dieser Bauwerke zueinander stieß Edmund Buchner, als er das Liniennetz des Solariums rekonstruierte. Er ging dabei, wie erwähnt, von den Angaben des Vitruvius aus. Entscheidend war die Gesamthöhe des Schattenwerfers (Zeichnung 55). Der Obelisk selbst mißt 21,79 Meter. Zusammen mit dem gestuften Sockel, der auf ihm ruhenden Basis, den 4 Metallfüßen zwischen dieser und dem Obelisken sowie mit dem Steg und der Kugel über der Obeliskenspitze muß der Schattenwerfer insgesamt 100 römische Fuß oder 29,42 Meter hoch gewesen sein. Das entspricht rund $^2/_3$ der Höhe und $^1/_3$ des Durchmessers vom Mausoleum.

Dem Typ nach war das Solarium eine Horizontalsonnenuhr, bei der ein senkrecht stehender Gnomon einen Schatten auf ein waagerechtes Liniennetz wirft. Dieses besaß eine schwalbenschwanzähnliche Form. Seine Maße berechnete man nach einem von Vitruvius beschriebenen mathematisch-astronomischen Grundschema. Man benötigte dazu außer der Höhe des Gnomons die geographische Breite des Aufstellungsortes und den Winkel für die Schiefe der Ekliptik. Die geographische Breite läßt sich durch Messung der Schattenlänge am Mittag

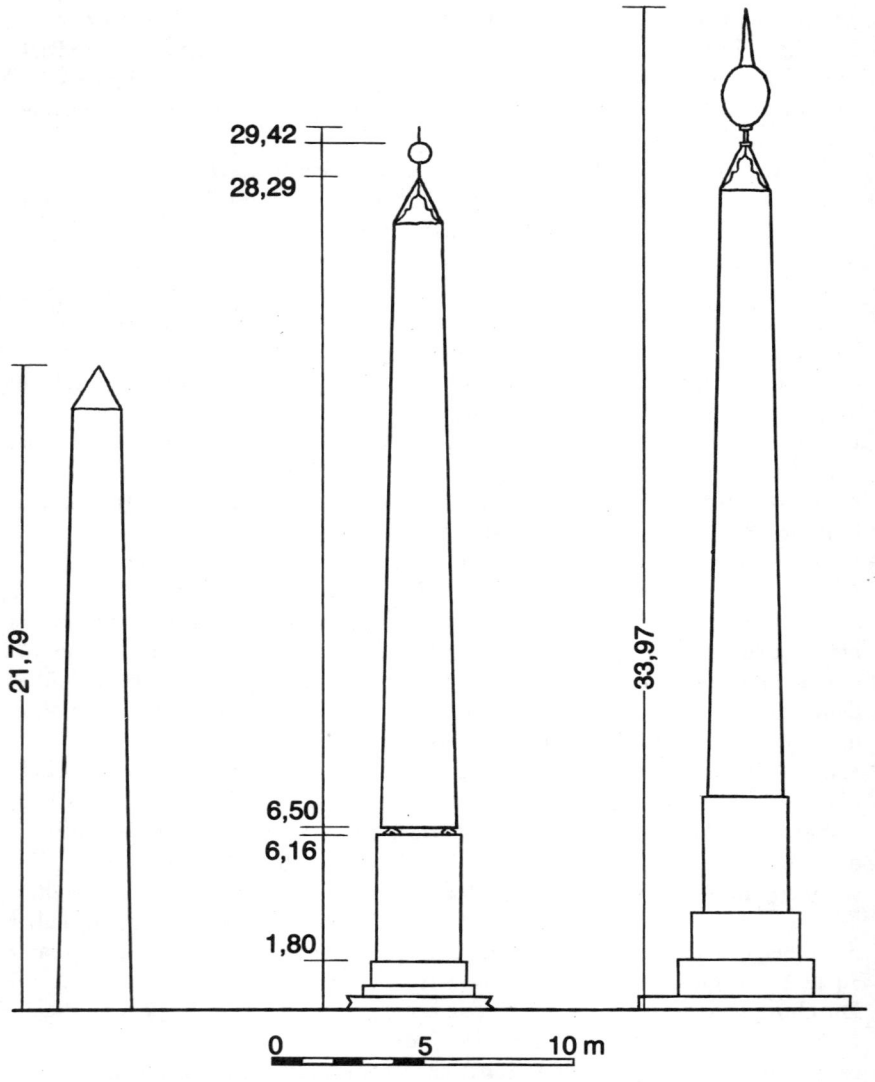

29,42
28,29

21,79

6,50
6,16

1,80

0   5   10 m

55   Obelisk aus dem Solarium des Augustus. Links: Obelisk allein; Mitte: antike Aufstellung als Gnomon; rechts: Aufstellung 1972

33,97

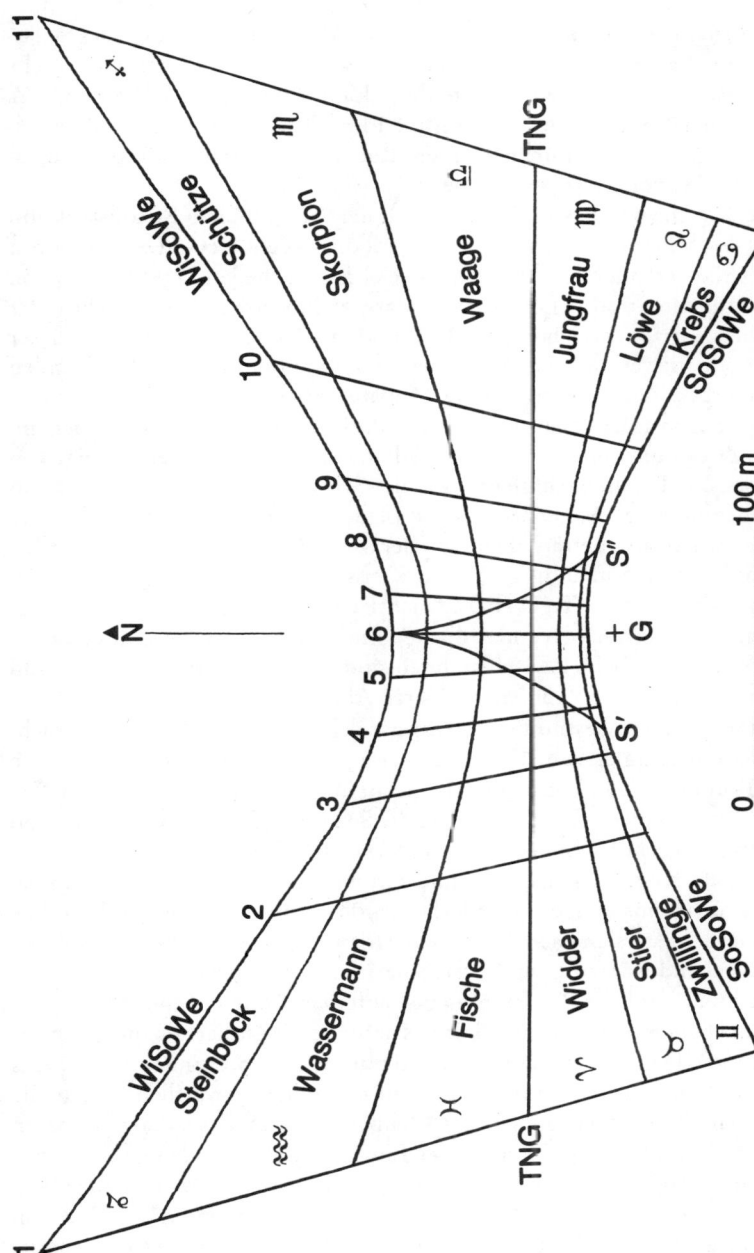

56 Theoretisches Liniennetz des Solariums (Horizontal-Sonnenuhr) mit den Linien für die Stunden und Tierkreiszeichen sowie den zwei Bögen zur Kennzeichnung der Zu- und Abnahme der Tages- beziehungsweise Nachtlängen

der Tagundnachtgleichen bestimmen (durch das Verhältnis der Länge des Schattenwerfers zur Länge des Schattens). Bei dem Solarium ist das offenbar in sehr genauer Weise geschehen. Die Schiefe der Ekliptik betrug im Jahre 12 v.u.Z. 23°41'49". In der Antike ist der Wert für die Ekliptikschiefe jedoch im allgemeinen etwas zu groß angenommen worden. Buchner legte seinen Berechnungen daher den Winkel von 23°50' zugrunde.

Betrachten wir uns nun das Liniennetz nach der theoretischen Rekonstruktion Buchners (Zeichnung 56)! Den Gnomon symbolisiert ein + (G). Die schräg von Nord nach Süd verlaufenden Linien kennzeichnen die hellen Tagesstunden von 1–11. (Die Stunden 0 und 12 können nicht dargestellt werden; bei ihnen liegt der Schattenwurf im Unendlichen.) Verlauf und unterschiedliche Länge dieser Linien spiegeln die verschiedene Höhe der Sonne während der gleichen Stunden in den 4 Jahreszeiten während der 12 Monate wider. Die 6. Linie bezeichnet den Mittag. Hier ist der Schatten bei der Kulmination der Sonne im Süden am kürzesten. Zu Sommeranfang besaß er bei dem Solarium mittags eine Länge von 9,59 Metern. Zur Tagundnachtgleiche war der Schatten mittags 26,39 Meter und zu Winterbeginn 65,26 Meter lang. Seine Längenunterschiede im Verlaufe der Jahreszeiten waren also beträchtlich! Von der Mitte des Liniennetzes im Norden laufen 2 Linien nach Süden bis zu S' und S" auseinander. Sie versinnbildlichten die Zu- und Abnahme der Tages- bzw. Nachtlängen.

Verbindet man die nördlichen und südlichen Endpunkte der Schattenlinien 1–11, so entstehen 2 Hyperbeln. Zwischen ihnen sind noch 4 andere Hyperbeln und 1 Gerade angegeben. Alle 7 Linien markieren Abschnitte, in denen die Sonne im Verlaufe eines Jahres in bestimmten Tierkreiszeichen steht. Die Gerade bezeichnet die Tagundnachtgleichen. Den Himmelsäquator überschreitend, geht die Sonne zu Frühlings- und Herbstbeginn genau im Osten auf und genau im Westen unter. Nur an diesen Tagen wandert die Schattenspitze des Gnomons von morgens bis abends fast schnurgerade von West nach Ost.

Gegenüber dem sonst üblichen Liniennetz von horizontalen Sonnenuhren besaß das des Solariums einige Besonderheiten. Wir haben hier das vollständige Netz skizziert, wie es sich nach der Arachne (dem „Spinnengewebe") des Vitruvius ergibt. Facundus Novius mußte das Solarium jedoch in eine Umgebung einpassen, die ihm räumliche Beschränkungen auferlegte. Die 11. Stunde konnte er nicht mit angeben, weil die Via Flaminia das dafür benötigte Terrain durchschnitt (Zeichnung 57). Das Liniennetz durfte also nur bis zur 10. Stunde reichen. Aus Gründen der Symmetrie wird man dann auf der anderen, westlichen Seite die 1. Stunde ebenfalls weggelassen haben. Offenbar gab es aber, um Platz zu sparen und das Solarium wirkungsvoll mit einer Einfassung abzuschließen, noch weitere Einschränkungen. Sie sind in Zeichnung 57 angedeutet. Parallel zur Geraden während der Tagundnachtgleichen verlief eine Begrenzung nördlich davon durch Punkt W und südlich davon durch Punkt G". Alles, was sich sonst jenseits

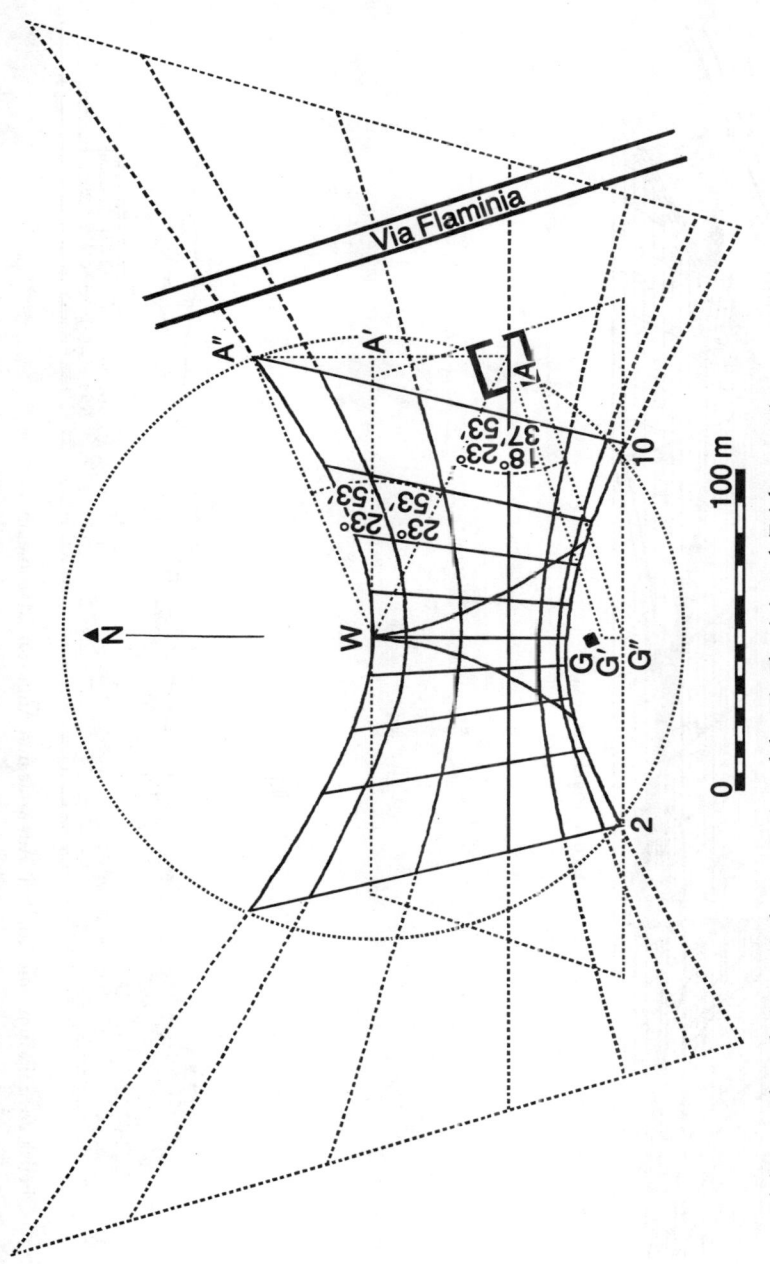

57   Liniennetz des Solariums mit der Ara Pacis und der Via Flaminia (vgl. Zeichnung 56)

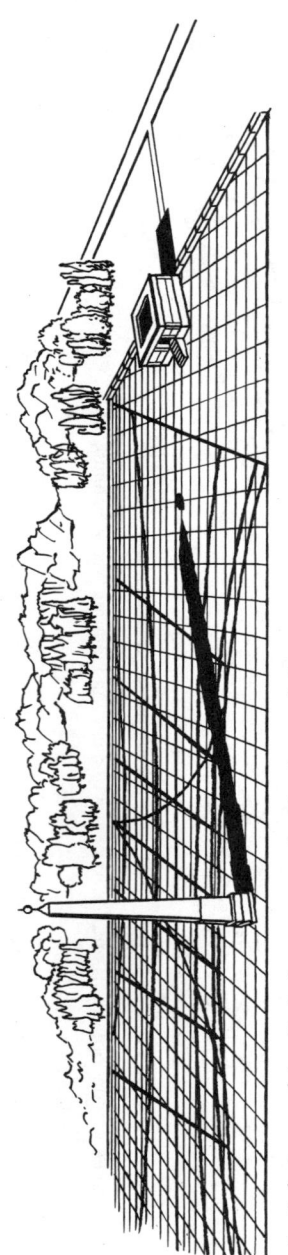

58 Solarium und Ara Pacis Augustae aus der Vogelperspektive

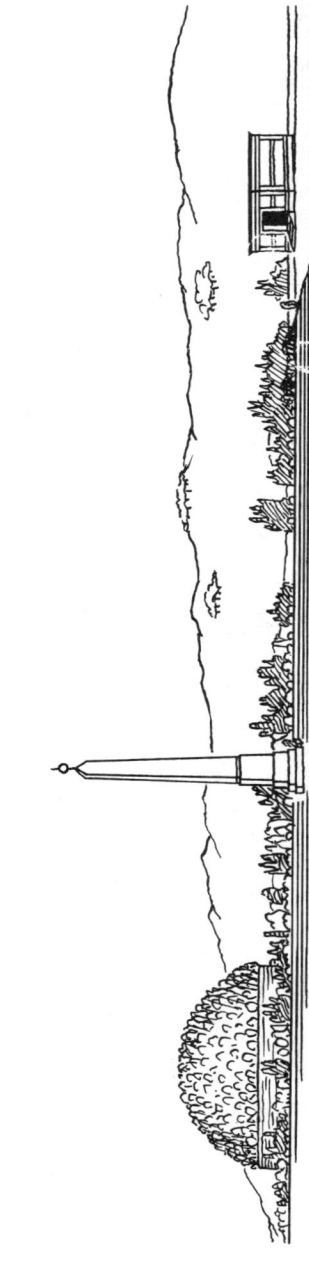

59 Obelisk des Solariums mit Ara Pacis Augustae und Augustus-Mausoleum

dieser Abgrenzungen befunden hätte, war weggelassen worden. Auch auf der Ost- und Westseite muß es eine Art Umfassungsmauer gegeben haben, die östlich direkt hinter dem Friedensaltar verlief, diesen also bewußt in das Solarium einbezog (Zeichnung 58 und 59). Das Netz der Stunden- und Tierkreislinien ähnelte nun einem stark gestutzten Schwalbenschwanz. Dennoch war die Funktion der Sonnenuhr nicht wesentlich beeinträchtigt. Während des Spätherbstes und frühen Winters wäre die am Morgen und Abend weit im Nordwesten und Nordosten liegende Schattenspitze sowieso nur unscharf zu erkennen gewesen. Man konnte also hier durchaus auf Teile der Stunden- und Tierkreislinien verzichten.

Nicht nur die Einfassung hob die Zusammengehörigkeit von Ara Pacis Augustae und Solarium hervor. Eine der bemerkenswertesten Entdeckungen Buchners war, daß die Schattenspitze des Gnomons zu Frühlings- und Herbstbeginn genau von West nach Ost auf die Ara zulief und diese durchquerte. Sie besaß nämlich einen jeweils 3,59 Meter breiten Eingang an der West- und Ostseite. Da ihre Achse jedoch in dem bereits genannten Winkel von 18°37' von der Nordrichtung nach Westen abwich, fiel der Schatten nicht durch die Mitte der Eingänge, sondern streifte auf der Vorderseite den nordwestlichen und auf der Rückseite den südöstlichen Türpfosten. Darauf waren auch die Längen der Umfassungsmauern der Ara abgestimmt. Sie bildeten nämlich kein Quadrat, sondern ein Rechteck, dessen West- und Ostseite 11,625 Meter lang waren, während seine Nord- und Südseite nur 10,655 Meter maßen.

Warum die Schattenspitze gerade zu den Tagundnachtgleichen auf die Ara zu- und durch sie hindurchlief, hatte einen besonderen Grund. Augustus war am 23. September, am Herbstanfang, kurz vor Sonnenaufgang geboren worden. Mit der aufsteigenden Sonne begann auch sein Lebenslauf, und dieser war dazu bestimmt – der Schatten zeigte es deutlich an – Frieden zu stiften! Es war ein geradliniger, vermeintlich vorbestimmter Weg, der zum Reichsfrieden und dem ihm geweihten Altar führte.

Aber nicht nur das. Die Verbindungen zwischen Ara und Solarium waren noch viel komplizierter. Wir vereinfachen im folgenden diesen Sachverhalt etwas, um ihn besser überschaubar zu machen. Als Zeitpunkt der Empfängnis des zukünftigen Kaisers galt der Tag der Wintersonnenwende, von dem aus die Sonne einen neuen Jahreslauf antritt und wieder höher steigt. Auch das hat im Verhältnis des Solariums zur Ara besonderen Ausdruck gefunden. Schlägt man von der Mitte des Hyperbelastes der Wintersonnenwende (bei W) einen Kreisbogen um die Enden der Stundenlinien 2 und 10, so schneidet dieser Kreis die Nordost- und Südwestecke sowie den Mittelpunkt der Ara (bei A). Verbindet man darüber hinaus die Punkte A, W und A″ durch Linien miteinander, entsteht ein gleichschenkliges Dreieck (Zeichnung 57). Die Winkelhalbierende bei W ergibt 2 Winkel zu je 23°53'. Sie entsprechen der Schiefe der Ekliptik mit einem um 3' höheren Wert, als ihn Buchner angenommen hatte. Dem gleichen Winkel begegnen wir zwischen der Strecke $\overline{AW}$ und der Schattenlinie zur Tagundnachtgleiche. Rein geometrisch ist damit ebenfalls die Beziehung zwischen dem vermuteten Empfängnistag von Augustus (Wintersonnenwende, Deklination der Sonne rund $-24°$) und dem Geburtstag (Herbstanfang, Deklination der Sonne $\pm0°$) hergestellt. Zugleich wird offensichtlich, daß Solarium und Ara nach einem einheitlichen Konzept entworfen wurden. Lage, Richtung und Größe der Ara sind vom Solarium her bestimmt worden.

Interessant ist auch die Strecke $\overline{AG'}$, die mit der Geraden im Liniennetz einen Winkel von $18°37'$ bildet. Er ist gleich der Richtungsabweichung der Ara von Nord nach West. Der Gnomonsockel war offenbar in derselben Weise orientiert und wies so genau auf die Mitte des Augustus-Mausoleums im Nordwesten. Damit kam zu Empfängnis und Geburt des Augustus auch dessen Begräbnisstätte in den Blick – wahrhaftig eine tiefgründige, mathematisch durchdachte und ausgeführte Symbolik.

Zufallsfunde um 1500 lassen vermuten, daß um den Gnomon 7 konzentrische Kreise dargestellt waren, die wohl die Bahnen der „Wandelsterne" um die Erde verkörpern sollten (in der Reihenfolge der Antike: Mond, Merkur, Venus, Sonne, Mars, Jupiter, Saturn). An den 4 Ecken des Gnomons waren anscheinend die 4 Winde bildlich wiedergegeben. Insgesamt bezeugte das Solarium mit seinen Angaben der Tages- und Jahreszeiten, der Winde, „Planetenbahnen" und Tierkreiszeichen ein Weltsystem besonderer Art. Es beruhte auf antiken Kenntnissen, die Facundus Novius bei Konstruktion und Bau des Solariums exakt in die Praxis umgesetzt hat.

Nach der Entdeckung des Obeliskensockels stellte sich heraus, daß seine Südweststrecke um etwa 5 Zentimeter abgesunken war. Offenbar hat diese geringe Abweichung von der Horizontalen die von Plinius erwähnte Ungenauigkeit der Sonnenuhr bewirkt. Ihre Errichtung muß also mit großer Präzision erfolgt sein, sonst wäre der Zeitfehler nicht so offenkundig geworden. Als „mathematicus" hatte Facundus Novius ein Meisterwerk geschaffen, das außer mathematischem und astronomischem Wissen auch dem „Horoskop" des Augustus (seinem Geburtstag und seinem „Lebensziel", einer Ära des Friedens) bildlichen Ausdruck verlieh.

Probegrabungen zwischen 1979 und 1982 in einem Keller der Straße Campo Marzio Nr. 48 im Herzen Roms führten zu einem verblüffenden Ergebnis. Buchner stieß hier nämlich in 6,5 Meter Tiefe auf eine Bronzelinie, die nach seinen Berechnungen 60 Meter lang sein müßte und die außer der Stunde auch Tage und Tierkreiszeichen angibt. Nach seiner Meinung sind die griechischen Bronzelettern die schönsten, die man bisher in Rom gefunden hat. Das Solarium des Augustus wird jedoch, wie man im Vergleich zu anderen Grabungen in Rom schließen konnte, etwa 3 Meter tiefer gelegen haben. Aber dort fand man bei der

Grabung keine Zeugnisse für die Sonnenuhr. Deshalb vermutet Buchner, daß diese nach einem Erdbeben (von dem wir durch einen Bericht des Tacitus wissen) abgebaut und um das Jahr 80 u. Z. neu zusammengesetzt wurde. Das wäre dann in der Regierungszeit des Kaisers Domitian gewesen. Eine Klärung des Problems erhofft man sich durch Nachforschungen unter der Sakristei der Kirche S. Lorenzo in Lucina, wo man um 1500 Reste der Sonnenuhr gefunden hatte.

Effekte durch Sonnenstrahlen

Untersuchungen und Ergebnisse der Archäoastronomie sind mitunter in großer Aufmachung veröffentlicht und manchmal als Sensation hochgespielt worden. Das neue Wissensgebiet interessiert ja nicht nur Archäologen und Astronomen. So nimmt es auch nicht wunder, daß Autoren aus ganz anderen Fachgebieten Bücher verfassen, die schon durch ihren Titel verblüffende Aufschlüsse und Erkenntnisse verheißen, z. B.: „Das Geheimnis Karls des Großen. Astronomie in Stein: Der Aachener Dom". Autor dieses Buches (unter Mitarbeit von Günther Hennecke) ist Hermann Weisweiler, ein erfolgreicher Modefotograf, der außerdem zahlreiche Bildbände gestaltet hat. Wegen seiner kühnen Behauptung hat das Buch ziemliches Aufsehen erregt.

Hermann Weisweiler beruft sich bei seinen Ausführungen unter anderem auf die Untersuchungen Edmund Buchners zum Solarium des Augustus, auf Hawkins' Arbeiten über Stonehenge und auf A. Thoms Interpretation des Megalithischen Yards. Auch Spekulationen wie die um die Cheopspyramide sind ihm nicht fremd. Alles das hat er phantasievoll in sein Buch einfließen lassen, das sich insbesondere mit der Pfalzkapelle Karls des Großen im Dom zu Aachen befaßt. Sie ist etwa zwischen 786 und 800 erbaut worden. Kaiser Karl (Lebenszeit 742–814) wurde nach seinem Tode in ihr bestattet. Als Vorbild für die Kapelle gilt San Vitale in Ravenna, ein Zentralbau mit 8eckigem Grundriß.

Karls Pfalzkapelle besteht ebenfalls aus einem Achteck, einem Oktogon, das von einem 16eckigen Umbau umgeben wird (Zeichnung 60). Dessen Durchmesser beträgt rund 30 Meter, die Höhe bis zur Kuppelmitte über dem Oktogon 30,49 Meter. Der Eingang befindet sich im Westen; im Osten gab es ursprünglich einen doppelgeschossigen Chor. Die Seiten des Oktogons sind genau nach den 4 Haupthimmelsrichtungen und nach den Richtungen zwischen ihnen orientiert.

In ihrem Aufbau symbolisiert die Pfalzkapelle Karls Herrschafts- und Weltverständnis. Zusammen mit seinem Gefolge hielt er sich während des Gottesdienstes im Obergeschoß auf, das zum oktogonalen Mittelraum durch Bronzegitter abgeschlossen ist. Karls Thron stand im Westjoch dieser Oberkirche. Die Unterkirche war für jene bestimmt, die nicht zum unmittelbaren Gefolge des Herr-

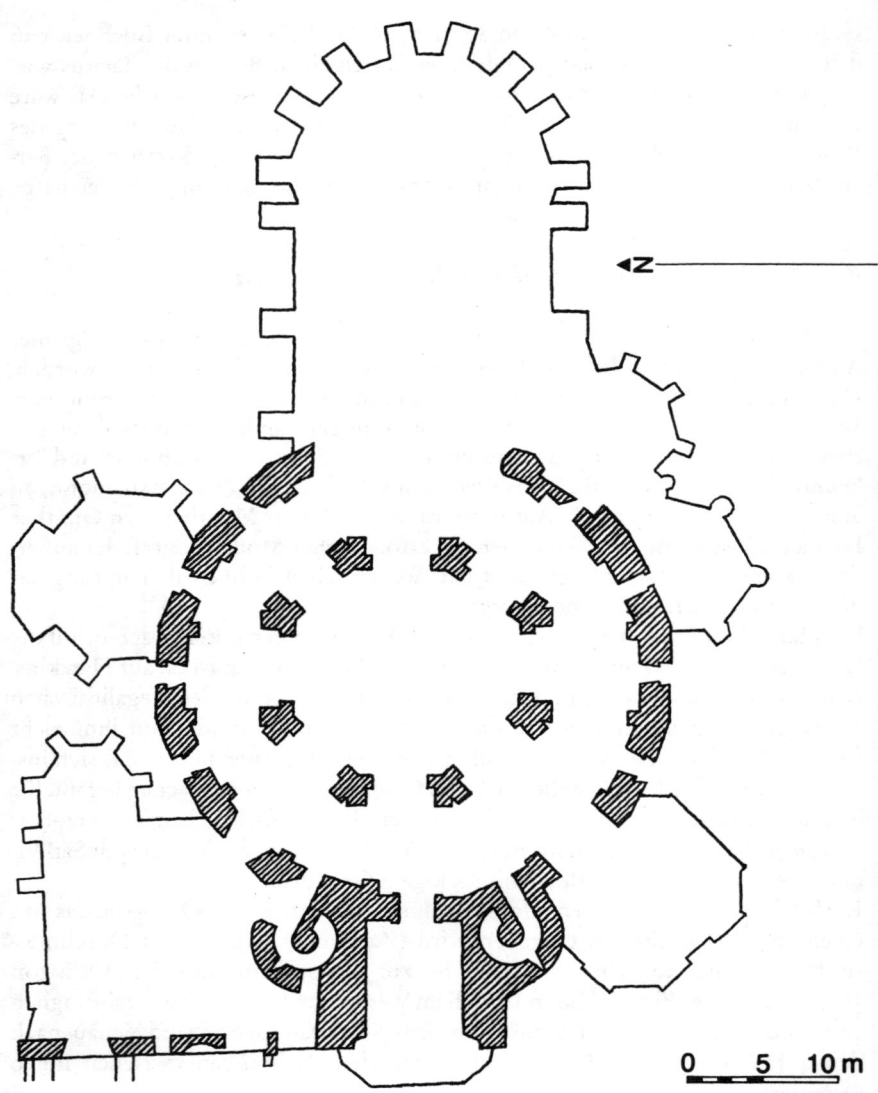

60 Grundriß des Oktogons der Pfalzkapelle Karls des Großen in Aachen (dunkel) sowie Umrisse der späteren Anbauten

schers gehörten. Sie sahen hinauf zu ihm und zur bildlich dargestellten göttlichen Majestät, die in der Kuppel über dem Kaiser thronte.

Etwa ab 1350 wurde die Pfalzkapelle durch zusätzliche Bauten erweitert: im Osten nach Abriß des karolingischen Altarraumes durch einen gotischen Chor, im Westen durch einen Turm und um den Zentralbau herum durch einen Kranz von Kapellen.

Als Hermann Weisweiler 1977 und 1978 in der Pfalzkapelle mit Fotoaufnahmen beschäftigt war, bemerkte er, daß die Sonnenstrahlen durch die Rundbogenfenster unterhalb der Kuppel zu gewissen Zeiten frontal auf die Bronzegitter der Oberkirche fielen. Dabei entstand ein Schatten auf dem Boden, der mit dem Gitter einen Winkel von 90° bildete.

Zufällig beobachtete das Weisweiler am frühen Nachmittag des 17. April 1977, als die Sonne durch das südwestliche Rundbogenfenster auf das nordöstliche Bronzegitter schien. Eine ganz ähnliche Feststellung machte er am 25. August (das eine Mal also 65 Tage vor, das andere Mal 65 Tage nach der Sommersonnenwende). Am späten Vormittag des 25. August bewirkte die Sonne den erwähnten Schattenwurf durch das Südostfenster bei dem Nordwestgitter, am frühen Nachmittag durch das Südwestfenster beim Nordostgitter. Schließlich sah Weisweiler dieses Schattenphänomen auch zu Frühlingsanfang am 21. März 1978, als die Sonne während ihrer Kulmination durch das Südfenster das Nordgitter beschien.

Die Erklärung für das Schauspiel Sonne–Gitter–Schatten, das Weisweiler so beeindruckte, ist leicht. Hinter ihm verbirgt sich nichts Besonderes und schon gar kein Geheimnis, wie Weisweiler meint. Zu den angegebenen Zeiten stand die Sonne gerade im Südwesten bzw. Südosten und Süden, und zwar in einer Höhe von 39° bzw. 41° über der Horizontebene. Da das Oktogon nach den Himmelsrichtungen orientiert ist, trafen die Sonnenstrahlen durch die sich ebenfalls nach diesen Richtungen öffnenden Fenster frontal auf die Bronzegitter und verursachten in gerader Linie hinter ihnen den bewußten Schatten.

Durch seine Darstellung erweckt Weisweiler den Eindruck, das Phänomen entstehe nur an den genannten Tagen. Das ist jedoch nicht der Fall. Aus dem von ihm abgebildeten Aufriß der Pfalzkapelle läßt sich schließen, daß die Sonnenstrahlen jene Schattenspiele hervorrufen müßten, wenn die Sonne im Südosten, Süden und Südwesten eine Höhe von etwa 39°–45° erreicht. Das schließt einen Spielraum von rund 14 Tagen ein. Durch das Südfenster zum Beispiel würden demnach die Sonnenstrahlen am Nordgitter den beschriebenen Schattenwurf mittags vom Frühlingsbeginn bis Anfang April bewirken.

Weisweiler nennt 5 weitere Lichtphänomene. So sollen einst durch das heute wegen des gotischen Chores vermauerte östliche Rundbogenfenster zur Tagundnachtgleiche die Strahlen der aufgehenden Sonne das Haupt des Herrschers getroffen haben, dessen Thron im Westen auf der Empore stand. Zur Sommersonnenwende hätte die Sonne von Osten her den oberen Teil des Thrones und damit Haupt und Oberkörper des sitzenden Herrschers erhellt. Es ist natürlich sehr fraglich, ob das von den Baumeistern überhaupt beabsichtigt oder gar von Karl selbst gefordert worden war.

Außerdem stellte Weisweiler fest, daß die Sonnenstrahlen durch das Südfenster mittags zur Sommersonnenwende auf eine Kugel fallen, in der die Halteketten über dem sogenannten Barbarossa-Leuchter zusammenlaufen. Er hängt an einer 23 Meter langen, geschmiedeten Kette von der Kuppelmitte herab und besitzt einen Durchmesser von 4,20 Meter. Nach Weisweiler wird die Kugel des Leuchters auch von der Mittagssonne zur Wintersonnenwende erleuchtet. (Vermutlich tritt diese Erscheinung ebenfalls während mehrerer Tage hintereinander auf.) Der Leuchter stammt allerdings nicht aus der Zeit Karls des Großen; er wurde 1165 von Kaiser Friedrich Barbarossa für die Pfalzkapelle gestiftet. Zur Wintersonnenwende fielen die Sonnenstrahlen mittags auch auf ein Christus-Symbol an der Nordseite des Baues. Es stammt sicher ebenfalls aus sehr viel späterer Zeit.

Für den unbefangenen Betrachter oder Leser mag das alles mehr oder weniger interessant sein, aber eine tiefere Bedeutung wird er kaum dahinter vermuten. Sie liegt diesen Phänomen wohl auch nicht zugrunde. Ganz anders sieht das Weisweiler. Er hat seine Beobachtungen mit einem Konglomerat ausschweifender Spekulationen verbunden, die Karls Pfalzkapelle zu einem verschlüsselten Uhr- und Kalenderbauwerk machen sollen. Zu diesem Zwecke beruft er sich unter anderem auf das Solarium des Augustus.

Karl hätte dessen Gnomon in Rom eventuell noch stehen sehen. Am Hofe Karls wären zudem Vitruvius und Plinius der Ältere gelesen worden, insbesondere deren Ausführungen über Sonnenuhren bzw. über Astronomie. Diese Kenntnisse würden sich in Aachen widerspiegeln.

Als „Beweis" führt Weisweiler an: Der Obelisk reicht mit seinen 21,79 Meter Höhe bis zur Mitte des südlichen oberen Rundbogenfensters. Ohne pyramidenförmige Spitze schließt die Obeliskenhöhe etwa bei der Unterkante dieses Fensters ab. (Natürlich gilt das auch für die übrigen Rundbogenfenster; Weisweilers Interesse konzentriert sich aber nur auf das südliche.) Die Gesamthöhe des Genomons entspricht fast der Kuppelhöhe. Für Weisweiler gilt das als Zeugnis, daß die Maße des Gnomons die der Pfalzkapelle beeinflußt haben. In Wirklichkeit wird damit gar nichts über deren vermeintliche Beziehungen zum Solarium ausgesagt.

Die Unterkante des Südfensters soll nun „so etwas wie die Spitze des augusteisch-ägyptischen Obelisken" sein „und das Geheimnis des Domes lüften" können, denn sie hätte als Schattenwerfer gedient. Dabei bezieht sich Weisweiler auf die Sonnenstrahlen, die über diese Kante eindringen, und nicht auf deren Schattenwurf. Wir wollen hier nicht näher auf die haltlosen Spekulationen eingehen, die er an den Verlauf der Sonnenstrahlen im Innern der Pfalzkapelle knüpft, und auch nicht auf die vermeintlichen Zusammenhänge mit Stonehenge, auf die angeblich im „Lothar-Kreuz", einem „ottonischen Computer", verschlüsselten Geheimnisse oder auf die Phantastereien über die Umgebung des Doms. Nach der Lage verschiedener Bauwerke und historischer Stätten konstruierte Weisweiler nämlich auf dem Stadtplan Aachens 7 Kreise, etliche rechtwinklige Dreiecke und 1 Kegel, wobei er die erstaunlichsten Beziehungen „aufdeckte": Er fand eine „Stonehenge-Linie" in Aachen, die, wie die Avenue des Henge-Monumentes, etwa von Nordost nach Südwest verlaufen sollte. Außerdem stieß er angeblich auf die Verwendung des Megalithischen Yards im Aachener Stadtgebiet, auf die Längen-, Höhen- und Winkelverhältnisse der Cheopspyramide, auf die Länge der Sothisperiode usw. In Aachen wäre eben „fast alles und jedes aufeinander bezogen" gewesen. Karl hätte die größten Geister seiner Zeit in seine Residenz geholt, und sie hätten mit ihm „ein Ordnungsnetz über Aachen geworfen, wie es in dieser Form wohl nie und nirgends in der Welt so umfassend entworfen und in die Realität übersetzt worden war". Offenbar hat sich Weisweiler bei diesen „Verbindungslinien" von den Spekulationen um „die alte, gerade Spur" anregen lassen, die durch Alfred Watkins, Wilhelm Teudt und ihre Nachfolger angestellt wurden.

In einem Anhang mit der bezeichnenden Überschrift „Aachener Rechenkunststücke" erfahren wir sogar noch erstaunlichere Zahlen und Zusammenhänge, die Weisweiler mit viel kombinatorischer Phantasie seinem elektronischen Taschenrechner entlockte. Selbst erfahrene Pyramidologen werden bei dieser Lektüre auf ihre Kosten kommen. Ganz in ihrem Stile teilt Weisweiler unter vielen anderen seiner „Aachener Rechenkunststücke" mit, daß die Karolinger bereits „den Erdradius in einer unglaublichen Annäherung kannten und daß ihnen ebenfalls die Zahl π nicht unbekannt war". Freilich haben diese Behauptungen zwei kleine Schönheitsfehler. An Karls Hof erkannte man, auf biblische Aussagen gestützt, die Kugelgestalt der Erde gar nicht an. Von einer verlorengegangenen silbernen Karte Karls wird berichtet, daß sie die Erde in 4eckiger Gestalt darstellte. Alkuin, Karls angelsächsischer Berater, gab für die Zahl π den viel zu großen Wert 4 an. Insgesamt muß man also leider sagen, daß es mit dem „Geheimnis Karls des Großen" und der „Astronomie in Stein" im Aachener Dom nichts auf sich hat. Weisweilers Phantasiegemälde kann nur Verwirrung stiften und die Wissenschaft Archäoastronomie in Verruf bringen.

Die Astronomie hat beim mittelalterlichen Kirchenbau aber dennoch eine Rolle gespielt. Schon die Ausrichtung der Kirchenachsen nach Osten ist ja von der Beobachtung des Sonnenlaufs abhängig. Darüber hinaus sind solche Achsen manchmal auch auf jene Horizontpunkte orientiert worden, die den Sonnenaufgang an Tagen markierten, an denen man des Schutzpatrons der betreffenden Kirche oder Diözese gedachte. Sehr bemerkenswert sind außerdem besondere Öffnungen, durch die das Sonnenlicht zu bestimmten Zeiten einfiel, um einen vorausberechneten Effekt hervorzurufen. Nach Untersuchungen des Architekten Udo Sareik handelt es sich dabei um „Öffnungen in der Klosterkirche zu Veßra (Bauzeit um 1210) und der Michelskapelle im ersten Obergeschoß des Erfurter Domes (Bauzeit um 1160)".

In den Gewölbekuppen der Klosterkirche Veßra (Kreis Hildburghausen, Bezirk Suhl) sind 2 merkwürdige Röhren angebracht worden, die einen Durchmesser von 0,29 Metern und eine Länge von über 1,7 Meter besitzen (Zeichnung 61). Die nördliche Röhre weist in eine Höhe von 16°48' über der Horizontebene, die südliche in 24°30' Höhe. Das Azimut beider Öffnungen beträgt (von Norden über Osten gerechnet) 75°15' und 114°45'.

Von diesen Werten ausgehend, erläutert Udo Sareik, „berechnete Ende 1975 der Leiter der Schulsternwarte ‚Fliegerkosmonaut Sigmund Jähn' in Rodewisch, Prof. E. Penzel, die Daten, an denen die jeweilige Öffnungsachse zum Sonnenmittelpunkt zeigt. Für die nördliche Öffnung ermittelte er den 2.6. und 10.7., für die südliche den 1.4. und 11.9. Diese Daten wiesen zunächst keine Besonderheiten im Kirchenkalender auf. Erst nach Anbringen der für die in Frage kommende Zeit der Bauarbeiten (um 1210) erforderlichen Kalenderkorrektur ergab

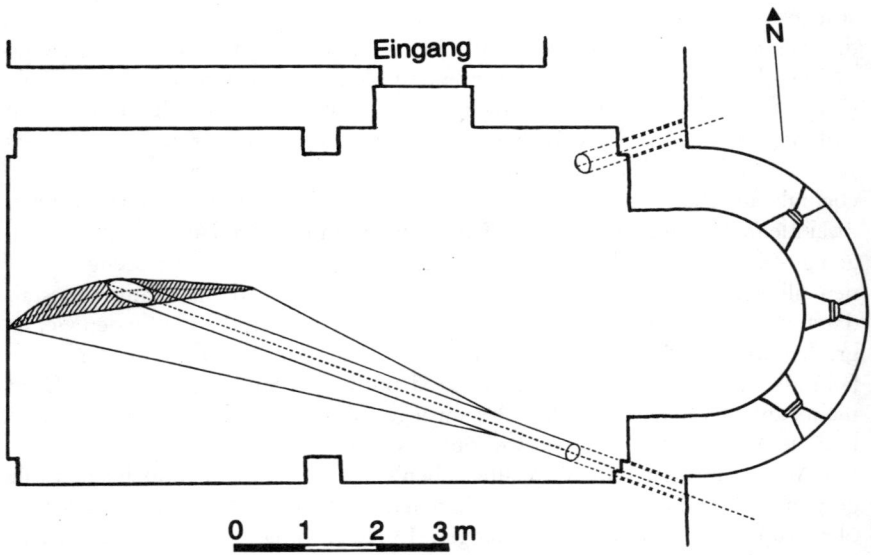

61 Südkapelle der Klosterkirche zu Veßra mit den beiden röhrenförmigen Lichtöffnungen. Einfall der Sonnenstrahlen durch die südliche Röhre am 1. April 1976 zwischen 7.35 Uhr und 8.34 Uhr (MEZ). Die vom Sonnenlicht erfaßte beziehungsweise überstrichene Fläche ist in der Projektion auf den Grundriß wiedergegeben

sich für die Südöffnung ein bemerkenswertes Datum. Zu dieser Zeit war der im Jahre 325 auf den 21. März festgesetzte Frühlingsbeginn im Julianischen Kalender bereits auf den 14. März zurückgefallen. Als man im Jahre 1210 den 21. März schrieb, hätte der Kalender daher den 28. März zeigen müssen. ... Entsprechend der Kalenderkorrektur ergab sich für den ersten Sonnendurchgang der Südöffnung im Jahre 1210 der 25. März. An diesem Tag begeht die römisch-katholische Kirche ein wichtiges Fest, ‚Mariä Verkündigung‘, heute ‚Verkündigung des Herrn‘ genannt. Es ist bereits für das 7. Jahrhundert bezeugt und wurde stets an diesem Tag gefeiert."[15]

Durch die südliche Röhre drang an diesem Festtag also ein schmaler Lichtstrahl in die fast dunkle Kapelle ein. „Dieser erstmalig nach dem Vorliegen der Berechnung von Penzel am 1.4.1976 fotografisch festgehaltene Effekt wird sehr wahrscheinlich von den Planern dieser Anlage beabsichtigt gewesen sein. Denkbar wäre beispielsweise, daß das Lichtbündel am erwähnten Fest ‚Mariä Verkündigung‘ auf eine Marienfigur fiel und damit den Vorgang der Empfängnis, nach christlicher Lehre die Inkarnation durch den Heiligen Geist, symbolisierte. In diesem Zusammenhang ist sehr interessant, daß die christliche Ikonographie zur Darstellung dieses Vorganges einen Lichtstrahl benutzte. ... Auch die Möglichkeit der Anstrahlung eines Gegenstandes, z. B. eines Reliquiars in Höhe einer Altarmensa, ist in Betracht zu ziehen. ... Für die übrigen umgerechneten Tage (26.5., 3.7. und 4.9.) sind bisher noch keine auffälligen Beziehungen zu weiteren Feier- beziehungsweise Gedenktagen erkannt worden. Vermutlich wurde immer nur ein Tag ausgewählt, denn das zweite Datum ergibt sich zwangsläufig durch die Pendelbewegung des Sonnenaufgangs am Horizont."[16]

Für die Michelskapelle im ersten Obergeschoß des Nordturmes vom Erfurter Dom erbrachten die astronomischen Untersuchungen gleichfalls ein bemerkenswertes Ergebnis. Die Kapellenostwand ist hier mit einer rundbogigen Nische versehen, in der ursprünglich ein Altaraufsatz mit einer um 1160 geschaffenen thronenden Madonna stand. Dort, wo sich ihr Kopf befand, führt eine röhrenartige, heute von einem Strebepfeiler der gotischen Chorerweiterung verdeckte Öffnung nach draußen. Das kompliziert konstruierte Gebilde, das außen 45 Zentimeter breit und 41,6 Zentimeter hoch ist, verengt sich in 2 Abschnitten bis zum inneren Ende. Mit 15 Zentimeter Durchmesser mündet es in die Nische knapp unterhalb ihres Scheitelpunktes.

Wie Berechnungen zeigten, würde gegenwärtig beim Sonnenaufgang am 21. April und am 23. August ein Maximum an Sonnenlicht durch diese merkwürdige Röhre fallen. Im kirchlichen Festkalender sind diese Tage nicht besonders gekennzeichnet. Um 1160, der wahrscheinlichen Bauzeit des Nordturmes, strahlte die Sonne beim Aufgang nach dem damals gültigen Kalender am 14. April und 16. August maximal durch die das Licht „bündelnde", rund 87 Zentimeter lange Öffnung. Am 15. August aber wird schon seit dem 7. Jh. die „Aufnahme Mariens in den Himmel" gefeiert! Sicher wurde der Kopf der Madonnenfigur an diesem Tage durch die aufgehende Sonne von hinten umleuchtet und so mit einem „Heiligenschein" umgeben! (Im Gegensatz zum Kloster Veßra, wo die Sonnenstrahlen eine Plastik oder einen anderen Kultgegenstand offenbar nicht „hinterleuchteten", sondern von vorn ins Licht tauchten.) Vermutlich war die Michelskapelle mit der thronenden Madonna Teil eines Prozessionsweges, der am Morgen des 15. August zu Ehren der „Aufnahme Mariens in den Himmel" beschritten wurde (Zeichnung 62).

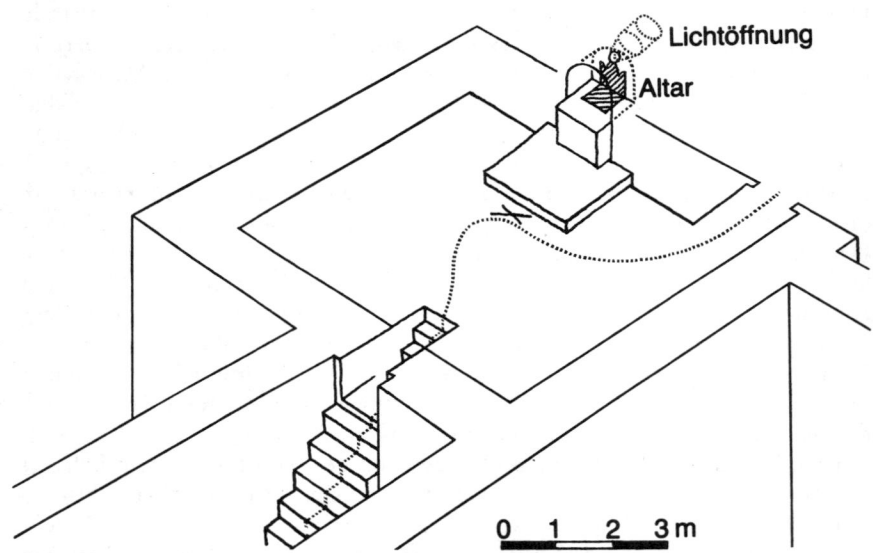

62 Räumliche Schnittdarstellung der Michelskapelle im ersten Obergeschoß des Nordturmes vom Erfurter Dom mit Lichtöffnung, Altar und vermutlichem Prozessionsweg (gepunktet)

Damit die „Röhre" tatsächlich das Sonnenlicht zu dem gewünschten Zeitpunkt zum Hinterkopf der Madonna leitete, mußte sie sehr genau konstruiert und orientiert werden. Ohne vorherige Planung, Berechnung und Zeichnung wäre das nicht möglich gewesen. Dazu mußten die Baumeister über das nötige astronomische Wissen verfügen oder sich von entsprechenden Fachleuten beraten lassen. Natürlich gilt das ebenso für das „Sonnenloch" im Kloster Veßra, das, wie der Nordturm des Erfurter Domes, während der Romanik errichtet wurde. Aus der darauf folgenden Gotik oder aus noch späterer Zeit sind ähnliche Öffnungen für die beschriebenen Lichteffekte nicht bekannt.

Als ältestes Beispiel für solche Anlagen in christlichen Sakralbauten Mitteleuropas gilt die aus dem 8. Jahrhundert stammende Krypta der ehemaligen Martinskirche im Benediktinerkloster von Disentis (Schweizer Kanton Graubünden). Durch eine 2 Meter lange Öffnung drangen hier um den 11. Juli die Sonnenstrahlen in die sonst nur von schwachem Licht indirekt erhellte Krypta. Zu dieser Zeit gedachte man der beiden Heiligen Placidus und Sigisbert.

„Sucht man nach einer Vorbildwirkung für diesen künstlich geschaffenen Effekt", meint Udo Sareik, „so bietet sich ein Relief wie die Alpen in hohem Maße an. Felsspalten und ähnliche natürliche Gegebenheiten können ideale Lichtöffnungen bieten. Ein solches Beispiel dafür ist das Martinsloch im Tschingel-Berg bei Elm. Es befindet sich in ca. 35 km Entfernung (Luftlinie) nordöstlich von Disentis. Dort scheint die Sonne eine Woche vor dem Frühlingsbeginn und entsprechend eine Woche nach Herbstbeginn für drei Minuten durch eine Felsspalte, das Martinsloch. Da in beiden Fällen der heilige Martin genannt wird, ist eine direkte Verbindung zwischen der Martinskirche in Disentis mit der Lichtöffnung in der Krypta und dem Martinsloch im Tschingel-Berg nicht völlig auszuschließen."[17]

Im Zusammenhang mit den künstlichen „Sonnenlöchern" ist auch ein Raum auf einem der Externsteine erwähnenswert. So heißen die 4 nördlichsten, bis zu 30 Meter hohen Felsen einer etwa 500 Meter langen Gesteinskette südlich von Detmold am Rande des Teutoburger Waldes. Im Jahre 1093 wurden die Externsteine vom Kloster Abdinghof in Paderborn erworben. Wahrscheinlich wollten hier Mönche in der Waldeinsamkeit eine Eremitenklause errichten. Wie eine Inschrift beweist, sind im Jahre 1115 einige natürliche Hohlräume des großen Eckfelsens ausgebaut und zu einer Heiligen-Kreuz-Kapelle geweiht worden. Insgesamt sollten dann die Einrichtungen an den Externsteinen das Heilige Grab und die Grabeskirche in Jerusalem symbolisieren bzw. nachahmen.

Die höchste Erhebung der Externsteine, der „Sazellumsfelsen", ragt wie eine Säule empor. In seinem „Kopf" befindet sich etwa 25 Meter über dem Erdboden ein aus dem Gestein gemeißelter Raum. Man erreicht ihn heute über eine Brücke vom Nachbarfelsen her. Lange Zeit diente er als christliche Kapelle (daraus erklärt sich auch sein Name und der des gesamten Felsens: das lateinische Wort sacellum bedeutet Kapelle). Der Raum besitzt kein Dach mehr; seine Ostwand fehlt ebenfalls (Zeichnung 63).

Im jetzigen Zustand mißt das Sazellum etwa 4,50 Meter Länge und 3 Meter Breite. Es ist jedoch nur annähernd rechteckig. Seine beiden Schmalseiten im Nordosten und Südwesten sind mit einer Nische versehen. Die Nordwestfront weist ein Rundbogenfenster auf, die Nordecke einen Treppenausbau, die Südecke den heutigen Eingang.

Besonders bemerkenswert ist die 2,33 Meter hohe, 1,66 Meter breite und 0,81 Meter tiefe Nische im Nordosten. Nach oben wird sie halbkreisförmig

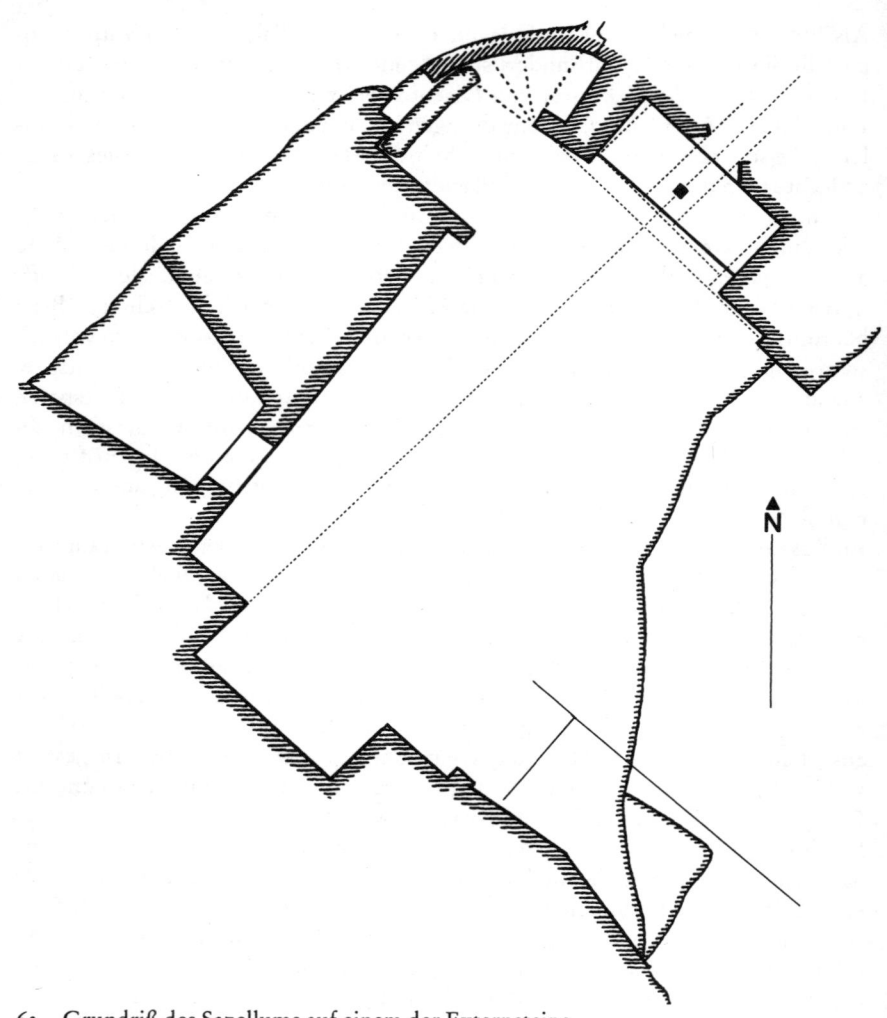

63   Grundriß des Sazellums auf einem der Externsteine

abgeschlossen. 3,5 Zentimeter unterhalb des Bogenscheitelpunktes beginnt der
Rand eines runden Loches, das über einen Durchmesser von 37 Zentimetern verfügt. Unter dem Loch sehen wir einen 83 Zentimeter hohen, 33 Zentimeter breiten und 70 Zentimeter tiefen Ständer. Er steht auf einem 44 Zentimeter hohen
Sockel. Das alles erinnert an die Nische in der Michelskapelle. Man hat den

Raum in der beschriebenen Form vermutlich um die Wende vom 11. zum 12. Jahrhundert geschaffen. An seiner Nordost- und Südwestwand sind noch Balkenlöcher zu erkennen.

Der nach genauen Vermessungen gezeichnete Grundrißplan weckt den Verdacht, daß vor der Ausgestaltung des Sazellums ein kleinerer Raum existierte, der dann in dem größeren aufging. Dieser möglicherweise vorhergehende Raum müßte eine anders gerichtete Längsachse und auch eine anders gebildete Nordostnische besessen haben. Offenbar verlief die ursprüngliche Längsachse von der Westkante der jetzigen Südwestecke aus durch die Mitte des runden Loches. Nordrichtung und vermutete alte Raumachse schließen einen Winkel von 47,5° ein. Astronomisch betrachtet ist das deshalb von Bedeutung, weil die durch das Loch verlängerte Achse zum Sonnenaufgang am Sommeranfang weist. Steht man zu diesem Zeitpunkt an der Westecke der südwestlichen Nische, erblickt man die Sonne mitten in dem kreisförmigen Loch. Auf diese Weise konnte ein Beobachter den Zeitpunkt der Sonnenwende verhältnismäßig genau feststellen. Vielleicht verfuhr man auch so, daß man kontrollierte, wie und wohin das Sonnenlicht durch das Loch auf die gegenüberliegende Wand fiel. Außerdem hätte man durch das Loch hindurch den nördlichsten Aufgangspunkt des Mondes (den nördlichsten Extrem- oder Wendepunkt seiner scheinbaren Bahn in bezug auf den Horizont) ermitteln können.

Die Vermutung, das runde Loch in der Nordostnische des Sazellums wäre für solche himmelskundlichen und kalendarischen Beobachtungen benutzt worden, ist zum ersten Male von Wilhelm Teudt geäußert worden. Mit dieser Annahme sollte auch die Hypothese untermauert werden, die Externsteine seien ein besonderes germanisches beziehungsweise altsächsisches Heiligtum gewesen. Als solches wäre es von Karl dem Großen zerstört worden, wobei auch der Raum mit dem „Sonnenloch" stark beschädigt wurde. (Abbruchflächen am Turmkopf deuten auf Abstürze großer Felspartien hin.) Erst danach hätte man auf der Spitze des Felsens die christliche Kapelle eingerichtet und dabei die Überreste des alten Raumes mit in die neue Konzeption einbezogen.

Für die Wahrscheinlichkeit, daß man das „Sonnenloch" zu den genannten Beobachtungen nutzte, hat sich ebenfalls der Astronom Rolf Müller ausgesprochen. Er verwies auf Berichte einer deutschen Expedition, die im Hindukusch ganz ähnliche Verfahren kennengelernt hatte. Die Solstitien, die Sonnenstillstände zur Zeit der Sonnenwenden, wurden dort durch ein Loch in einer Mauer abgeschätzt oder mit Hilfe des einfallenden Lichtes auf gegenüberliegenden Wänden bestimmt. Wir haben das Prinzip dieses Verfahrens bereits ausführlich im Zusammenhang mit den irischen Ganggräbern und den altägyptischen Tempeln erläutert.

Erwähnenswert ist weiterhin, was Ernst Zinner, der sich sehr intensiv mit der Geschichte der Astronomie befaßt hat, über den im Jahre 1091 verstorbenen Abt

Wilhelm aus Hirsau mitteilte. Dieser hatte in Form eines Zwiegespräches mit einem seiner Schüler ein Werk über die Jahreslänge und die Tagundnachtgleichen verfaßt. Zinner urteilte darüber: „Wichtig ist die Angabe, wie die Zeit der Wenden gefunden wird. Es wird beobachtet, wo mittags der Sonnenstrahl durch ein Fenster oder Loch auf die gegenüberliegende Wand fällt, und diese Stelle angemerkt. Aus den durch mehrere Monate um die Wende sich hinziehenden Beobachtungen werden nun die Zeiten, wo die Sonne dieselbe Stelle erreichte, gemittelt und dadurch die Zeit der Wende selbst berechnet." Und Zinner hob hervor: „Die Bestimmung der Zeit der Sonnenwende durch planmäßige Beobachtung bildet einen Markstein in der Geschichte der europäischen Sternforschung. Es war das erste Mal seit dem Altertum, daß in Europa ein Naturvorgang systematisch beobachtet wurde."[18] Gerade die „Sonnenlöcher" in der Krypta von Disentis und in dem Raum auf dem „Sazellumsfelsen" deuten aber darauf hin, daß Beobachtungen dieser Art in Mitteleuropa schon 2–3 Jahrhunderte früher stattfanden!

Bevor Wilhelm im Jahre 1069 nach Hirsau ging, hatte er in Regensburg unter anderem Astronomie gelehrt. Mit dieser Tätigkeit hing offenbar eine Steinsäule zusammen, die sich früher im Garten der Benediktinerabtei St. Emmeram befand. Sie ist unter der Bezeichnung „Regensburger Lehrgerät" bekannt geworden. Vor einer Scheibe kniet ein Jüngling, der zum Polarstern aufschaut. Auf der Rückseite der Steinsäule sieht man einige Himmelskreise, deren Endpunkte durch Kupferbolzen markiert sind. Nach Ernst Zinners Interpretation „geschah dies zu dem Zwecke, daß ein neben der Steinsäule stehender Mann mit einem Blick über den Mittelbolzen und die Bolzen am Rande die Lage der Hauptkreise am Himmel ersehen konnte. Dazu mußte die Säule so aufgestellt sein, daß die Scheibe in der Mittagslinie stand und ein vom oberen Ende der Äquatorlinie hinabhängendes Lot die in der Figur sichtbare Lotlinie bedeckte." Sowohl das „Regensburger Lehrgerät" wie die Orientierung der Kirchenachsen und der „Sonnenlöcher" bezeugen sorgfältige astronomische Beobachtungen und entsprechende Kenntnisse im Mittelalter.

Von Scharrbildern und Medizinrädern

Rätselhafte Scharrbilder

Reisende, die im Verkehrsflugzeug den Süden Perus zwischen den Städten Palpa und Nazca überquerten, hatten auf Hochplateaus und Talhängen, etwa 50–60 Kilometer von der Küste des Stillen Ozeans entfernt, seltsame flächige Gebilde und Linien bemerkt. Zunächst glaubte man, es wären die Spuren alter Bewässerungsanlagen. Aber als Paul Kosok, ein Historiker an der Universität in Long Island, 1939 in einem eigenen Flugzeug diese Gegend erkundete und auch am Erdboden Untersuchungen vornahm, ergab sich etwas völlig anderes. Kosok fand riesige Bodenzeichnungen: Rechtecke, trapezförmige Figuren, abstrakte Wiedergaben und Tierbilder. Die Oberfläche, auf der man sie einst geschaffen hatte, war mit zahllosen kleinen eisenhaltigen Steinen bedeckt. Allmählich waren diese durch den morgendlichen Tau oxidiert und hatten sich dadurch rötlich-braun gefärbt. Dicht unter der dünnen Steinschicht liegt ein gelblicher Untergrund. Fegt oder scharrt man die Steine beiseite, kommt er unmittelbar zum Vorschein. Auf diese Weise sind die „Scharrbilder" bis zu 30 Zentimeter tief in den Boden „eingesenkt" worden. Die dabei entfernten Steine wurden an den Rändern der Zeichnungen zu flachen Wällen angehäuft.

Zusammen mit Maria Reiche, einer gebürtigen Deutschen, begann Kosok mit der Erforschung der riesigen Bildergalerie. Nach Kosoks Tod setzte Frau Reiche diese Arbeit unermüdlich fort. Mit einem Hubschrauber überflog sie die Scharrbilder, die sich über eine Fläche von etwa 500 Quadratkilometern erstrecken, und fertigte zahlreiche Fotos von ihnen an. Nach und nach entstand so ein wissenschaftlich auswertbarer Plan der Darstellungen, die Frau Reiche außerdem an Ort und Stelle vermaß. Nunmehr wissen wir, daß die flächigen Wiedergaben bis zu 1 Kilometer lang sein können, die Linien sogar bis zu 10 Kilometern. In der Regel laufen die Linien mit einer verblüffenden Genauigkeit geradeaus über ebenes Gelände oder über Berghänge. Vielfach sind Flächen und Linien eng miteinander verbunden und bilden ein scheinbar regelloses Durcheinander (Zeichnung 64). Von anderen, meist etwas erhöhten Stellen streben solche Linien stern- bzw. fächerförmig fort (Zeichnung 65). Manchmal werden diese zentralen Punkte über große Entfernungen hin durch bestimmte Linien miteinander verknüpft. Andere Linien oder Bänder ziehen sich im Zickzack über den Boden oder schwingen weit ausholend hin und her wie die Figuren in einem Oszillographen. Merkwürdig sind symbolische Darstellungen, die wie ein gewaltiges Schaufel-

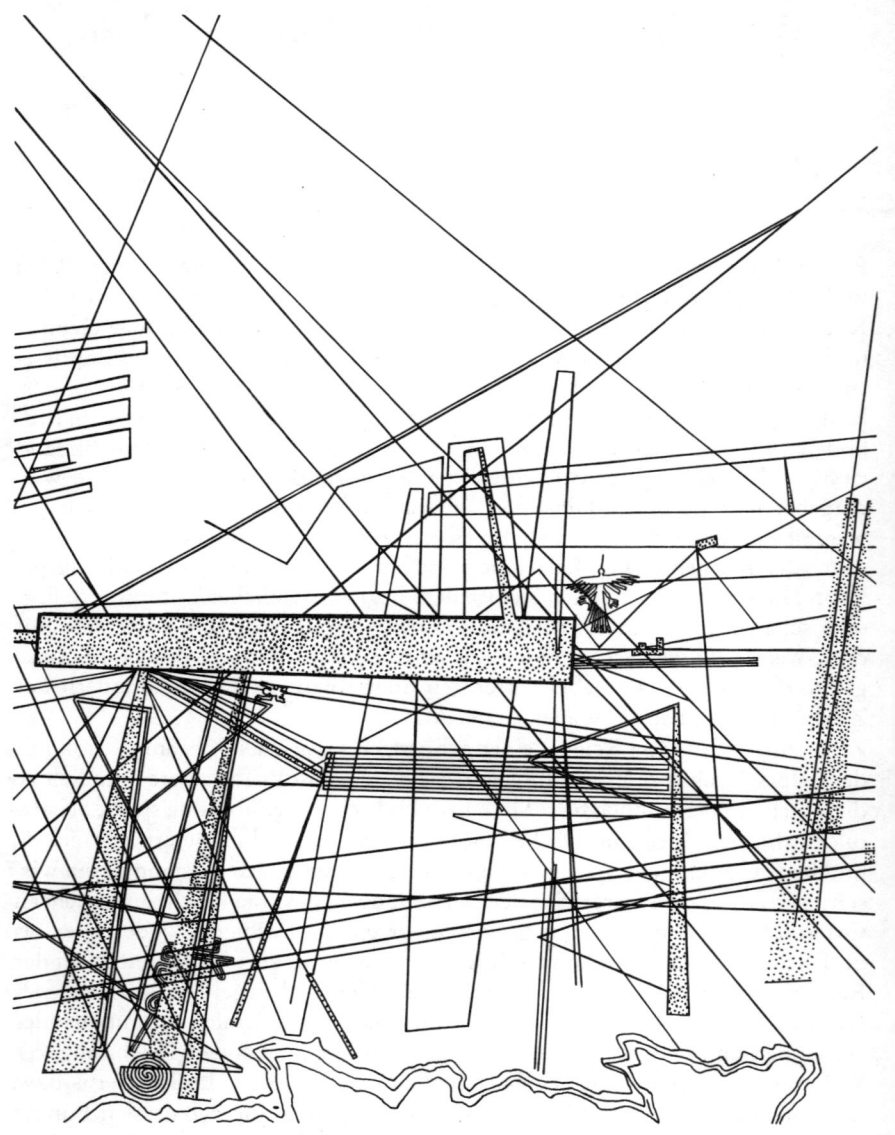

64   In den Boden „gescharrte" Linien, Flächen und Figuren bei Nazca

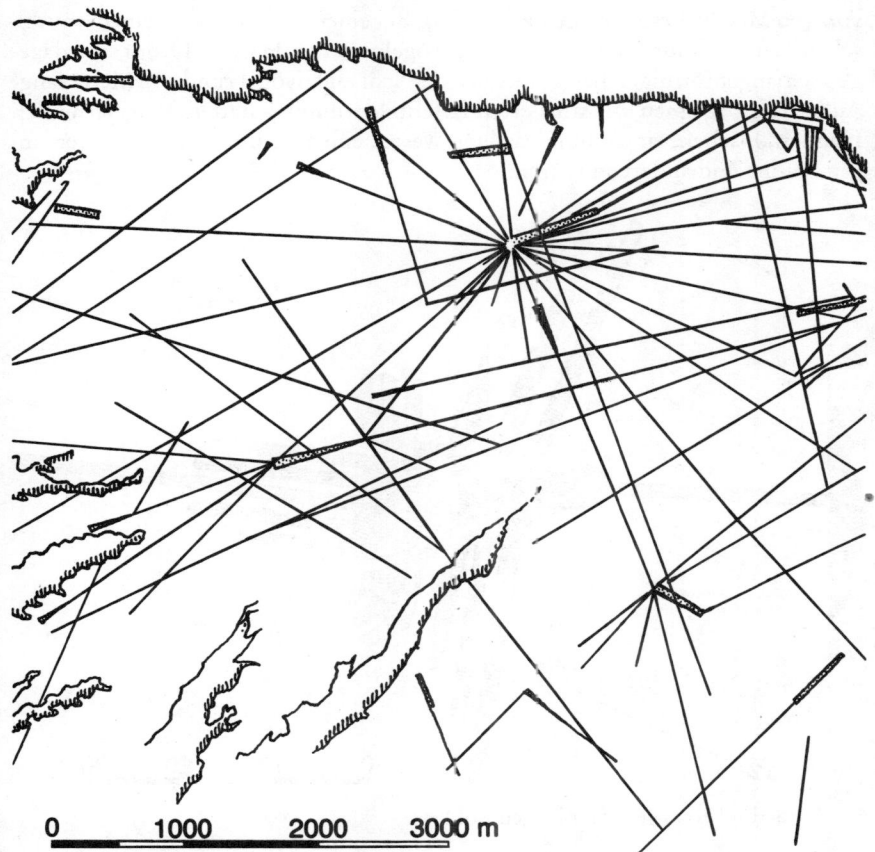

65   Von einem Zentrum aus sternförmig verlaufende Linien

rad aussehen, und lange Reihen paralleler Steine sowie zahlreiche, sorgfältig
konstruierte Spiralen.

Den größten Eindruck hinterlassen pflanzenartige Wiedergaben und Tierbilder,
obwohl sie an Zahl in der Minderheit sind. Am häufigsten wurden Vögel abgebildet. Dazu gehören Fregattvögel, die in Kolonien an den Küsten tropischer
Meere wohnen und erstaunlich gut und weit zu fliegen vermögen. 2 Darstellungen
solcher Vögel sind zum Beispiel 135 Meter lang. Ein anderes Vogelbild gibt einen
Kolibri wieder. Von der Schnabelspitze bis zum Schwanzende mißt er 96 Meter. Sein Schnabel stößt auf eine Linie, die insgesamt 7 mal in engen Kurven
hin- und herschwingt, wobei die einzelnen geraden Strecken jeweils eine Länge

von 500 Metern besitzen (Zeichnung 66). Bei einem Mischwesen, einem mythischen Tier, sind nur Körper und Flügel vogelgestaltig. Hals und Kopf sind dagegen schlangenförmig. Alles in allem ist der Schlangenvogel rund 300 Meter lang! Außerdem begegnen wir stilisierten Affenbildern mit 9 statt 10 Fingern an den Händen, Fischen, einem hundeartigen Wesen, einem Reptil, einer 46 Meter langen Spinne und anderen Figuren.

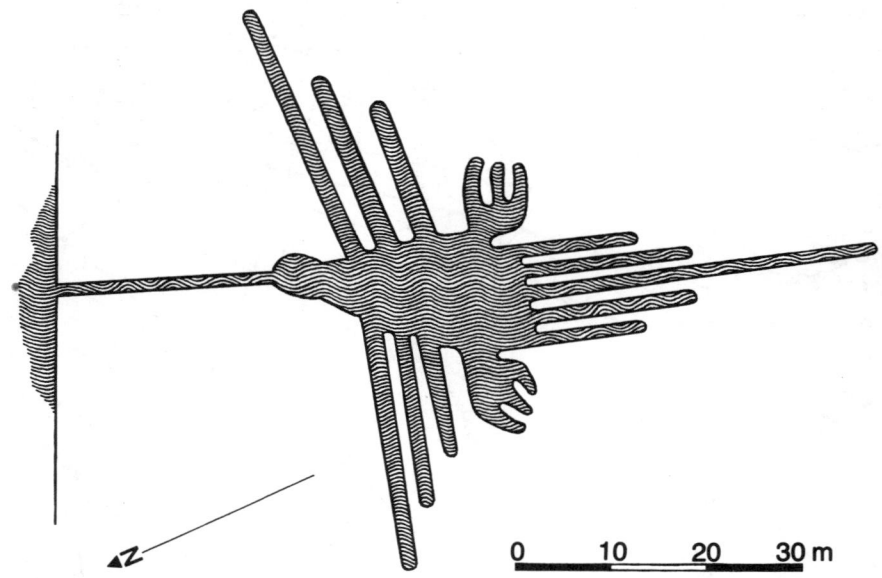

66   Scharrbild eines 96 Meter langen Kolibris

Die Scharrbilder stammen höchstwahrscheinlich von Nazca-Indianern, deren Kultur in den benachbarten Flußtälern etwa vom 2. Jahrhundert v. u. Z. bis zum Jahre 900 oder 1000 existierte. In den fruchtbaren Tälern trieben die Indianer mit Hilfe geschickt konstruierter Bewässerungsanlagen erfolgreich Ackerbau. Ihre Bodenzeichnungen haben sich in dem extrem trockenen Klima bis heute erhalten. Seit einigen Jahrzehnten werden sie jedoch insbesondere durch Neugier und Unvernunft bedroht. Immer mehr Menschen durchqueren zu Pferde oder im Auto rücksichtslos die großartige Bildergalerie, die durch die Spuren der Besucher immer stärker zerstört wird.
Am seltsamsten ist wohl, daß die Schöpfer der Scharrbilder ihre Werke niemals in voller Ausdehnung gesehen haben. Sie sind ja meistens so groß, daß man sie nur aus der Luft ganz zu überblicken und zu erkennen vermag. Offenbar hat

man die verschiedenen Darstellungen zunächst in viel kleinerem Maßstab vorgezeichnet und dann in einen größeren übertragen. Das maßstabgetreu zu bewerkstelligen erforderte lange Erfahrung und außerordentliches Können. Selbst moderne Landvermesser zollen ihren indianischen Kollegen in dieser Beziehung höchste Anerkennung. Aber was wollte man mit den oft riesigen Figuren zum Ausdruck bringen? Eine sichere Antwort ist darauf bis jetzt noch nicht möglich.

Aufsehen erregte vor allem der Schweizer Schriftsteller Erich von Dänicken mit seiner phantastischen Annahme, das wüstenhafte Land zwischen Nazca und Palpa sei das Landegebiet für außerirdische Besucher gewesen.

Aus den Hypothesen über die Bedeutung der Bilder greifen wir eine besonders interessante heraus, die astronomische. Eines Abends, es war der 21. Dezember, also Sommeranfang auf der Südhalbkugel der Erde, bemerkte Kosok, daß die Sonne gerade in der Verlängerung von einer der Linien unterging. War das Zufall, oder ließ sich Ähnliches auch noch bei anderen Linien feststellen? Kosok und Frau Reiche gingen diesem Gedanken nach, und sie kamen schließlich zu der Auffassung, das Gebiet der Scharrbilder sei das größte Astronomiebuch der Welt! Als Beweise dafür nannte Frau Reiche unter anderem den Kolibri, dessen Schnabel an einer Linie endet, die zum Aufgangspunkt der Sonne am 21. Dezember weist, und den Schnabel des Schlangenvogels, der zum Aufgangspunkt der Sonne zur Juni-Sonnenwende zeigt.

Manche Zentren besitzen anscheinend eine ganze Reihe von Sonnenlinien. Von einem solchen Mittelpunkt gehen zum Beispiel 2 Sonnenwendlinien aus, 2 sind auf die Horizontpunkte der Sonne zur Tagundnachtgleiche gerichtet, 3 markieren vermutlich Daten dazwischen: den 6. April, den 6. Mai und den 25. November. Visuren zu besonderen Horizontpunkten des Mondes sind jedoch nach Meinung von Frau Reiche häufiger als Sonnenortungen. Außerdem liefen viele Linien auf Stellen am Horizont zu, an denen wahrscheinlich helle Fixsterne auf- oder untergingen. Um welche Fixsterne es sich dabei handelte, ist aber schwer zu entscheiden, da wir die Entstehungszeit der einzelnen Linien nicht genau kennen. Auch die Tier- und Pflanzendarstellungen haben vielleicht mit Himmelsbeobachtungen zu tun. Möglicherweise geben sie Sternbilder wieder, speziell jene, durch die die Sonne im Laufe eines Jahres scheinbar hindurchwandert.

Bei der Übertragung der Zeichnungen von einem kleineren Vorbild ins Große hat man sicher eine bestimmte Maßeinheit mit verschiedenen Untergliederungen verwandt. Sie könnte 110 Zentimeter betragen haben. Nach Frau Reiche war sie in Zehntel unterteilt. 3 solcher „Zehntel" ergaben also etwa 33, 6 „Zehntel" 66 Zentimeter. In der Tat vermag man aus einigen Abbildungen diese Maße abzulesen beziehungsweise zu erschließen. Mit Hilfe von Holzpflöcken und Schnüren wurden verschieden weite Kreisbögen gezogen. Die figürlichen Darstellungen sind überhaupt aus ineinander übergehenden Kreisbögen zusammengesetzt. Dabei bestehen die Bilder erstaunlicherweise nur aus einer einzigen zusammenhängenden Linie! Frau Reiche erwog auch, ob gewisse Längenmaße zugleich Zeitmaße verkörperten. Auf diese Weise hätte man wichtige astronomische und historische Daten zeichnerisch festhalten können. „Wenn sich erweisen sollte", schrieb Frau Reiche, „daß Richtungseinordnung und Längenmessung in Nazca im Dienste der Zeitmessungen gestanden haben und die Maßeinheit einmal bekannt ist, könnte mit der Entzifferung des großen Dokuments begonnen werden."[19]

Hawkins, der als erster versuchte, die Geheimnisse von Stonehenge durch Einsatz eines Computers zu lüften, hat sich ebenfalls mit der astronomischen Deutung der peruanischen Scharrbilder beschäftigt. Zu diesem Zwecke vermaß er die Richtung der Mittelachse von 21 langen schlanken Dreiecken sowie die von 72 linearen Formen: Linien, Bändern und Seiten von Rechtecken. Nach beiden Seiten wiesen diese 93 geraden Strecken in 186 verschiedene Richtungen. Diese Daten bildeten die Grundlage für ein Computerprogramm, das herausfinden sollte, ob die betreffenden Strecken auf charakteristische Horizontpunkte von Sonne, Mond und hellen Fixsternen zeigten. Für die Sonne waren das 6 Stellen am Gesichtskreis: die Auf- und Untergänge zu Beginn des Sommers und Winters (4) sowie des Frühjahrs und Herbstes (2), wo die Sonne im Osten auf und im Westen untergeht. Durch die Besonderheiten des Mondlaufes ergeben sich 12 spezielle Horizontpunkte. Zusammen mit den 18 Sonnen- und Mondpunkten bezog Hawkins auch die von 45 hellen Fixsternen mit ein.

Als Toleranzbreite ließ Hawkins für jedes Sonnen- und Mondziel 2° zu. 18 dieser Ziele überdeckten also einen Bereich von 36°. Das ist $1/_{10}$ des 360° umfassenden gesamten Gesichtskreises. Daher wäre zu erwarten, daß auch $1/_{10}$ der 186 untersuchten geraden Strecken (also rund 19) zufällig auf einen der 18 charakteristischen Horizontpunkte von Sonne und Mond hinzeigt. Nach der Computerrechnung waren es von 186 Richtungen sogar 39, die auf Sonnen- und Mondziele deuteten, also 20 mehr, als nach dem Zufall anzunehmen war. Statistisch gesehen, bildeten diese 20 über den Zufall hinausgehenden Treffer dennoch eine zu geringe Zahl, um daraus einen Beweis für die bewußte Sonnen- und Mondortung der Linien beziehungsweise Strecken ableiten zu können. Ähnlich unbefriedigend schien Hawkins das Ergebnis für gezielte Fixsternortungen zu sein. Er lehnte deshalb eine astronomische Ausrichtung der Scharrbilder insgesamt ab, indem er in seinem Abschlußbericht für National Geographic Society und Smithsonian Institution schrieb:

„Die alten Linien in der Wüste bei Nazca zeigen keine Bevorzugung für die Richtungen von Sonne, Mond, Planeten oder helleren Sternen. Die Linien lassen auch keine bewußte Ausrichtung nach einem festen, aber erkennbaren Objekt am Himmel erkennen, wie eine Nova oder den Mittelpunkt einer alten Sternanordnung. So kann das Linienmuster als Ganzes nicht als astronomisch erklärt werden, und kalendarisch ist es auch nicht."[20] Außerdem wies Hawkins darauf hin, daß in der Wüste von Nazca die Beobachtungen durch ständigen Staub und Dunst erschwert sind.

Doch sein Verfahren stieß auf herbe Kritik. Frau Reiche beharrte auf ihrer Meinung, modifizierte sie aber, indem sie die Linien „zeremonielle Gehwege" nannte, denen auch eine kalendarische Bedeutung zukäme. Hermann Kern nannte in einem Katalog zu einer Ausstellung über peruanische Bodenzeichnungen das Vorgehen von Hawkins oberflächlich, ungenau und unvollständig. Er bemängelte, daß Hawkins die Linien und Strecken nach einem noch nicht vollständigen Plan der Scharrbilder ausgewählt hatte. Aus seinen Angaben ging außerdem nicht hervor, welche 93 linearen Formen das waren; man konnte sie daher nicht identifizieren. Auch von welchem Punkt der Linien und Strecken aus die Richtungen gemessen wurden, war nicht angegeben. Am schwerwiegendsten, fand Kern, sei die Vernachlässigung der Horizonthöhen. Nur im ebenen Gelände ist es berechtigt, die Richtung einer geraden Linie nach beiden Enden hin als eventuell astronomisch bedeutsam zu untersuchen, denn da ist die Horizonthöhe überall gleich. Anders bei den linearen Formen der Scharrbilder. Gerade die Sonnen- und Mondlinien verlaufen in der einen Richtung zum Ozean, in der anderen auf die fernen Bergketten des Hinterlandes zu. Die Horizonthöhen sind daher nach beiden Seiten recht unterschiedlich. Aus diesem Grunde ist naheliegend, daß eine gerade Linie oder Strecke gewöhnlich nur in 1, nicht in 2 Richtungen auf ein Sonnen- oder Mondziel gerichtet sein kann. Deshalb hätte Hawkins die 93 linearen Formen nicht nach 2 Seiten (in 186 Richtungen), sondern in den meisten Fällen vermutlich nur nach 1 Seite verlängern dürfen. Für eine statistische Untersuchung lägen daher nicht 186, sondern wesentlich weniger, eventuell eben nur 93 Richtungen, vor. Hawkins ist also nach Kern von falschen Voraussetzungen ausgegangen; seine Schlußfolgerungen seien nicht haltbar. Die Mittelachse von Dreiecken zu vermessen und mit für die Untersuchungen heranzuziehen ist übrigens fragwürdig. Zu Visuren sind nämlich anscheinend die Dreieckseiten benutzt worden. Als Beispiel führte Frau Reiche ein Dreieck in der Nähe des Vogels mit dem Schlangenhals an. Die eine Längsseite zeigt zum Aufgang der Sonne am 21. Juni, die andere zum Sonnenaufgang am 21. Dezember.

Einen Kalender haben die Träger der Nazca-Kultur sicher besessen. Für ihren Ackerbau, auch für ihre Feste und ihren Kult war er unerläßlich. Lineare Formen unter den Scharrbildern könnten durchaus dazu gedient haben, durch ihre Richtlage den Zeitpunkt zu markieren, wann das Steigen des Wassers in den Flüssen zu erwarten war, und ebenso vermochte man mit ihrer Hilfe andere Daten für die Landwirtschaft oder für religiöse Zeremonien zu ermitteln. Es ist überliefert, daß die späteren Bergbewohner Perus einen Kalender besaßen, der auf Himmelsbeobachtungen beruhte. Noch heute wird dort durch Anzünden von Feuern die Sonnenwende im Juni (der Winterbeginn) gefeiert. Man springt dabei über die Feuer hinweg und um sie herum. In Skandinavien beging und begeht man den Winteranfang ebenfalls durch solche Bräuche. Dort wird damit der Umkehr der Sonne und der Wiederkehr des Lichtes gedacht.

In diesem Zusammenhang ist noch eine ungewöhnlich originelle Hypothese zu erwähnen, die Helmut Tributsch, Professor für Physikalische Chemie, aufgestellt hat. Sie geht von den Fata-Morgana-Erscheinungen aus, also den Spiegelbildern, die durch Ablenkung und Reflexion des Lichtes in stark erhitzten, erdbodennahen Luftschichten vor allem über Wüstengebieten, großen Wasserflächen oder Ebenen entstehen. Meistens treten solche Trugbilder in Entfernungen von 0,5 bis etwa 5 Kilometern auf; unter besonderen Bedingungen werden Luftspiegelungen aber auch einige 100 Kilometer weit übertragen. In seinem Buche „Das Rätsel der Götter" versuchte Tributsch, ganz verschiedene Zeugnisse aus der Vergangenheit mit Hilfe von Fata Morganen zu erklären. Seine Vermutung ist, daß die Nazca-Indianer die Luftspiegelungen über den Hochplateaus für Wasserseen gehalten haben, die sie auf die Erde ableiten wollten. An irgendwelche Himmelsrichtungen sind solche Erscheinungen nicht gebunden, und die Linien und geometrischen Gebilde in der Pampa sind ebenfalls nach allen möglichen Richtungen hin angelegt. Nach Tributsch verliefen sie nicht zu astrono-

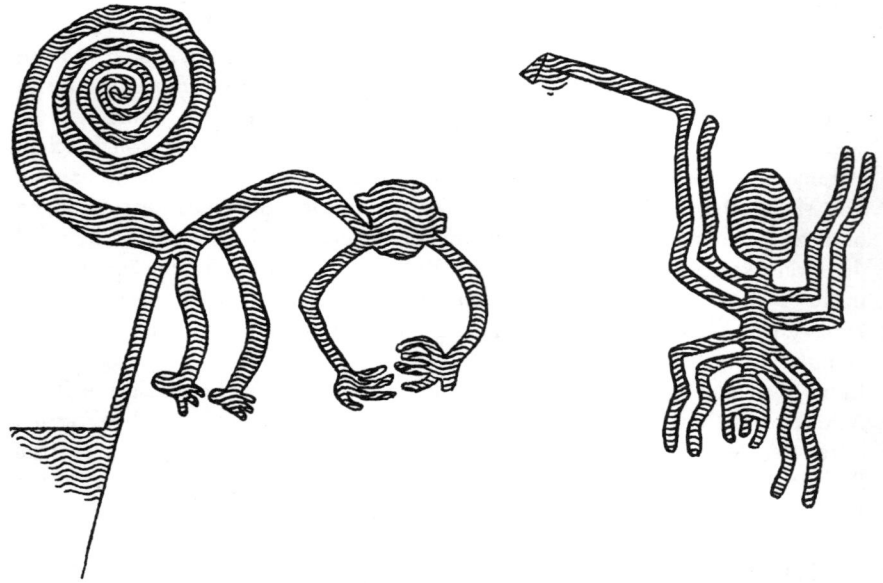

67 Scharrbild von Affe und Spinne. Durch Luftspiegelungen entsteht der Eindruck, als würden sich die Bilder mit Wasser füllen

misch bedingten Zielpunkten, sondern ringsum zu den ebenen Wüstenflächen, über denen Fata Morganen vorkommen konnten. Aus einiger Entfernung betrachtet, scheinen die großen Tier- und Pflanzendarstellungen in solche Spiegelbilder hinüberzugleiten und sich mit dem lebensnotwendigen Wasser zu füllen (Zeichnung 66 und 67). Verstärkt wird diese Illusion durch die Linien, die mit den Figuren in Verbindung stehen und vielleicht als Kanäle galten. Sie führen in die Lebewesen hinein. Ein Detail am verlängerten linken Vorderbein einer 46 Meter messenden Spinne interpretiert Tributsch in diesem Sinne als Sperre gegen das Entweichen des begehrten Naß. Die Nazca-Figuren würden demnach den Wunsch zum Ausdruck bringen, „das vom Himmel vorenthaltene und in der Wüste gelegentlich sichtbare Wasser den Oasen zuzuführen"[21].

Was die geometrischen Zeichnungen betrifft, so ähnelten sie Gräben für die Bewässerung des trockenen Ackerlandes. Spiralförmige Anlagen wären dabei besonders wirksam. Nach dem Glauben der Bauern hätten außerdem zickzackartig verlaufende Kanäle die größte Durchfeuchtungskraft, wenn man neben ihnen kleine Steinsammlungen als „Wunschhäufchen" anbrächte. Künstliche Steinhaufen findet man häufig bei den Scharrbildern. Eine der Darstellungen ist wegen ihrer merkwürdigen Linienführung um Punkte (Haufen) herum als „Nadel mit Zwirn" bezeichnet worden (Zeichnung 68). Weiterhin fällt auf, daß die dreieckigen und trapezförmigen Flächen so angeordnet sind, daß ihre schmaleren Enden zentralen Beobachtungsstellen zustreben. Sollten diese langen Gebilde Wasser sammeln, müßte es vom breiteren zum schmaleren Ende geflossen sein. Als Vergleich verwies Tributsch auf unterirdische Anlagen in der Umgebung von Nazca. Hier sind noch rund 40 Stollen erhalten, die zum Teil über 2 Kilometer Länge besitzen. Geradlinig oder im Zickzack durchdringen sie wasserhaltige Erdschichten, aus denen sie Feuchtigkeit aufnehmen und speichern. Oft bilden sie die letzten Wasserreservoire für Menschen, Tiere und Pflanzen. Gemeinsam mit Linien und Figuren symbolisierten die geometrischen Flächen nach Tributschs Meinung solche Filtergalerien, die von derselben Länge wären wie die wirklichen Konstruktionen.

Die Felsbilder von Toro Muerto im Majetal, der einstigen Südgrenze der Nazca-Kultur, gaben ihm den Anstoß zu weiteren Überlegungen. Auf etwa 2000 Felsblöcken ist hier die farbige Oberfläche weggekratzt worden, um, wie bei den Scharrbildern, den hellen Untergrund freizulegen und auf diese Weise die Bilder von Lamas, Schlangen, Vögeln und Raubkatzen, kanalartigen Linien, trapezförmigen Streifen, „Wunschhäufchen" sowie tanzenden Maskenträgern hervorzurufen. Sie erinnerten an Menschen, die in eine Fata Morgana hineintanzen, an den Himmel gespiegelt und dabei verzerrt werden. Solche Zeremonien hätten vemutlich ebenfalls auf den Wüstenflächen der Pampa stattgefunden. Auch mit bestimmten Wetterereignissen brachte Tributsch die Scharrbilder und

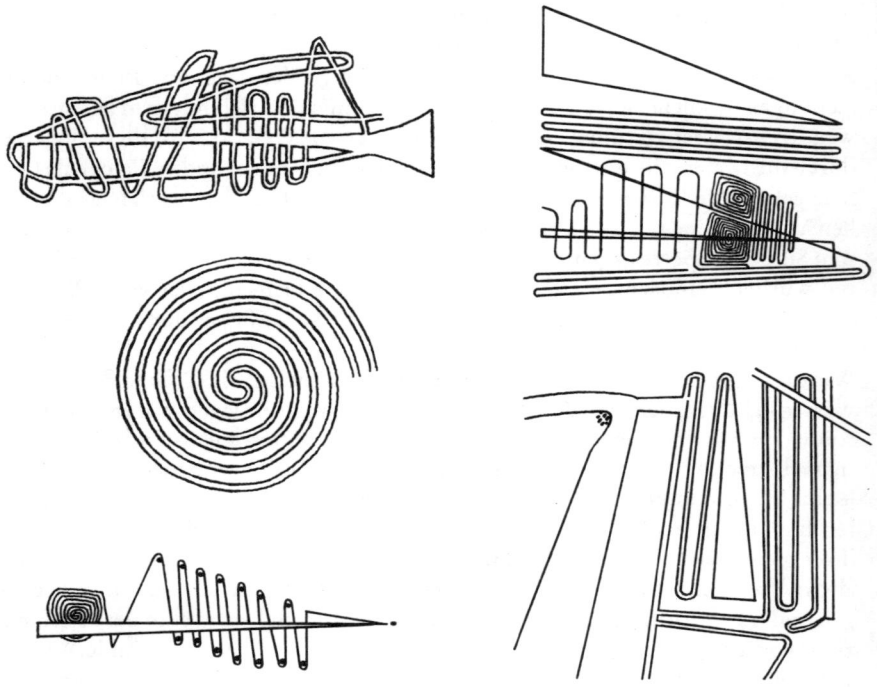

68 Geometrische Scharrbilder, die vielleicht Bewässerungskanäle und Wasserrinnsale nachahmen

die Rituale in Verbindung. Er ging dabei von den heftigen Winden aus, die vor allem während der Monate August, September und Oktober über die Plateaus fegen und viel Staub aufwirbeln. Unter solchen Bedingungen können keine Fata Morganen sichtbar werden. Für sie sind ungestört übereinandergelagerte Luftschichten unterschiedlicher Temperatur Voraussetzung. Als Tributsch im Februar 1981 in Nazca weilte, war die Luft tatsächlich absolut ruhig, und er bemerkte viele Spiegelbilder über dem Wüstenboden. Eine Erklärung für die besonderen klimatischen Verhältnisse in den chilenischen und peruanischen Küstenregionen wurde schon um 1800 von Alexander von Humboldt gefunden. Der nach dem Naturforscher benannte kalte, vom Antarktischen Meer nach Norden vordringende Humboldtstrom hält die feuchten Luftmassen von den Küsten fern. Zugleich fördert der kräftige Wind ständig kühleres Wasser aus größeren Meerestiefen. Das Wasser ist sehr nährstoffreich und bildet die Existenzgrundlage für viele Fischschwärme, von denen wiederum zahlreiche Vögel leben. Doch wenn die Winde abflauen und dadurch die Oberflächentemperatur des Humboldtstromes zunimmt, schiebt sich auch wärmeres Wasser aus der Äquatorgegend zwischen ihn und den langen Küsten nach Süden. Weil dieser warme Strom ziemlich regelmäßig um Weihnachten auftaucht, nennt man ihn „El Niño", „Das Kind". Etwa aller 7–8 Jahre wird der warme Strom besonders stark wirksam. Anders als der kalte Humboldtstrom ist er keine Barriere für die feuchte Luft, die nun ins Landesinnere gelangt. In den Anden beginnt es zu regnen, und die Flußbetten füllen sich mit Wasser. Die Natur blüht auf, der Boden trägt reiche Frucht. Umgekehrt verringert sich in den küstennahen Meereszonen durch den Mangel an kaltem Wasser das Nahrungsangebot rapide. Deshalb verhungern zahllose Anchovetten-Fischchen und die von ihnen abhängigen Vogelarten. So schenkt El Niño dem Landesinneren neues Leben, bedeutet für viele Meeresbewohner aber den sicheren Tod.

Darauf stützte Tributsch seine Hypothese. Das Abflauen des Windes kündigte die warme Meeresströmung und Regenfälle im Hochgebirge an. Zu dieser Zeit traten die ersten Luftspiegelungen auf. In den staubverhangenen Fernen des Horizonts schien sich das Naß des Himmels in schimmernden Seen zu sammeln. Man begann zu tanzen, um das sehnsüchtig erwartete Wasser zu beschwören und herbeizurufen. Schon täuschten die Fata Morganen sein Abfließen in die geometrischen Flächen, Linien und großen Figuren vor, und wenn die Opfergebete erhört wurden, ergoß es sich tatsächlich über die dürstende Erde. Auf die Erfüllung der Bitten um Wasser mußten sich also die Rituale konzentrieren. Damit steht nicht im Widerspruch, daß viele der verschlungenen, in den Boden gescharrten Gebilde Prozessionswege gewesen sein könnten und wenigstens zum Teil eine astronomisch-kalendarische Funktion besaßen. Das alles vermochte sich wohl zu einem religiös-rituellen Komplex zu vereinigen, der nach dem Glauben der ehemaligen Bevölkerung dieser Gebiete zur Sicherung ihrer Existenz unbedingt notwendig war und sie zu den gewaltigen Anstrengungen zwang, die riesigen Scharrbilder in der Wüste anzulegen.

Sonnentempel, Sonnentor und Sonnenkreis

Eine der berühmtesten Ruinenstätten des vorkolumbischen Amerika befindet sich etwas über 10 Kilometer südlich vom Titicacasee im heutigen Bolivien. Es ist Tiahuanaco, rund 4000 Meter über dem Meeresspiegel auf einer weiten, tundraähnlichen Bodenfläche, dem Altiplano, gelegen. Als die Spanier im 16. Jahrhundert die ehemalige Stadt entdeckten, war sie schon längst verlassen. Auch die Inka, die etwa 100 Jahre vor den Spaniern hierher kamen, fanden sie bereits zerstört vor. Die ansässigen Indianer wußten nicht mehr, wer die Stadt einst geschaffen und bewohnt hatte. Nur noch Legenden rankten sich um sie. Während einer einzigen Nacht wäre sie nach einer Sintflut von Riesen errichtet worden. Doch diese wurden von den Strahlen der Sonne getötet und ihre Bauten von ihr vernichtet.

Archäologische Forschungen ergaben dann folgende Entwicklungsgeschichte: Den Anfang bildete vermutlich im 1. Jahrtausend v. u. Z. eine „formative" oder bäuerliche Periode. Ihr schloß sich die der „Städtebauer" an (anscheinend vom Beginn unserer Zeitrechnung bis zum Ende des 4. Jahrhunderts). Während der letzten „imperialen" Periode in der 2. Hälfte des 1. Jahrtausends dehnte sich die Kultur von Tiahuanaco offenbar bis zur Küste und über ganz Peru aus. Sie beeinflußte ebenfalls die Nazca-Kultur. In dieser Zeit erweiterte man die Stadt, vergrößerte wichtige Bauten und stellte gewaltige Monolithe und Monumente auf. Übrigens stießen die Archäologen auf die Reste von 5 übereinanderliegenden Städten, die durch Vulkanausbrüche und Erdbeben zerstört worden waren. Später, als niemand mehr in Tiahuanaco wohnte, wurden die Ruinen als Steinbruch benutzt, auch für ein benachbartes Indianerdorf gleichen Namens, für den Unterbau der Eisenbahnlinie von La Paz nach dem Titicacasee und sogar für Gebäude in La Paz selbst. Diese Verwüstungen erschwerten die Erforschung von Tiahuanaco. Träger der entsprechenden Kultur waren vermutlich Aymara-Indianer. Die Stadt scheint ein religiöses Zentrum gewesen zu sein, dessen Fläche fast 45 Hektar einnahm. Flugzeugaufnahmen verraten jedoch, daß die Kult- und Verwaltungsbauten von ausgedehnten Arealen umgeben waren, die wahrscheinlich von Handwerkern und Bauern bewohnt wurden. Ihre Häuser bestanden nicht aus Stein, sondern aus luftgetrockneten, ohne Bindemittel aufeinandergeschichteten Lehmziegeln. Solche Wohnstätten sind rasch zerfallen. Man kann ihre Umrisse nur noch aus der Vogelperspektive erkennen. Tiahuanaco war deshalb außer einem religiösen Zentrum wohl zugleich eine Stadt mit vielen Einwohnern.

Eines der großartigsten, nur noch fragmentarisch erhaltenen Bauwerke nennt man Kalasasaya, was „Ort der aufrecht stehenden Steine" heißen soll. Das wäre eine treffende Bezeichnung, ist doch die Kalasasaya ein rechteckiger, eingetiefter Platz mit einer Fläche von über 15 000 Quadratmetern, umgeben von sorgfältig behauenen und geglätteten Steinpfeilern, die an der Ost- und Westseite aus Andesit, an der Nord- und Südseite dagegen aus rotem Sandstein bestehen. Einen Teil der Pfeiler hat man im Laufe der Zeit abgebrochen und verschleppt. Ursprünglich waren die Pfeiler miteinander durch ein Mauerwerk verbunden. In der Mitte der Ostwand führt eine monumentale 6stufige Freitreppe in den Innenraum hinab. Vor der Westseite befindet sich noch eine besondere Pfeilerreihe (Zeichnung 69).

Über die Bedeutung der Kalasasaya hat R. Müller eine bemerkenswerte Hypothese aufgestellt. Auf der Grundlage eigener Vermessungen deutet er den Platz als Sonnentempel und als Kalenderanlage. Die Seiten beziehungsweise Begrenzungswände sind erstaunlich genau konstruiert. Als Maße gibt Müller an: Ost-

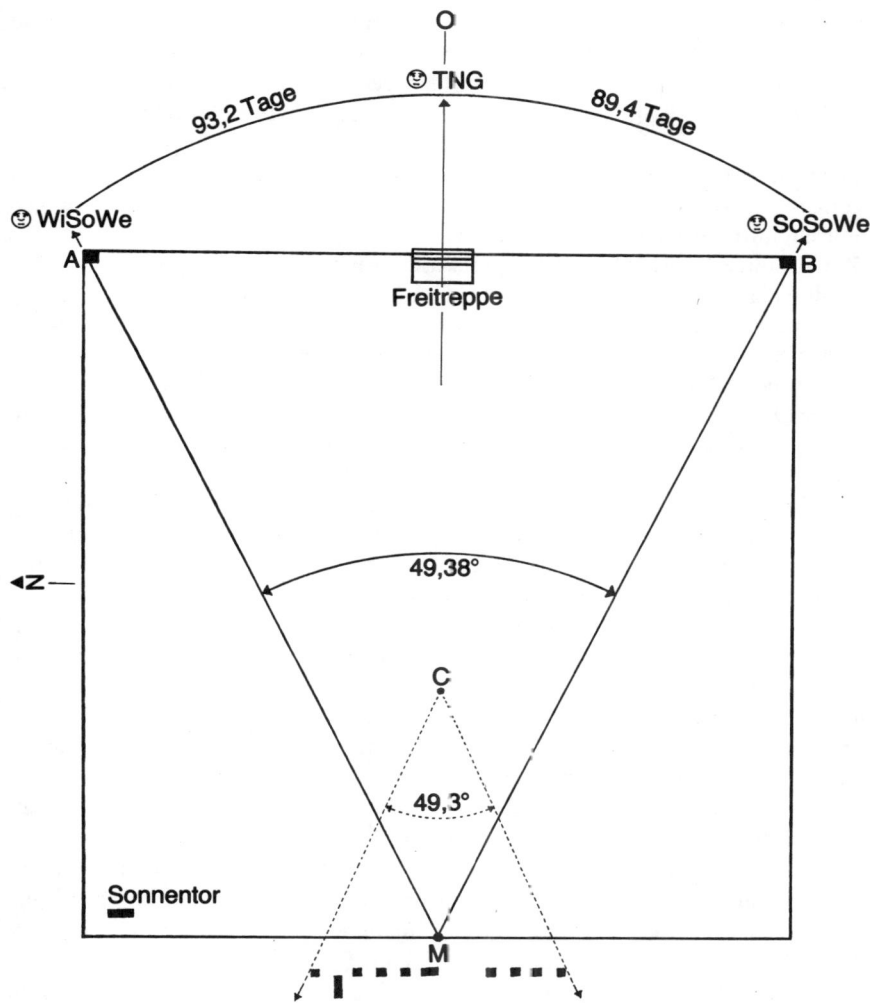

69 Sonnentempel Kalasasaya in Tiahuanaco. Von M aus vermochte man den Sonnenaufgang während der Sonnenwenden und Tagundnachtgleichen, von C aus die Sonnenuntergänge beim Sommer- und Winteranfang zu beobachten

wand 118,39 Meter; Westwand 118,23 Meter; Südwand 128,76 Meter; Nordwand 128,57 Meter. Die Längen der sich gegenüberliegenden Seiten sind also bis auf wenige Zentimeter gleich. Verblüffend genau sind auch die rechten Winkel zwischen den Begrenzungswänden eingehalten. Ihr Mittelwert beträgt 90,0° ± 0,39°. Die alten Baumeister haben wirklich sehr exakt gearbeitet. Darüber hinaus richteten sie die 4 Seitenwände des Platzes nach den 4 Himmelsrichtungen aus, wobei ihnen als Abweichung von den angestrebten Orientierungen nur ein mittlerer Fehler von 0,9° unterlief.

Zur Erläuterung der Hypothese, Kalasasaya sei ein Sonnentempel und eine Kalenderanlage gewesen, betrachten wir Zeichnung 69. Sie zeigt die Umgrenzung der eingetieften Fläche, die Pfeilerreihe vor der Westseite, die Freitreppe an der Ostseite sowie das sogenannte Sonnentor in der Nordwestecke. Steht ein Beobachter in der Mitte der Westwand (bei M) und blickt zu den Eckpunkten A und B der Ostwand hinüber, so sieht er diese unter einem Winkel von 49,38°. Offenbar ist dieser Winkel nicht zufällig. Auf der geographischen Breite von Tiahuanaco (rund − 16,3° südlich vom Äquator) beträgt nämlich der Winkel zwischen den Aufgangspunkten der Sonne zu Sommer- und Winterbeginn gegenwärtig 49,99° – ein Wert, der mit dem Winkel bei M recht gut übereinstimmt. (Wir müssen dabei beachten, daß auf der Südhalbkugel der Erde kalendarisch der Sommer beginnt, wenn bei uns der Winter anfängt, und umgekehrt.) Tatsächlich geht, von M aus beobachtet, die Sonne bei A zur Wintersonnenwende (mittags Kulmination im Norden) und bei B zur Sommersonnenwende (mittags Kulmination im Süden) auf.

Ein Detail der Konstruktion des heiligen Platzes läßt vermuten, daß die Priester von Tiahuanaco das Sonnenjahr in 4 Teile gliederten, indem sie die Zeit zwischen den Sonnenwenden halbierten. In diesem Zusammenhang verweisen wir auf die Ausführungen in dem Abschnitt „Der Sonnenkalender der Steinzeit". Dort hatten wir erläutert, daß sich die Erde auf ihrer elliptischen Bahn in Sonnennähe (Herbst bis Frühjahr) schneller bewegt als in Sonnenferne (Frühjahr bis Herbst). Deshalb sind die beiden Jahreshälften ungleich lang: rund 186 zu 179 Tagen. Astronomisch gesehen beginnt das Frühjahr in der Regel am 21. März, der Herbst am 23. September. Dann erhebt sich die Sonne auch genau im Osten über dem Horizont. Nach der Anzahl der Tage fällt die Mitte der beiden Jahreshälften aber auf den 24. März und den 21. September. An diesen beiden Tagen geht die Sonne etwas nördlich vom Ostpunkt auf. Auf die Kalasasaya übertragen, würde das für einen Beobachter bei M rechnerisch eine Verschiebung von 1,10 Metern von der Mitte der Ostwand aus nach Norden bedeuten. Und in der Tat ist die Mitte der Freitreppe nach Norden zu versetzt, nämlich um 1,20 Meter! Ohne Zweifel ist das eine beabsichtigte Verschiebung, die dem Aufgangspunkt der Sonne in der Mitte der beiden Jahreshälften entspricht. Die Freitreppe führt zu einer 9 mal 4 Meter großen Plattform, die zusammen mit der obersten Stufe aus einem einzigen Gesteinsblock gehauen wurde. Spuren weisen darauf hin, daß sie vielleicht als Standort einer torartigen Konstruktion diente oder dienen sollte. Durch sie hindurch hätte man von M aus die aufgehende Sonne gesehen. Vom Ostpunkt aus wandern die Aufgangspunkte der Sonne bis zur Wintersonnenwende und zurück im Mittel jeweils in 93,2 Tagen und bis zur Sommersonnenwende und zurück jeweils in 89,4 Tagen.

Für Kalenderbeobachtungen war nach Meinung von Müller auch die rund 30 Meter lange Pfeilerreihe vor der Westseite der Kalasasaya bestimmt. Hier stehen noch 9 gewaltige Monolithen aufrecht, einer liegt am Boden, ein weiterer fehlt überhaupt. Wie die anderen Steine Tiahuanacos sind diese Pfeiler offenbar aus einer Entfernung von vielen Kilometern herantransportiert worden. Man hat sie so behauen und poliert, daß ihre Kanten rechte Winkel bilden. Die Aufstellung erfolgte mit höchster Präzision; mit dem Fernrohr des Theodoliten bemerkte Müller keine Abweichung von der Geraden. Außerdem ist die gesamte Reihe nach seiner Messung bis zu 0,7° genau von Nord nach Süd orientiert. Aus all diesen Gründen liegt die Annahme nahe, daß die mächtigen Quader ebenfalls zur Markierung von Horizontpunkten der Sonne dienten, aber nicht für die der aufgehenden, sondern der untergehenden. Im „Hof" der Kalasasaya befindet sich, wie Müller berichtet, „ein in der Mitte gespaltener Steinblock...‚ von dem aus der Beobachter Sonnenuntergänge fixieren konnte" (vgl. C in Zeichnung 69). Beim Block C stehend, erscheinen der erste und der letzte Monolith vor der Westwand der Kalasasaya unter einem Winkel von 49,3°. Das ist fast exakt der gleiche Winkel, der sich von M aus in bezug auf die Punkte A und B ergibt. Infolgedessen vermochte man von Block C aus mit Hilfe der äußersten Pfeiler die Sonnenuntergänge am Winter- und Sommeranfang zu ermitteln. An den (ursprünglich) 9 Monolithen dazwischen ließ sich das Hin- und Herpendeln der Sonnen-Horizontpunkte von Wende zu Wende leicht verfolgen. Mit den 11 Pfeilern konnte man im Laufe eines Jahres 21 Stationen bzw. Kalenderdaten feststellen.

In der Nordwestecke des „Hofes" steht längs zur Westwand das berühmte Sonnentor. Es ist aus einem einzigen Andesitblock gehauen, etwa 3,75 Meter breit und 3 Meter hoch. Der obere Teil seiner Vorderseite ist mit zahlreichen Reliefs verziert, deren Deutung umstritten ist. Ihre Mitte bildet eine Figur mit einem Strahlenkranz um das Haupt. Die meisten Strahlen enden in ringförmigen Gebilden, andere in Pumaköpfen. Am Hemd der merkwürdigen Gestalt hängen Fransen mit Katzengesichtern. Das Ornament auf der Brust besteht aus 2 geknickten Pfeilhälften mit Kondorköpfen als Spitzen. Pumaköpfe zieren die Enden des Gürtels und die Ärmel des Hemdes. Von den Ellenbogen hängen Menschenköpfe herab; ihr Haar ist mit Kondorköpfen versehen. Der Kondor stand in Peru mit dem Sonnenkult in Verbindung, der Puma mit dem Mondkult. Bei der seltsamen Figur könnte es sich um einen Gott handeln, der in späteren peruanischen Mythen Viracocha oder Kon-Tiki hieß. Er soll aus dem Titicacasee gekommen sein und Himmel und Erde erschaffen haben. Auf seinen Befehl stieg angeblich auch die Sonne aus dem See.

Rechts und links von der zentralen Gestalt sind in 3 Reihen insgesamt 48 stilisierte Wesen wiedergegeben. Sie besitzen Menschen- oder Kondorköpfe, haben sich auf ein Knie niedergelassen und halten einen Pfeil oder ein Zepter in der Hand. Die 4., unterste Reihe durchzieht ein schlangenartiges Band mit gekrönten Kondorköpfen. Solche sind ebenfalls in den Räumen zwischen dem Band und zwischen 11 Sonnenhäuptern abgebildet. Auf der ersten und der letzten Sonne dieses Frieses steht ein Trompeter, der einen Menschenkopf in der Hand trägt (Zeichnung 70). Einige Forscher glauben, dieser Kopf sei einem Dämon abgeschlagen worden, der die Sonne rauben und so ihre Umkehr im Juni und Dezember verhindern wollte. Mit der Trompete sollte der Tag der Sonnenwende verkündet werden. Die Körper der Kondore vollziehen anscheinend eine Kehrtwendung als Symbol für die Rückkehr der Sonne. Was deren 11 Häupter in dem Fries betrifft, könnten sie zusammen mit der Hauptfigur einen 12monatigen Kalender symbolisieren.

Nach den Überlieferungen verehrten die Bergvölker Perus mehr die Sonne, die Küstenvölker mehr den Mond. Hinweise auf solche Kulte gibt es viele. Im Titicacasee liegen die „Sonnen"- und die „Mondinsel" mit Ruinen aus der Inkazeit. Westlich von der Nordspitze des Titicacasees erstreckt sich der rund 17 Kilometer lange, von schroffen Felswänden umgebene Umayosee. In seiner Nähe und vor allem auf der Halbinsel Sillustani erheben sich, wie am Nordufer des Titicacasees, zahlreiche Grabtürme, Chullpas genannt, deren Eingang fast immer nach Osten, zur aufgehenden Sonne, gerichtet ist. In den Türmen haben Aymara-Indianer ihre Toten bestattet. Sillustani ist außerdem wegen seiner Stein-

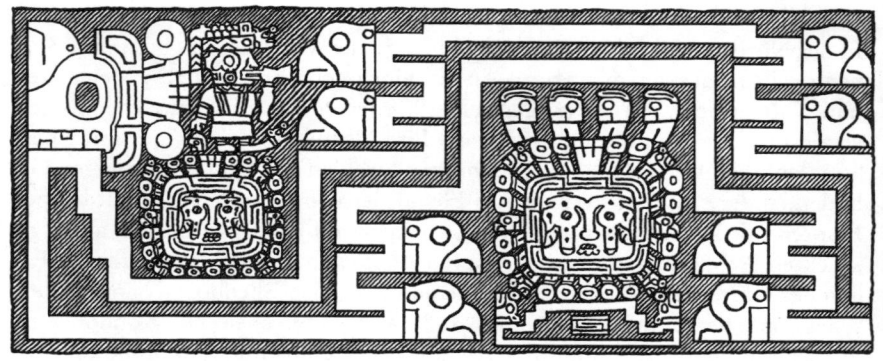

70   Trompeter über einem Sonnenhaupt im untersten Fries des Sonnentores

kreise bemerkenswert, die sonst nirgendwo im alten Peru anzutreffen sind. Sie erinnern an die Steinkreise des Neolithikums und der Bronzezeit in Westeuropa. Einen dieser Kreise hat Müller skizziert (Zeichnung 71). Die Steinsetzung verfügt über einen Durchmesser von 38 Metern. Man nennt sie „Sonnenkreis". Bei den Einheimischen gilt die Anlage als „Intihuatana", als „Sonnenfessel", ein Wort, das uns bei den Inka wiederbegegnen wird.

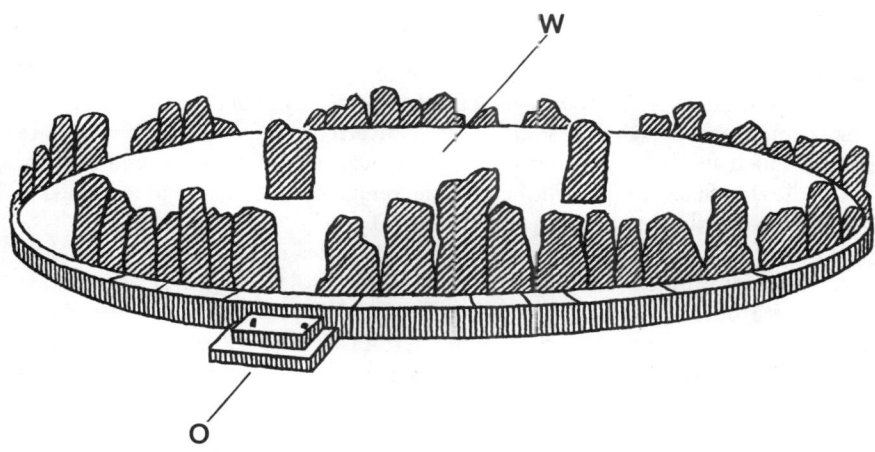

71   Der Steinkreis von Sillustani am Umayosee

Das interessante Gebilde wurde auf einer vermutlich künstlichen Terrasse an der Nordostseite der Halbinsel errichtet. Seine Steine sind behauen und verschieden groß. Der Eingang befindet sich auf der Ostseite; 3 Treppenstufen führen zu ihm hinauf. Auf der 2. Stufe ist links und rechts je 1 Bohrung angebracht. Vielleicht haben die Löcher zur Aufnahme von Stäben oder Stangen gedient, die man zu Visuren benutzte. Vom Eingang aus blickt man nach Westen auf eine Bergkette. Dort bildete ein Grabturm möglicherweise ein Richtmal für den Untergang der Sonne zur Tagundnachtgleiche. 2 hohe Steinsäulen teilen den Nord-Süd-Durchmesser des Kreises ziemlich genau in 3 Teile. Der südliche Pfeiler ist nach Müller zur Bestimmung der Sommersonnenwende benutzt worden. Für den nördlichen Pfeiler fand der Astronom jedoch keine himmelskundliche Bedeutung. Es könnte auch sein, daß der Sonnenkreis dem Totenkult diente und daß man an die beiden Steinsäulen Lamas band, die während der Begräbniszeremonien geopfert wurden. Eine Rinne innerhalb des Steinringes nahm eventuell das Blut der Tiere auf, das die Toten nach dem Glauben der alten Peruaner trinken. Eine Verbindung zwischen Sonnenkult und Totenkult wäre durchaus denkbar.

Die Inka und ihre „Sonnenfesseln"

Das größte Staatengebilde im vorkolumbischen Amerika war das der Inka. Mit dem Namen Inka bezeichnete man vor allem die Fürsten dieses Reiches, aber auch dessen herrschende Oberschicht und schließlich das gesamte Volk. Bis zur Ankunft der Spanier erstreckte sich das Inkareich über eine Länge von 4000 Kilometern. Es umfaßte das Andengebiet vom heutigen Südkolumbien bis Mittelchile und zählte etwa 6 Millionen Einwohner.

Hauptgottheit der Inka war Inti, die Sonne, dargestellt als goldene Scheibe mit menschlichem Gesicht. Der Mythologie zufolge war Inti mit Mutter Mond verheiratet und galt, wie Viracocha, als Schöpfer und Erhalter der Weltordnung. Die Inkakönige gaben sich als Söhne und Stellvertreter des Sonnengottes, ihre Hauptfrauen als Verkörperungen der Mondgöttin aus. Mit Hilfe dieser Mythologie, die zum Staatsdogma erhoben wurde, verstanden sie es, ihre Macht und ihr Ansehen wesentlich zu festigen und zu vergrößern.

Die Hauptstadt des Reiches, Cuzco, wurde Mitte des 15. Jahrhunderts von dem Inka Pachacuti prachtvoll ausgebaut und von den folgenden Herrschern noch weiter vergrößert. Während der Blütezeit des Reiches hatte Cuzco wahrscheinlich 200000 Einwohner. Aufgrund seiner Vermessungen im Zentrum der Metropole vermutete Müller, daß die nach Nordnordwesten führende Hauptstraße auf den Untergangspunkt des letzten Deichselsterns vom Großen Wagen orientiert gewesen sei.

Größter und prachtvollster Bau Cuzcos war der Sonnentempel im Süden der Stadt. Er wurde nach der Vernichtung des Inkareiches dem Orden der Dominikaner übergeben. Diese wandelten ihn in ein Kloster und eine dazugehörige Kirche um. Von dem ursprünglichen Heiligtum sind nur noch die mehrere Meter hohen Grundmauern und im Innern einige Kapellen erhalten. Einst soll der Tempel einen Umfang von über 400 Metern besessen haben. Sein Eingang lag im Nordosten, am Vorplatz Intip Pampa (Sonnenebene). Durch den Eingang gelangte man direkt in eine gewaltige Halle, deren Wände völlig mit dünnen Goldplatten bedeckt waren. Die Hauptkapelle war dem Sonnengott geweiht. Ihren Altar schmückte eine große ovale Platte, die Viracocha symbolisierte, sowie rechts und links davon eine runde Sonnen- und eine ovale Mondscheibe. Auch diese Abbilder bestanden aus Gold. Zum Altar gehörten unter anderem Sinnbilder des Morgensterns, der Plejaden und des Titicacasees. Kleinere Kapellen dienten zur Verehrung des Mondes, des Donner- und Blitzgottes, des Morgensterns und des Regenbogens. In Nischen des Tempels saßen die Mumien der Inkakönige auf goldenen Stühlen. Während der Kulthandlungen nahm der jeweilige Herrscher auf einem von 4 Steinpfeilern getragenen Thron Platz. Eine noch gut erhaltene Sakristei war für den Oberpriester bestimmt, andere Räume für die übrigen Priester und Tempeldiener.

R. Müller hat die Reste des Heiligtums nach astronomischen Gesichtspunkten untersucht. Dem Eingang gerade gegenüber soll sich an der äußersten Westecke eine sehr große, mit Edelsteinen verzierte Sonnenscheibe aus Gold befunden haben. Sie hätte die Strahlen der aufgehenden Sonne reflektiert und dadurch die Halle in helles Licht getaucht. Das Sonnenbildnis war auf einer etwas elliptischen Plattform angebracht, die den Abschluß eines sich nach oben leicht verjüngenden Rundbaus bildete. Er existiert noch heute und trägt nun den Hochaltar der Kirche St. Domingo. Wie Müller herausfand, war der Eingang des alten Tempels nach dem Aufgangspunkt des Tagesgestirns zur Wintersonnenwende orientiert. Sobald sich die Sonne über den Horizont erhob, fielen ihre Strahlen auf die goldene Scheibe auf der Plattform in der Westecke und von dort in den vorderen Teil der Halle (Zeichnung 72). Das zur Wintersonnenwende gefeierte Fest war eine repräsentative Zurschaustellung von Macht und Rang des Inkaherrschers und zugleich eine magische Zeremonie, um die Umkehr der Sonne auf ihrer Bahn zu bewirken oder zu erleichtern. Kalendarisch wichtige Sonnenauf- und -untergänge wurden in der Nähe von Cuzco auch mit Hilfe von je 8 Türmen (oder Steinpfeilern), die in 2 Reihen angeordnet waren, von den Sternkundigen ermittelt.

Bemerkenswert sind gleichfalls die sogenannten Intihuatana. Dieses Wort bedeutet soviel wie „Ort, wo man die Sonne festbindet". Eine solche Örtlichkeit finden wir in der Bergfestung Pisac im oberen Tal des Urubamba nordöstlich von Cuzco. Auf künstlichen Terrassen gab es hier hängende Gärten, aus Granitquadern errichtete Tempel mit weiten Hallen und einen Kranz kleiner Befestigungswerke. Durch ein etwa 2,5 Meter hohes Tor gelangt man in ein fast rundes Gebäude, den ehemaligen Sonnenturm. In ihm ist eine Plattform aus dem anstehenden Felsen gehauen. Rechts vom Eingang erblickt man 2 etwa 40 Zentimeter hohe steinerne Zapfen, die, oben abgestumpft, ganz symmetrisch gearbeitet sind. Solche Zapfen oder Säulen benutzte man in den Höfen der Tempel zur Beobachtung des Sonnenstandes und des davon abhängigen Schattenwurfes. Es sind die eigentlichen Intihuatana, die nach spanischen Berichten zur Feststellung der Tagundnachtgleichen dienten. Zu dieser Zeit würde der Schatten der „Sonnenfesseln" genau von West nach Ost verlaufen. Mittags, wenn die Sonne im Zenit steht, würfen sie überhaupt keinen Schatten. Aber ein derartiges Schattenspiel zu Frühjahrs- und Herbstbeginn ergibt sich nur bei Orten am Äquator; Pisac liegt 13,4° südlich von ihm, deshalb kann hier die Schattenlinie während der Tagundnachtgleichen nicht über den Zapfen genau auf der Ost-West-Linie entlang wandern. An 2 Tagen im Jahr, am 14. Februar und am 30. Oktober (bei einer Sonnendeklination von −13,4°), befindet sich hier jedoch mittags die Sonne im Zenit, und die beiden Zapfen auf der Plattform glänzen dann schattenlos in ihrem Licht. Auf diese Weise kennzeichnen sie genau den Zeitpunkt des Zenitdurchgangs der Sonne. Die Tage dazwischen waren leicht zu zählen. So ver-

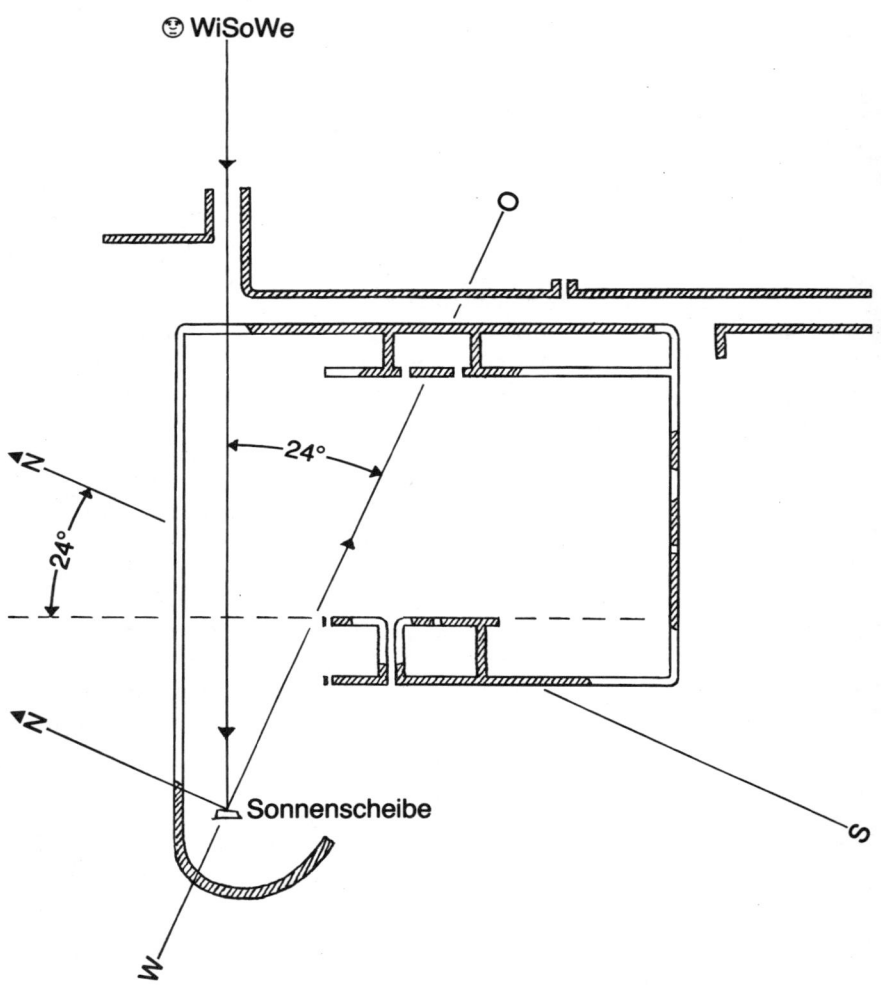

☺ WiSoWe

24°

24°

Sonnenscheibe

72 Grundriß des ehemaligen Sonnentempels von Cuzco. Zur Wintersonnenwende fielen die Strahlen der aufgehenden Sonne auf eine goldene Sonnenscheibe und von dort in die große Halle

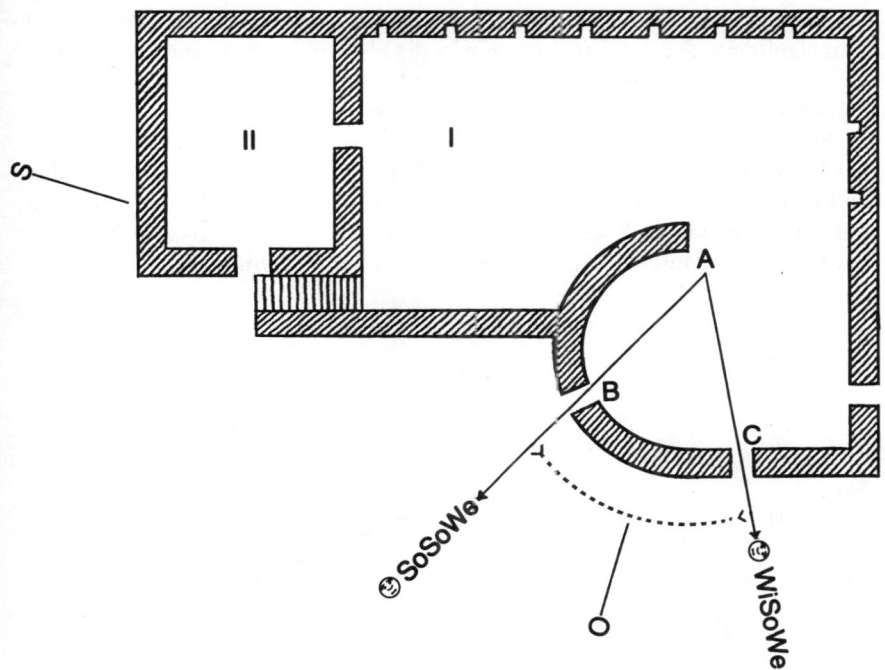

73   Hauptverehrungsstätte der Sonne in Machu Picchu. Von A aus vermochte man durch das Fenster B den Sonnenaufgang am Beginn des Sommers und durch Fenster C am Anfang des Winters zu beobachten

mochte man ohne große Mühe die Anzahl der Tage von Halbjahr zu Halbjahr und die Gesamtlänge des Sonnenjahres zu bestimmen. Das konnte mit Hilfe der Intihuatana auch an anderen Orten geschehen.

Eine „Sonnenfessel" hat auch in Machu Picchu die Jahrhunderte überdauert. Machu Picchu, eine befestigte ehemalige Stadt, liegt in rund 13° südlicher Breite etwa 120 Kilometer nordöstlich von Cuzco. Sie wurde von dem Inka Pachacuti rund 1000 Meter über dem Urubamba als Vorposten gegen feindliche Stämme gegründet. Fast auf allen Seiten ist sie von steilen Abgründen umgeben. Ihre eigentliche Blütezeit begann vermutlich erst nach Ankunft der Spanier, als hier, unentdeckt, Krieger, Priester und ihre Untergebenen in alter Weise weiterlebten und ihre kultischen Handlungen zelebrierten. Anscheinend ist Machu Picchu nie erobert worden, aber schließlich der Vergessenheit anheimgefallen. Erst 1911 fand ein junger amerikanischer Dozent für lateinamerikanische Geschichte, Hiram Bingham, die Ansiedlung wieder.

Ein ganzes Stück zieht sie sich bergauf. 100 Stufen verbinden Häuser, Paläste und Tempel miteinander. Am bekanntesten ist die Hauptverehrungsstätte der Sonne, ein halbrunder Turm mit einem Gebäudeteil (I) und einem sich anschließenden doppelstöckigen Haus (II); (Zeichnung 73). Der Turm besteht aus exakt behauenen Steinen, die ohne Mörtel aufeinandergeschichtet sind und nach oben zu immer flacher werden. In dem gewaltigen Felsblock unter dem Heiligtum wurden Grabkammern eingerichtet, deren Wände mit dünnen Steinplatten verkleidet sind. Dort befindet sich außerdem ein aus Stein gehauener Thron. Vermutlich stand der Tempel mit den Grabstätten in kultischer Beziehung.

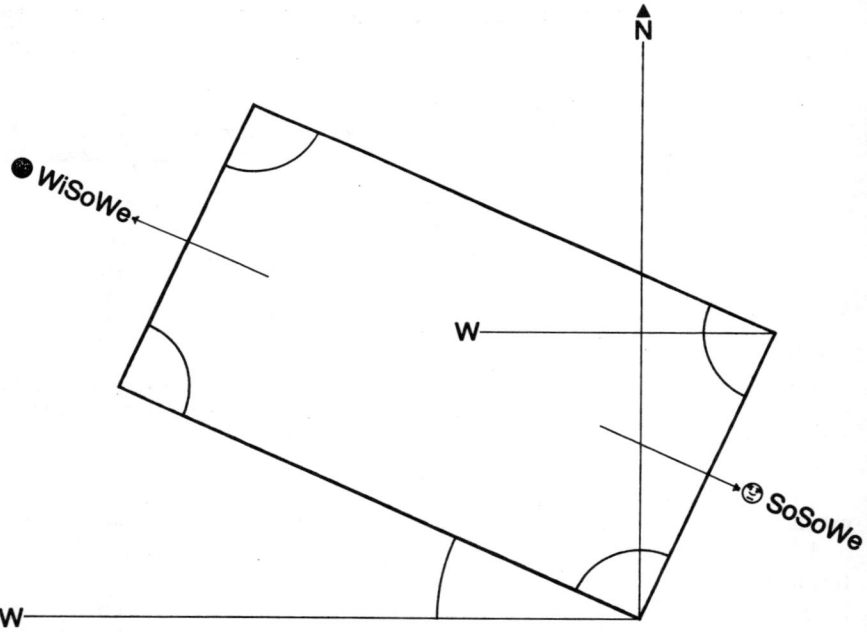

74 Während der Sonnenwenden verlaufen die Strahlen der auf- beziehungsweise untergehenden Sonne etwa parallel zu den beiden längeren Kanten der „Sonnenfessel" in Machu Picchu

Dieser Verehrungsplatz der Sonne weist offenbar astronomische Bezüge auf. In dem halbrunden Turm sind 2 Fenster angebracht. Eine Rechnung Müllers, die die Bergkulisse, also die Horizonthöhen, berücksichtigte, ergab, daß man vom Punkt A aus durch das Fenster B die Sonne zu Sommeranfang und durch das Fenster C zu Winterbeginn aufgehen sah.

Die genaue Anordnung der Nischen im Gebäude I regte Müller zu der Frage an, ob die Baumeister hier ein Einheitsmaß verwandt hatten. Nach den Berechnungen könnte es 7,3 Zentimeter lang gewesen sein. Dieses Maß ist, meint Müller, auch bei der Gestaltung der Intihuatana benutzt worden, die man vom Heiligtum der Sonne aus über eine Steintreppe erreicht. Sie führt zu den Ruinen eines kleinen Tempels und der dicht daneben stehenden „Sonnenfessel". Von hier aus hat man einen weiten Blick und kann den Sonnenlauf gut verfolgen.

Die „Sonnenfessel" ist zusammen mit der Plattform und dem Untersatz aus einem großen Felsblock herausgemeißelt worden. Bei dem Zapfen haben wir es nicht mit einem abgestumpften Kegel (wie in Pisac), sondern mit einem etwas unregelmäßigen, sich nach oben verjüngenden Quader zu tun. Seine obere Fläche ist um 29,3° gegen die Waagerechte geneigt. Die größte Höhe des Quaders beträgt 67, die größte Länge 57,5 und die größte Breite unten 31,5 Zentimeter. Wie aus Zeichnung 74 hervorgeht, stimmt die eine Diagonale des Quaders fast genau mit der Ost-West-Richtung überein. Während der Sommer- bzw. Wintersonnenwende verlaufen die Strahlen der auf- oder untergehenden Sonne etwa parallel zu den längeren Kanten des „Zapfens". Dabei bildet sich dessen Schattenwurf auf der Plattform um die Intihuatana deutlich ab. Man konnte also auf diese Weise die Zeit der Sonnenwenden mit hinreichender Genauigkeit feststellen. Zur jeweiligen Sonnenwende soll der Hauptpriester die Sonne symbolisch an der Intihuatana mit einer goldenen Kette befestigt haben, damit sie nicht weiter enteile, sondern auf ihrer Bahn umkehre. Die Zenitdurchgänge der Sonne ließen sich mit der „Sonnenfessel" in Machu Picchu ebenfalls in der schon beschriebenen Weise ermitteln.

Die „Lichtschlange" an der Pyramide Kukulcans

Auch in Mittelamerika gab es vor der Ankunft der Spanier große Kulturen, die erstaunliche Leistungen, insbesondere in der Architektur, vollbrachten und über ein umfangreiches astronomisches Wissen verfügten, das allerdings eng mit mythologischen Vorstellungen verknüpft war. Etwa im Zeitraum von 500 v. u. Z. bis 1500 u. Z. entstanden in dem riesigen Gebiet zwischen Arizona und New Mexico im Norden sowie Honduras und El Salvador im Süden zahlreiche Städte. Sie wurden von Völkern errichtet, unter denen die der Olmeken, Zapoteken, Azteken und Maya am bekanntesten sind.

Die hochentwickelte Kultur der Maya erstreckte sich über ein Areal von der Größe der Britischen Inseln. Es reichte von den feucht-tropischen Waldgegenden und vulkanischen Hochebenen Guatemalas und Westsalvadors bis zu dem flachen, wasserarmen Karstland der Halbinsel Yucatán. Durch spanische Berichte wissen wir, daß die Maya viele Aufzeichnungen über astronomische Beobachtungen und kalendarische Berechnungen, über landwirtschaftliche Belange, Gesetze, Opfer, Riten, Heilmittel, Seuchen usw. besaßen. Aber diese Handschriften sind von den Spaniern in blindem Glaubenseifer fast alle vernichtet worden. 3 dieser Zerstörungswut entgangene Mayaschriften werden als besondere kulturhistorische und bibliophile Kostbarkeiten in Paris, Madrid und Dresden aufbewahrt. Sie enthalten unter anderem Tafeln für Mond- und Sonnenfinsternisse, exakte Beobachtungen der scheinbaren Bewegungen des Planeten Venus sowie mythologische und astrologische Angaben.

Daß die Maya dem Lauf des Tagesgestirns, seinen Wenden und den Tagundnachtgleichen große Aufmerksamkeit schenkten, lassen z. B. Bauten in der Stadt Uaxactun vermuten. (Der Name der Stadt bedeutet „8 Stein".) Ihre Ruinen befinden sich im Peten-Regenwald des nördlichen Guatemala. Eine Stele mit Maya-Hieroglyphen trägt hier als Datum (in unseren Kalender umgerechnet) das Jahr 328 u. Z. Es ist das bisher älteste entzifferte Datum in Uaxactun, während das jüngste auf einer anderen Stele das Jahr 889 u. Z. verzeichnet. Demnach ist die Stadt mindestens 561 Jahre lang besiedelt gewesen, bevor sie aufgegeben und verlassen wurde. Erst 1916 hat sie S. G. Morley wiederentdeckt. In jahrzehntelanger Arbeit ist sie dann vom Carnegie-Institut Washington in ihrem zentralen Bereich freigelegt und restauriert worden.

Die Bewohner Uaxactuns haben die älteste Pyramide der Maya-Kultur errichtet. Sie wird „E-VII sub" oder „Pyramide der Masken" genannt. Bestimmte stilistische und bauliche Details verraten noch Einflüsse der Olmeken, die Vorgänger der Maya waren. Auf allen 4 Seiten der 3stufigen Pyramide führen breite Treppen empor. Wie die Absätze der Pyramide sind sie mit einer dicken Stuckmasse überzogen. Wahrscheinlich erhob sich auf dem obersten Absatz einst ein Tempel.

Von der „Pyramide der Masken" blickt man nach Osten auf eine ehemals offene, heute jedoch bewachsene Fläche, die an 3 „Erdhügel" grenzt. Die beiden äußeren Erhebungen sind von dem mittleren der künstlichen Hügel gleich weit entfernt. Vom Beobachtungsort aus gesehen liegt die Erhebung in der Mitte genau in Richtung Osten. Morley hat die „Hügel" als ursprüngliche Heiligtümer rekonstruiert. Aus Zeichnung 75 geht hervor, daß – von der Plattform der Pyramide aus betrachtet – die Sonne zur Tagundnachtgleiche über dem mittleren der 3 Tempel aufging. Diese standen auf einem langen, gemeinsamen Unterbau. In Richtung der linken Ecke des nördlichen Kultbaus erhob sich die Sonne am 21. Juni über den Horizont und in der rechten Ecke des südlichen Heiligtums am 21. Dezember. Nach der Art der Anordnung und eventuell in gleicher Orientierung sind um Uaxactun in einem Radius von knapp 100 Kilometern ein Dutzend solcher Plätze bekannt.

Astronomische Bezüge weisen ebenfalls Gebäude der Stadt Chichen Itza auf. Ihr Name bedeutet „Am Brunnen [des Stammes] der Itza". Die Stadt liegt im Norden der Halbinsel Yucatán auf dem Territorium des heutigen Mexiko. Wahr-

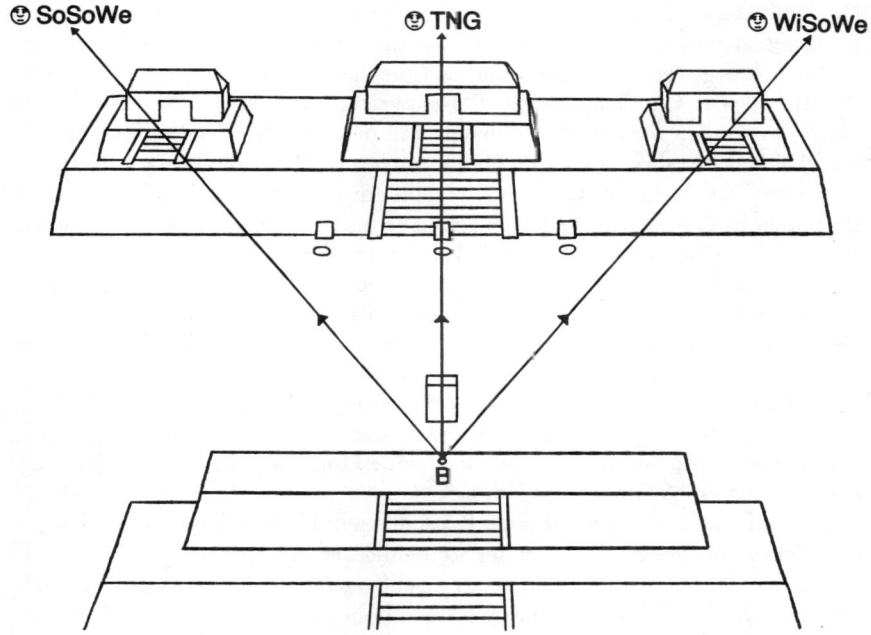

☺ SoSoWe ☺ TNG ☺ WiSoWe

75   In der Maya-Stadt Uaxactun sah ein Beobachter von B aus in Richtung auf drei Tempel die Sonnenaufgänge zu Beginn der Jahreszeiten

scheinlich ist sie im Jahre 455 von den Maya gegründet und zu einem großen Kultzentrum mit vermutlich 200 000 Einwohnern ausgebaut worden. Während der 1. Hälfte des 10. Jahrhunderts ergriffen Tolteken von Chichen Itza Besitz. Mittelpunkt ihrer Kultur war die Stadt Tollan nahe Tula im mexikanischen Staat Hidalgo, etwa 60 Kilometer nördlich des Tals von Mexiko. Berühmtester Herrscher der Tolteken war „Ce Acatl Topiltzin", das heißt „Unser Fürst Eins Rohr" (nach dem Jahr, in dem er geboren wurde). Er war wohl ein religiöser Reformator, der im Verlaufe eines „Bürgerkrieges" gestürzt wurde. Ce Acatl Topiltzin mußte mit seinen Anhängern fliehen. Die Vertriebenen schlugen sich bis nach Yucatán durch, wo sie die wichtigsten Maya-Städte eroberten, auch Chichen Itza. Hier hielten sie zäh an ihren alten Sitten und Gebräuchen, Kult- und Kunstformen fest. Dazu gehörten die Beobachtung des Himmels und die Kalenderkunde, die Unser Fürst Eins Rohr in Tollan eingeführt und dann mit nach Chichen Itza gebracht haben soll. Angeblich ließ er dort den merkwürdigen

Rundbau „El Caracol", „Das Schneckenhaus", errichten. Zweifellos war das eine Art Sternwarte, die wir noch näher betrachten werden.

Das Schicksal Ce Acatl Topiltzins wurde später mit dem des mexikanischen Gottes Quetzalcoatl (übersetzt bedeutet das „Die mit grünen Quetzalfedern bedeckte Schlange") mythisch verbunden. Quetzalcoatl hieß bei den Maya Kukulcan. Ihm war in Chichen Itza eine Stufenpyramide geweiht, die die Spanier zunächst irrtümlich für eine Burg hielten und deshalb „El Castillo" nannten. In Wirklichkeit war sie ein 9stufiges Heiligtum mit 56 Meter Basislänge und 24 Meter Höhe. Die oberste Stufe krönt ein kleiner quadratischer Tempel, dessen Portal Säulen in Gestalt von Federschlangen säumen. Jeder Absatz der Pyramide symbolisiert eine der 9 „Schichten" des Himmels, auf dessen Gipfel die Sonne täglich hinauf- und hinabsteigen sollte. Zur Spitze der Pyramide gelangte man auf allen 4 Seiten über Treppen mit jeweils 91 Stufen. 4 mal 91 ergibt 364, zusammen mit der Plattform unter dem Tempel 365 – also die Zahl der Tage während eines Jahres. Interessanterweise umhüllt die Pyramide Kukulcans einen älteren Stufenbau, dessen Tempel einen rot bemalten Jaguarthron aus Stein enthält. Er ist mit 80 grünen Jadescheiben verziert. Es war der Thron für den Sonnengott. Auf ihm lagen ein Sonnensymbol (eine runde Holzscheibe mit Türkisüberzug) sowie Perlen und Schmuck aus Jade.

An der auf 2 Seiten rekonstruierten Pyramide tritt um die Tagundnachtgleichen ein höchst eindrucksvolles Spiel des Sonnenlichtes auf. Die Treppenwände sind auf beiden Seiten mit langen stilisierten Schlangenkörpern versehen. Sie laufen am Treppenfuß in reptilartige, fast 1,5 Meter hohe Köpfe aus. Wenn die Sonne am Frühjahrs- und Herbstbeginn zum Westhorizont herabsinkt, fallen ihre Strahlen so auf die 9 Stufen der Pyramide, daß sich an der Westwand ein sägezahnartiges Muster aus Licht und Schatten ergibt. Nach und nach entstehen von der Pyramidenspitze abwärts in Richtung der Schlangenköpfe 7 Lichtdreiecke. Dann erscheint auf einmal die gesamte 9zackige Lichtschlange. Doch beim Versinken der Sonne verlöschen die Lichtdreiecke wieder, angefangen beim Schlangenkopf und von dort der Reihe nach bis ganz oben hinauf. Mit dem Verschwinden des letzten Lichtschimmers ist auch die Pyramide in der Dunkelheit versunken.

1978 schrieb ein amerikanischer Astronom über dieses faszinierende Schauspiel: „Als die Schlange sich die Balustrade entlang abwärts schlängelte, erreichte bei den versammelten Zuschauern, es waren Maya, Mexikaner und zahlreiche Touristen aus allen Ländern, die Erregung einen Höhepunkt. Unter Beifallsklatschen hörte man überall die spanischen Begeisterungsrufe Olé Olé."[22] Die Pyramide ist vermutlich ganz bewußt so konstruiert worden, daß dieser „Feuerzauber" entstehen mußte und als Zusammenwirken des Sonnengottes und Quetzalcoatl-Kukulcans erschien. Damals wie heute haben sich wohl viele Menschen versammelt, um dieses ungewöhnliche Schauspiel zu erleben. Vielleicht sollte das absteigende Lichtmuster die Rückkehr Kukulcans vom Himmel versinnbildlichen.

Am Maul der Schlange könnte man Opfergaben niedergelegt haben. Bemerkenswert ist ebenfalls, daß sich unter dem Tempel auf der Plattform, wo der letzte Lichtschimmer erlischt, das bereits erwähnte Heiligtum der älteren Stufenpyramide mit dem Thron des Sonnengottes befindet. Das Datum der Tagundnachtgleiche, durch den „Feuerzauber" markiert, war außerdem für den Bodenbau wichtig. Mit Frühjahrsbeginn rodete man den Wald für die Anpflanzungen; zu Herbstanfang endete die Regenperiode.

Die Azteken besaßen – wie die Maya – einen Ritualkalender von 260 Tagen und einen 360tägigen „bürgerlichen" Kalender, dem 5 „unnütze" Tage hinzugerechnet wurden. Und wie die Maya konnten sich auch die Azteken bedeutender Leistungen rühmen. Im Jahre 1325 oder 1370 hatten sie nach langer Wanderschaft Tenochtitlan auf einer Insel im See von Tezcoco gegründet (heute befindet sich dort die moderne Stadt Mexiko). Allmählich gelang es ihnen, die Oberherrschaft über die sie umgebenden Stämme und Städte zu gewinnen und ihre Stadt im See großartig auszubauen. Der Haupttempel der Metropole erhob sich auf einem weiten, mit einer Mauer umgebenen Platz. Dort haben in den letzten Jahren umfangreiche Ausgrabungen stattgefunden, die wichtige architektonische Einzelheiten und Götterbilder zutage brachten. Hernando Cortez, der Eroberer von Mexiko, schrieb über diesen Tempel in einem Brief an Karl V.:
„Er hatte die Gestalt einer viereckigen Pyramide. Ganz oben auf der weiten Plattform, auf die man durch eine breite Außentreppe gelangt, stehen 2 Tempel in Gestalt von Türmen, errichtet aus geglättetem Stein und geschnitztem Holzwerk. Riesige Götzenbilder thronten in ihnen. ... Jeder der beiden Tempel war einem anderen Gott geweiht; der eine Huitzilopochtli, dem Kriegsgott der Mexikaner, der andere Tezcatlipoca, dem Erschaffer der Welt."[23]
Diese letzte Angabe stimmte jedoch nicht, denn in dem 2. Tempel wurde der Vegetationsgott Tlaloc verehrt. In den Worten Cortez' schwingt der Eindruck mit, den der Haupttempel, höher als die Kathedrale von Sevilla, auf ihn gemacht hatte. Etwa 120 Stufen führten zu seiner Plattform hinauf.
Anthony F. Aveni, Professor für Astronomie an der amerikanischen Colgate University, hat 1974 an Ort und Stelle untersucht, ob die Berichte über die astronomische Orientierung des Heiligtums den Tatsachen entsprachen. Es gelang ihm, an Mauerresten die Richtung der Westseite des Gebäudes zu ermitteln. Sie wich um 7,5° im Uhrzeigersinn von den Haupthimmelsrichtungen ab. Der Pyramide gegenüber stand ein Quetzalcoatl-Tempel mit einem runden Turm (Zeichnung 76). Im Gegensatz zu den Seiten der Pyramide war dieser Tempel genau nach Osten orientiert. Nachdem die Sonne zu Beginn des Frühjahrs und Herbstes aufgegangen war und ihren Tageslauf begonnen hatte, tauchte sie nach einer gewissen Zeit zwischen den beiden Tempelbauten auf der Plattform der Pyramide auf. Das wurde offensichtlich von dem Turm des Quetzalcoatl-Heiligtums aus beobachtet. Die Ergebnisse von Avenis Überprüfung stimmen damit gut

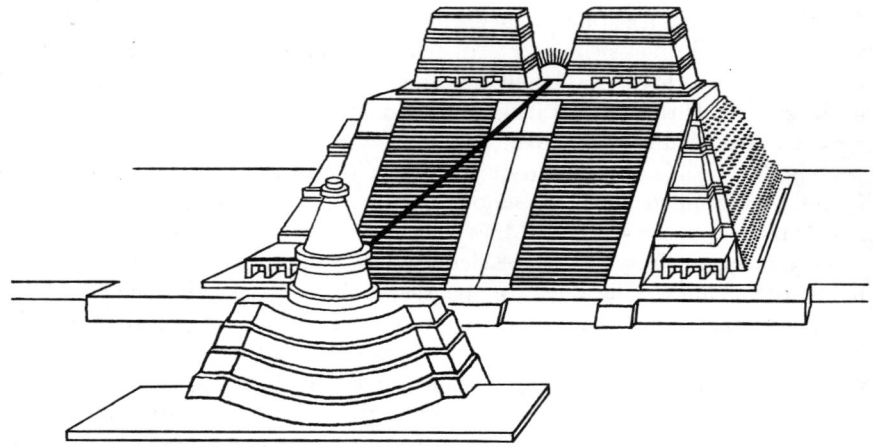

76 Beobachtung der Sonne zu den Tagundnachtgleichen vom Quetzalcoatltempel in Tenochtitlan. Die Sonne erschien zwischen den beiden Tempeln des Hauptheiligtums der Stadt

überein. Aveni verwies auch darauf, daß auf einer Karte, die Cortez an den König von Spanien sandte, die Sonne im freien Raum zwischen den 2 Kapellen dargestellt ist. Zur Tagundnachtgleiche feierten die Azteken ein besonderes Fest, und die Beobachtung der Sonne über der Pyramide spielte dabei vielleicht eine besondere Rolle.

Wohnstätten, Erdhügel und Medizinräder

Eines der überraschendsten Ergebnisse archäoastronomischer Untersuchungen war die Erkenntnis, daß sich nicht nur in alten Bauwerken und anderen Zeugnissen Süd- und Mittelamerikas genaue Himmelsbeobachtungen dokumentieren, sondern daß sich dafür interessante Belege auch in Nordamerika finden. Dort richteten sich die entsprechenden Nachforschungen vor allem auf Felsbilder im Südwesten, auf noch vorhandene Gebäude von indianischen Stämmen, die den Boden landwirtschaftlich nutzten, auf die großen Erdhügel in den Tälern von Mississippi und Ohio im Osten der USA sowie auf Stein- und Holzkreise in den Prärien.

Unter den zahlreichen Felsbildern des Südwestens symbolisieren Paare von ineinanderliegenden Kreisen möglicherweise Sonnenfinsternisse. Andere Darstellungen geben vermutlich Sterne wieder. Es handelt sich dabei um 4zackige Gebilde, um Kreuze, die manchmal von einem Kreis umgeben sind, um kleine Kreise, Punkte oder Punkte mit Strahlen. Solche Darstellungen wurden in Felswände eingeritzt oder eingemeißelt; andere hat man mit Farbe aufgemalt. Wahrscheinlich ist auch ein ganz besonderes Ereignis abgebildet worden: das Auftauchen einer Supernova. Dieses lateinische Wort bedeutet übergroßer (oder heller) neuer Stern. Eine Supernova kommt durch die Explosion eines Sterns zustande, bei der dessen äußere Gasschichten in den Raum geschleudert werden. Um den übrigbleibenden kleinen, sehr dichten Kern des Sterns breitet sich infolgedessen mit sehr hohen Geschwindigkeiten eine Gaswolke aus. Man kann sie im Fernrohr als nebelartigen Fleck wahrnehmen. Ein besonders eindrucksvolles Beispiel bietet der „Krebsnebel" (wegen seiner Form so genannt) im Sternbild Stier. Er ist aus einer Supernova hervorgegangen, die nach chinesischen Berichten zum ersten Male am 4. Juli 1054 gesehen wurde. Durch den Gasausbruch steigt nämlich die Helligkeit des Sterns rasch bis zu einer Intensität an, die das 100millionfache gegenüber dem früheren Zustand betragen kann! Wo vorher mit bloßem Auge kein Gestirn zu bemerken war, leuchtet dann plötzlich ein scheinbar neuer Stern auf.

Die Supernova von 1054 ist in den chinesischen Annalen als „Gaststern" verzeichnet. Er soll, doppelt so hell wie die Venus, 23 Tage sogar tagsüber zu sehen gewesen sein. Danach sank seine Helligkeit allmählich ab. Zuletzt war er noch am 17. April 1056 zu erkennen, also fast 2 Jahre nach seinem ersten Erscheinen. Von diesem Ereignis zeugen auch japanische Quellen und ein medizinisch-astrologischer Text des Arztes Ibn Butlan aus Konstantinopel (heute Istanbul). Merkwürdigerweise fehlen aber Hinweise auf den „neuen Stern" aus Europa.

Astronomische Berechnungen ergaben, daß die Supernova im Südwesten Nordamerikas am Morgen des 5. Juli 1054 nahe des nordöstlichen Horizonts östlich (rechts) dicht unterhalb der schmalen Sichel des abnehmenden Mondes zu beobachten war. Infolge dieser Konstellation hat sich das Aufleuchten des Sterns dem Gedächtnis vielleicht besonders eingeprägt. Als der Mond damals in der Morgendämmerung über China aufging, stand er schon nicht mehr so nahe bei dem „Gaststern", da er sich in 1 Stunde etwa um seinen scheinbaren Durchmesser (rund 0,5°) am Himmel von West nach Ost weiterbewegte.

William Miller, Fotograf am Hale Observatory und zugleich begeisterter Amateurforscher indianischer Felskunst, fand im nördlichen Arizona zufällig 2 ungewöhnliche Darstellungen: eine Malerei an der Wand einer Höhle und ein gemeißeltes Bild an der Wand einer Canyonschlucht, die beide die Mondsichel mit einem Kreis darunter wiedergeben (Zeichnung 77 obere Reihe Mitte und rechts). Die Bilder brachten ihn auf den Gedanken, daß hier vielleicht ein indianisches Zeugnis der Supernova von 1054 vorlag. Seine Überlegungen regten zu einer Suchaktion in anderen Gebieten des Südwestens an, die zu 19 weiteren vergleichbaren Felsbildern führte. Dabei mußten jedoch 3 Bedingungen erfüllt sein:

77 Felsbilder im Südwesten Amerikas, die vermutlich die Supernova des Jahres 1054
neben der Mondsichel wiedergeben

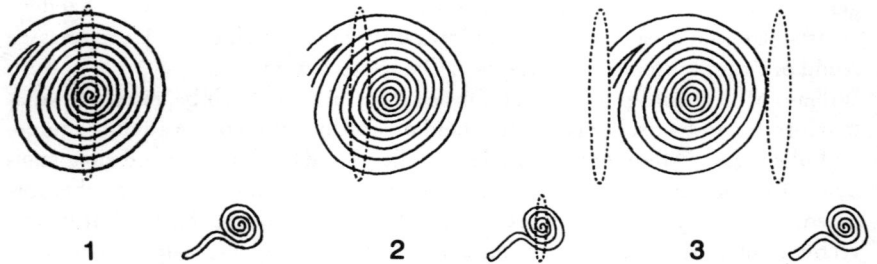

78 Fajada Butte im Chaco Canyon. Schmale Streifen des Sonnenlichts kennzeichnen
an zwei Spiralen die Sommersonnenwende (1), die Tagundnachtgleichen (2) und die
Wintersonnenwende (3)

Die Wiedergaben sollten die Mondsichel (gleich, ob zu- oder abnehmend) und eng daneben einen Kreis zeigen. Vom Fundort aus mußte der nordöstliche Horizont zu sehen und die Fundstätte selbst um 1054 bewohnt gewesen sein. Tatsächlich läßt die Vielzahl der Abbildungen (Zeichnung 77) vermuten, daß die Indianer die Supernova aufmerksam beobachtet haben und daß sie ihre Gedanken stark beschäftigt hat.

2 andere Felszeichnungen und die mit ihren wahrscheinlich verbundenen astronomischen Ereignisse sind ebenfalls sehr bemerkenswert. Sie sind als „die erregendste Entdeckung in der nordamerikanischen Archäoastronomie" charakterisiert worden. Wir verdanken sie Anna Sofaer, einer Malerin aus Washington, die am 29. Juni 1955 2 gravierte Spiralen an der Ostseite der Kuppe des 130 Meter hohen Fajada Butte im Chaco Canyon (New Mexico) fotografieren wollte. Um die Gravierungen betrachten zu können, muß man sich nach einer beschwerlichen Klettertour hinter 3 Steinblöcke schieben. An einer Felswand lehnend, sind sie etwa 3 Meter hoch, 2 Meter breit und 0,3 Meter dick. In die Wand hinter ihnen sind die 2 Spiralen eingeritzt worden. Was Anna Sofaer während ihrer fotografischen Arbeit ganz unerwartet an den beiden Spiralen wahrnahm, gab den Anstoß zu einer Reihe späterer Untersuchungen, deren Ergebnisse uns Zeichnung 78 verdeutlicht. Zur Sommersonnenwende gleitet nämlich 18 Minuten lang ein schmaler, dolchähnlicher Lichtstreifen die Felswand hinab gerade durch die Mitte der größeren Spirale. Am Herbst- und Frühlingsanfang verläuft dagegen ein solches Lichtzeichen etwas links von der Mitte durch diese Spirale. Ein weiterer Lichtstreifen durchschneidet zur selben Zeit die Mitte der kleineren Spirale rechts daneben. Während der Wintersonnenwende wird die große Spirale von den beiden schlanken Sonnenbändern genau eingerahmt.

Diese Phänomene erinnern an die Wanderung der Lichtstrahlen über den Hintergrund der Kammern in den irischen Passage-Mounds zu den Solstitien und Äquinoktien. Anscheinend sind die 3 Steinblöcke auf dem Fajada Butte bearbeitet und an die Felswand gelehnt worden, damit die „Kompositionen" aus Sonnenlicht und Spiralformen entstanden. Die Spiralen werden wohl, wie in der abstrakten Kunst der Jungsteinzeit und Bronzezeit, die Sonne und ihren Jahreslauf symbolisieren!

Schon vor Beginn unserer Zeitrechnung entstand in den Tälern des Gila und Salt River die Kulturtradition der Hohokam (das Wort bedeutet „Jene, die fortgegangen sind"). Sie verbreitete sich später über die Wüstenregionen Südarizonas und Nordsonoras. Ihre eigentliche Blütezeit fiel ins 10. und 11. Jahrhundert. Um 1400 ist dann die Kultur der Hohokam, die kunstvolle Bewässerungsanlagen errichteten und Bodenbau trieben, erloschen.

In der Regel bewohnten die Hohokam dem heißen, trockenen Klima gut angepaßte Häuser auf dem ebenen Wüsten- und Talland. Das wohl imponierendste Gebäude, „Casa Grande" (Großes Haus), wurde südlich der heutigen Stadt

Phoenix in Arizona aus Lehm erbaut. Vermutlich war es ein 3stöckiges Wohnhaus für die Anführer der Hohokam und zugleich ein Zentrum für Zusammenkünfte und Zeremonien. Vor den seltenen Regenfällen ist es heute durch ein weitgespanntes Stahldach geschützt. Rings um Casa Grande zeugen niedrige Fundamentmauern von vielen kleinen ehemaligen Häusern. Auch Spuren eines Be- und Entwässerungssystems sind in der Umgebung vorhanden.

Casa Grande bildet im Grundriß ein Rechteck mit in Ost-West-Richtung orientierter Längsachse. Es besitzt dicke, gegen Hitze und Kälte isolierende Mauern, winzige Fenster und andere merkwürdige kleine Öffnungen. Diese sowie die Fenster im 2. und 3. Stock waren wahrscheinlich für Sonnenbeobachtungen eingerichtet. Von den 14 Lichtdurchlässen hat man nämlich 8 offenbar zu den Auf- und Untergängen der Sonne während der Solstitien und Äquinoktien orientiert. Vielleicht wurde außerdem verfolgt, wie die Sonnenstrahlen durch die runden Öffnungen ins Innere drangen und dabei bestimmte Markierungszeichen beleuchteten, um so besondere Kalenderdaten anzuzeigen – ein Verfahren, dem wir an anderen Orten schon mehrfach begegnet sind.

Eine weitere Methode, die uns vom Prinzip her ebenfalls bereits bekannt ist, bestand darin, von einem Gebäude oder einem festgelegten Punkt aus die Horizontpunkte der Sonne mit Hilfe natürlicher Zielmarken zu ermitteln. In den Wijii-Ruinen im Chaco Canyon ist zum Beispiel oben auf einer Steintreppe ein weißes Sonnensymbol gemalt worden. Der Beobachter sah von hier, wie die Sonne zum Wintersolstitium hinter einem Felseinschnitt verschwand, der sich in etwa 500 Meter Entfernung ostsüdöstlich von dem Sinnbild befindet.

Zeitgenossen der Hohokam waren die Anasazi („Die Alten"). Ihr Zentrum erstreckte sich über das von vielen Schluchten und Flußläufen durchfurchte Hochplateau in der sogenannten Vierstaatenecke von Utah, Colorado, Arizona und New Mexico. Die Anasazi hatten von den vorklassischen Bauernkulturen Mexikos den Anbau von Mais, Bohnen, Kürbis und Baumwolle übernommen. Ihre größte Verbreitung erreichten die Anasazi zur Zeit ihres politischen und kulturellen Höhepunktes vom 11. – 13. Jahrhundert. Damals schufen sie auf schwer zugänglichen Felshängen, in großen Höhlen und Felsspalten sowie in Flußtälern bewundernswert rationell und zweckmäßig angelegte stadt- und burgähnliche Gemeinschaftswohnstätten wie Pueblo Bonito in Chaco Canyon (spanisch Pueblo = Dorf, Volk).

Bei den Bauwerken der Anasazi auf dem Plateau von Mesa Verde (spanisch Mesa = Tisch, Tafelberg) in Chaco Canyon und an anderen Orten werden zahlreiche astronomische Orientierungen vermutet. Casa Rinconada, einer ihrer großen runden Zeremonialbauten im Chaco Canyon, besitzt eine Wandnische, in die durch ein Nordostfenster zum Sommersolstitium 4–5 Tage lang die aufgehende Sonne hineinscheint. Früher trugen 4 im Nordosten, Südosten, Südwesten und Nordwesten angeordnete Pfosten (die also etwa in Richtung der Sonnen-Horizontpunkte während der Solstitien aufgestellt waren) das Dach. Wenn die Sonnenstrahlen in das sonst dunkle Gebäude eindrangen, war das (wie in den dunklen Kammern der Ganggräber) recht eindrucksvoll. Möglicherweise wurde dies mit einer Mythe verbunden, nach der eine Jungfrau von der Sonne geschwängert wurde, als sie schlafend an einem kleinen Fenster lag. Casa Rinconada befindet sich westlich eines großen, auf einer Mesa errichteten ehemaligen Tempels. Der scharfe Rand der Mesa warf beim Sonnenaufgang zu den Äquinoktien einen Schatten, dessen Kante genau durch den Mittelpunkt des Kultbaues verlief.

Mögliche astronomische Visierlinien der zahlreichen Bauten sind aber noch ungenügend erforscht. Deshalb warnte John A. Eddy, Sonnenphysiker am High Altitude Observatory in Boulder, Colorado, und einer der bedeutendsten amerikanischen Archäoastronomen, vor übereilten Schlußfolgerungen, als er schrieb: „Die interessanten Ruinen von Chaco Canyon bieten wissenschaftlichen Spekulationen von Amateuren einen fast unwiderstehlichen Anreiz. So sind nicht wenige umständliche astronomische Erklärungen für viele Merkmale und Strukturen vorgebracht worden. Manche sprechen von verzwickten Anordnungen quer durch die Kivas verlaufender Richtungen, wodurch die Strahlen von Himmelskörpern bestimmte Mauernischen der großen Kivas zu speziellen astronomischen Zeitpunkten erhellten. Diese mutmaßlichen Richtungspläne werden dann als Hinweis auf fortgeschrittene Rechenkünste und Verfahren der Finsternisvorhersage bei den Anasazis vom Chaco Canyon herangezogen. In manchen Konjekturen dieser Art mag etwas Wahrheit stecken; aber noch keine davon ist in einer astronomisch nachprüfbaren Form quantitativ vorgelegt worden, und keine wurde auch als einleuchtend angesehen seitens der Facharchäologen, denen andere Aspekte der Chaco-Ruinen geläufig sind, einschließlich der entscheidenden Fragen, die unsere Kenntnisse über Bau, Benutzung und Rekonstruktion der Gebäude betreffen."[24]

Die wegen ihrer charakteristischen Architektur, Siedlungs- und Lebensweise als Pueblo-Indianer bezeichneten Bevölkerungsteile des Südwestens haben viele Merkmale ihrer traditionellen vorspanischen Kultur bis heute bewahrt. In diese Überlieferungen sind auch die Gepflogenheiten der Hohokam und Anasazi eingeflossen. Bei den Pueblo-Indianern war es bis zu unserem Jahrhundert üblich, Angehörige des eigenen Stammes mit der genauen Feststellung der Sonnenwenden zu beauftragen. Von der Sorgfalt solcher Beobachtungen und der getreulichen Ausführung der auf ihnen beruhenden Rituale wähnte man den Erfolg der Ernten abhängig. Leider gibt es über die Verwendung der Astronomie für den Kalender und den Kult keine schriftlichen Zeugnisse, da die Indianer keine Schriftsprache in unserem Sinne besaßen und weil früher keiner der weißen Siedler über die Himmelsbeobachtungen der Ureinwohner etwas aufgezeichnet hat. Insofern stehen wir hier vor der gleichen Situation wie bei den Bauten des Megalithikums, deren wahre Bedeutung im Laufe der Zeit verlorenging. Mündliche Berichte gegenwärtiger Indianer über die Himmelskunde ihrer Vorfahren sind offenbar, trotz noch fortbestehender Traditionen, keine historisch ungetrübten zuverlässigen Quellen. Doch die vielen Merkzeichen und Linien auf Felshängen und -wänden sowie auf Bergspitzen künden noch von absichtlichen Orientierungen und können nach gewissenhafter Überprüfung hoffentlich entziffert werden.

Ein weites Feld für archäoastronomische Tätigkeiten hat sich ebenfalls in den östlichen Teilen Nordamerikas eröffnet. Dort stellt sich vor allem bei den Tausenden von künstlichen Erdhügeln die Frage nach eventuellen astronomischen Bezügen. Als erste haben Angehörige der (nach einer wichtigen Fundstätte genannten) Adena-Kultur große Erdaufschüttungen geschaffen: meist konische Hügel mit viereckigen Grabkammern aus Baumstämmen sowie ringförmige Erdwälle mit einem Durchmesser von etwa 100 Metern. Die Adena-Kultur bildete sich um 1000 v. u. Z. heraus. Ihren Spuren begegnet man in den Staaten Ohio, Indiana, Kentucky, West Virginia und Pennsylvania. Ökonomische Grundlage ihres Lebens war vor allem der Bodenbau.

Den Adena-Indianern wird der wohl berühmteste Bilderhügel des nordamerikanischen Kontinents zugeschrieben: die Große Schlange in Adams County in Ohio. Aus Lehm und Erde gestaltet, ist sie rund 430 Meter lang, etwa 7 Meter breit und 1,5–2 Meter hoch. In der Nähe eines Flusses, des Bush Creek, windet sie sich über einen Hügelkamm. Mit offenem Maul scheint sie gerade ein Ei zu verschlucken. Thaddeus M. Cowan, ein Psychologe von der Kansas State University, den wir schon einmal im Zusammenhang mit der Geometrie der megalithischen Steinsetzungen erwähnt haben (Zeichnung 22), deutete die Große Schlange als Symbolisierung jener Sterngruppe, die uns als Kleiner Bär (bzw. als Kleiner Wagen oder als Kleine Schöpfkelle) bekannt ist (Zeichnung 79). Den Polarstern müßte man sich dabei in dem spiralig zusammengerollten Schlangenschwanz verkörpert denken, dessen Windungsrichtung der Drehung des Sternbildes um den Himmelsnordpol entspricht. Nach Cowan versinnbildlichen einige der konischen Hügelgrabstätten helle Sterne und Hügelgruppen besondere Sternbilder.

Etwa ab 300 v. u. Z. ist die Adena-Kultur allmählich durch die Hopewell-Kultur verdrängt worden, die man bis etwa 500 u. Z. zu verfolgen mag. Ihren Namen erhielt sie nach einem Bestattungsplatz im Tal des Scioto-Flusses in Südohio, ihre Verbreitung erstreckte sich von Illinois bis zum Ohio und zum oberen Mississippi sowie bis zum unteren Missouri. Die Hopewell-Indianer bauten Mais an, ernährten sich aber auch durch Sammeln wilder Früchte und durch die Jagd. Typisch für sie sind bis mehrere 100 Meter große geometrische Erdhügel, die den Verdacht auf eine astronomische Ausrichtung wecken. Sehr eindrucksvolle Anlagen dieser Art haben sich bei der Stadt Newark im zentralen Ohio erhalten. Ursprünglich bedeckten sie eine Fläche von ungefähr 10 Quadratkilometern. Etwa 2–5 Meter hohe, abgerundete Erdwälle bilden hier noch 2 Kreise und ein Achteck. Der eine Kreis besitzt 400 Meter Durchmesser und ist mit dem Achteck durch einen aufgeschütteten Weg verbunden. Anhand einer Planskizze bemerkte Eddy, „daß eine Linie, die durch die Symmetrieachse des Achtecks, die Mittellinie des Fußweges und das Zentrum des damit verbundenen Kreises verläuft, fast genau in der Richtung des nördlichsten Mondaufganges für die Breite von Newark liegt"[25]. Andere Forscher wollen an dem alten Siedlungsort außerdem Orientierungen zum Sommersonnenwendaufgang gefunden haben.

Anscheinend standen der Hopewell-Kultur Bilderhügel aus der 2. Hälfte des 1. Jahrtausends u. Z. nahe, die am oberen Mississippi in Wisconsin und Südminesota anzutreffen sind. Die aus niedrigen Erdwällen bestehenden Bilderhügel geben im Grundriß verschiedene Vögel und Reptilien, Bär, Bison und andere Tiere

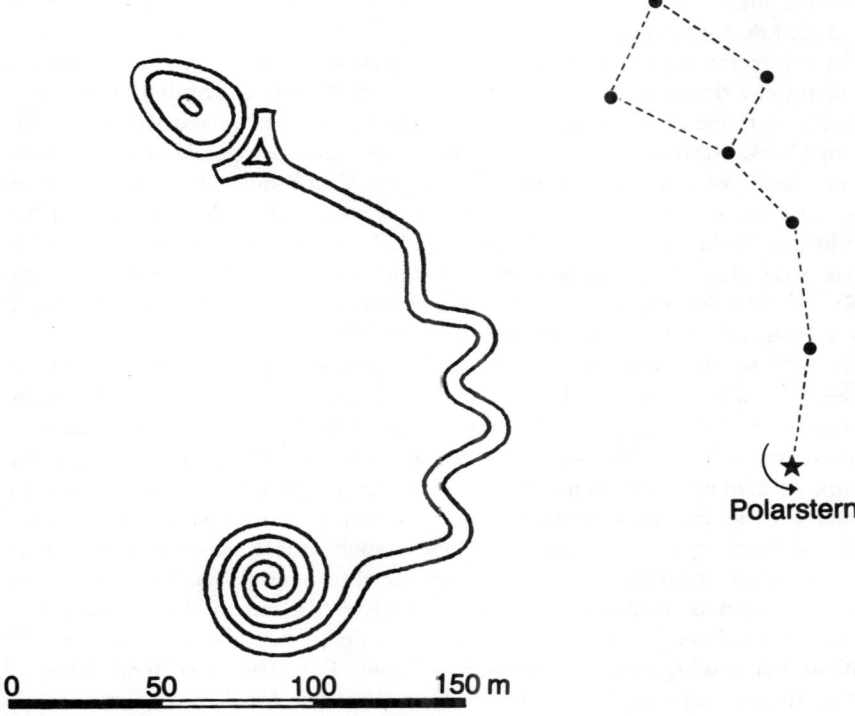

Polarstern

79   Der Große Schlangenhügel in Ohio sollte vielleicht das Sternbild Kleiner Bär und den Polarstern darstellen

wieder. Im Kopf oder in Herznähe der dargestellten Tiere kamen häufig Bestattungen mit reichen Beigaben zum Vorschein. Vielleicht symbolisierten die Bilderhügel Totemtiere, von denen man die Herkunft der Sippen oder Stämme ableitete. Manche figürlichen Erdwerke interpretierte Cowan ebenfalls als Sternbilder, zum Beispiel als Großer Bär oder Schwan.

Ebenso wie bei den Bauten der Adena- und Hopewell-Kultur steht die Archäoastronomie auch bei den Anlagen der Mississippi-Kultur noch am Anfang der Erforschung. Die nach dem mächtigen Strom bezeichnete Kultur entwickelte sich im südöstlichen Nordamerika wohl unter dem weithin ausstrahlenden Einfluß des alten Mexiko. Archäologisch nachweisbar sind intensiver Maisanbau, starke Bevölkerungszunahme und große Siedlungen, in denen man pyramidenförmige Unterbauten für Tempel, Häuptlingshäuser und Ratshütten errichtete. Archäologisch erfaßbar ist die Mississippi-Kultur, die nach 1000 ihre Blütezeit erlebte und ab 1200 in regionale Varianten zerfiel, ungefähr bis 1700.

Die größte und bekannteste Gruppierung von künstlichen Hügeln der Mississippi-Leute findet man bei Cahokia nahe St. Louis im südlichen Illinois. Erhalten sind dort noch mehr als 100 solcher Erdwerke. Um 1200 wohnten hier vermutlich 10000–30000 Menschen. „Monks Mound" (Mönchshügel), das größte indianische Bauwerk nördlich von Mexiko, erhob sich in 4 Stufen bis zu etwa 35 Meter Höhe und bedeckte rund 6,5 Hektar Fläche. Etwa 800 Meter westlich von Monks Mound kamen 4 große, von Pfostenlöchern gebildete Kreise zum Vorschein. Ihr Entdecker, Warren Wittry vom Cranbrooke Institute of Science bei Detroit, nannte einen der von ihm näher untersuchten Kreise nach der berühmten englischen Anlage „Woodhenge". Das nordamerikanische Exemplar besaß 125 Meter Durchmesser und vermutlich 48 Pfosten auf der Peripherie des Kreises. Die Spuren von 20 Pfostensetzungen sind ausgegraben worden. Dabei stieß man auf ehemalige Standlöcher von 1,20 Meter Tiefe und einem Durchmesser von 0,60 Metern. Sie waren auf dem Kreisbogen in regelmäßigen Abständen von 7,5° voneinander verteilt. Ungefähr 1,5 Meter vom eigentlichen Mittelpunkt entfernt muß sich ebenfalls 1 Pfosten erhoben haben. Offenbar vermochte man mit diesem sehr sorgfältig konstruierten Woodhenge die Sonnenaufgänge zu den Äquinoktien und Solstitien genau zu ermitteln (Zeichnung 80). Sicher wird das auch für die Sonnenuntergänge während dieser Zeiten möglich gewesen sein, und vielleicht gab es im Woodhenge sogar noch andere astronomische Visierlinien. Wittry begründete außerdem, wie der Pfostenkreis zur Vorhersage von Finsternissen hätte benutzt werden können. Aber das scheint doch allzu spekulativ. Die anderen Kreisanlagen von Cahokia sind bisher gleichfalls nur unvollständig erforscht; sie überschneiden sich zum Teil. Abseits stehende Pfosten dienten eventuell als besondere Zieleinrichtungen für Visuren zum Horizont.

Aus einer zeitlich späteren Kultur in der Prärie von Zentralkansas stammen

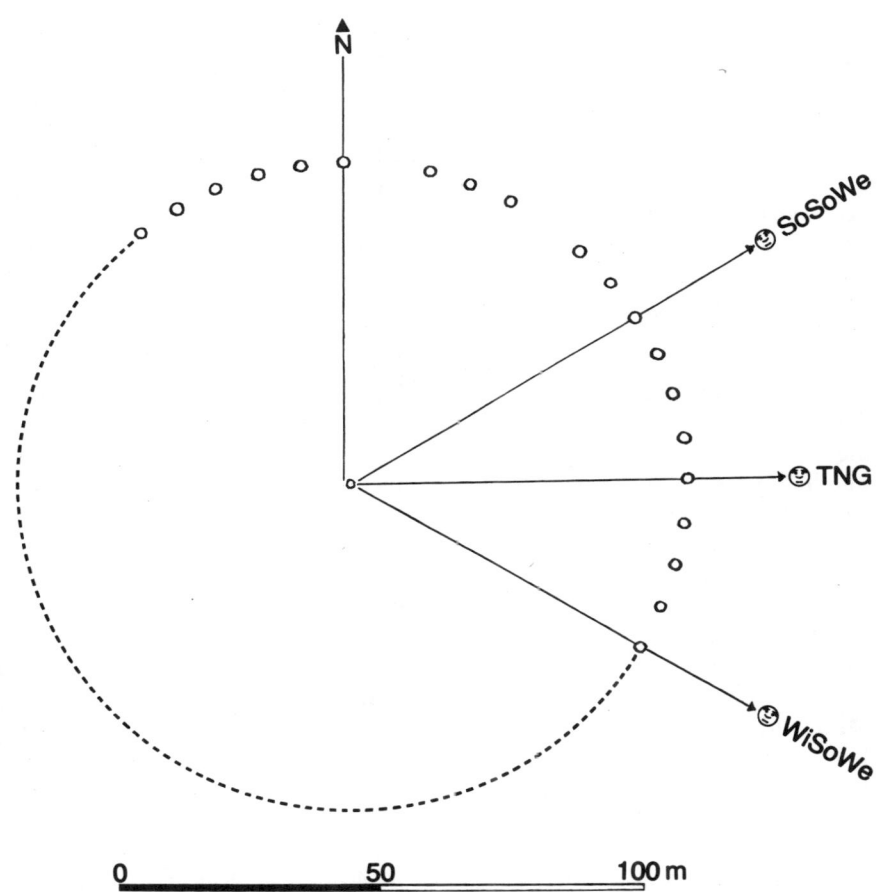

80　Im Kreis angeordnete Pfosten bei Cahokia nahe St. Louis in Illinois dienten wahrscheinlich zur Bestimmung der Sonnenwenden und der Tagundnachtgleichen

„Council circles", „Ratskreise" genannte Erdhügel, die wahrscheinlich vor etwa 300 Jahren von Wichita-Indianern geschaffen wurden. Sie liegen auf Bergrücken oder flachen Berggipfeln, verfügen über 20–30 Meter Durchmesser, sind meist aber nur etwa 1 Meter hoch. Um sie herum bemerkt man zahlreiche Vertiefungen, aus denen wohl das Material für die flachen Hügel entnommen wurde. Waldo Wedel, ein Archäologe von der Smithsonian Institution, beschrieb 5 Ratskreise (ursprünglich werden viel mehr vorhanden gewesen sein), die jeweils einem Dorfkomplex zugeordnet waren. Auf ihnen hatten sich vielleicht die

angeseheneren und einflußreicheren Mitglieder der jeweiligen Gemeinschaft angesiedelt, während die anderen Stammesangehörigen ringsum wohnten.
Zwischen Wichita und Salina im Rice-Bezirk von Kansas befinden sich von den 5 bekannten Ratskreisen 3 auf einer geraden, etwa 2,75 Kilometer langen Linie, die von Nordwest nach Südost weist. Es ist die Richtung zum Aufgang der Sonne am Winteranfang und zu ihrem Untergang am Beginn des Sommers. Der nordwestlichste Ratskreis ist elliptisch geformt; seine Hauptachse ist auf die Horizontpunkte des Tagesgestirns während des Sommer- und Wintersolstitiums (Aufgang bzw. Untergang) gerichtet.
Diese Bevorzugung der Sonnenwenden auch in Nordamerika ist verständlich. An ihren Umkehrpunkten angelangt, begann die Sonne einen neuen Zyklus ihres jährlichen Laufes, der zugleich einschneidende Veränderungen in bezug auf Licht und Dunkelheit, Wärme und Kälte mit sich brachte. Daher waren die Solstitien nicht nur ein formales kalendarisches Ereignis. Welche Bedeutung ihnen die Indianer offenbar für ihr gesamtes Leben beimaßen, läßt sich nicht zuletzt durch die sogenannten „Medizinräder" erahnen, wobei das Wort „Medizin" auf magische oder religiöse Bräuche anspielt. Mittlerweile kennt man in den Prärien der Bundesstaaten Norddakota und Wyoming sowie in den kanadischen Provinzen Alberta und Saskatchewan rund 50 solcher seltsamen Gebilde. In dem riesigen Gebiet zwischen dem Mississippi und den Rocky Mountains wurden sie aus Steinen auf dem Boden ausgelegt, manchmal nur mit einem Durchmesser von wenigen Metern, mitunter aber auch mit einem Querschnitt von über 100 Metern. Es sind grob kreisförmige bzw. ovale Anlagen mit einer „Nabe" in der Mitte und davon in unterschiedlicher Zahl ausgehenden „Speichen". Bei einer Reihe von diesen „Rädern" findet man Steinhaufen am Rande und in der Mitte. Ein Medizinrad in Alberta besitzt zum Beispiel einen derartigen Haufen von 2 Meter Höhe und 10 Meter Durchmesser. Um an die 100 Tonnen Gestein zusammenzutragen, müssen die Prärieindianer des Westens schon triftige Gründe gehabt haben. Ihre Medizinräder krönen hochgelegene Plateaus, Hügel und Berggipfel mit ungehindertem Blick zum Horizont. Schon allein deshalb sind bei den merkwürdigen Schöpfungen astronomische Bezüge zu vermuten.
Der Astronom Eddy hat rund 20 solcher Steinlegungen näher untersucht. Als besonders schöne und charakteristische Beispiele führte er das Medizinrad von Big Horn bei Sheridan in Wyoming und das von Fort Smith in Südmontana an. Nach seinen Angaben besteht das in rund 3200 Meter Höhe auf einer Bergschulter angebrachte Big-Horn-Rad aus einem Steinrand, der einem abgeflachten Kreis ähnelt, aus 28 Speichen sowie 7 Steinhaufen. Es hat einen Durchmesser von etwa 30 Metern (Zeichnung 81). Die Steinhaufen könnten zur Stütze für Visierpfosten gedient haben; unter der Steinhäufung in der Mitte entdeckte man ein konisches Loch. Von der südwestlichen, außerhalb des Rades befindlichen Steinsammlung (E) führt eine Linie über die Mitte (G) direkt zum Sonnenauf-

gang beim Sommersolstitium und von C über G zum Sonnenuntergang am gleichen Tage. Aber damit nicht genug. Abgesehen von dem Steinhaufen D, für den Eddy keine Visur angibt, könnten die anderen Verbindungslinien den heliakischen Aufgang von 3 hellen Fixsternen in der Morgendämmerung markiert haben: F nach A den von Aldebaran im Stier, F nach B den von Rigel im Orion und F nach G den des Sirius im Großen Hund. „Diese Sterne", erläuterte Eddy, „die wir in den Herbst- und Winternächten so strahlen sehen, gehen im Sommer kurz vor der Sonne auf. ... Dadurch kann man ein Kalenderdatum bestimmen, wie es viele frühe Völker wohl auch getan haben. Für die Lage von Big Horn war zwischen 1400 und 1700 n. Chr. der Aldebaran jener helle Stern am Himmel, dessen heliakischer Aufgang den Termin der Sommersonnenwende anzeigte. ... In der gleichen Periode ging Rigel 28 Tage nach Aldebaran heliakisch auf und Sirius

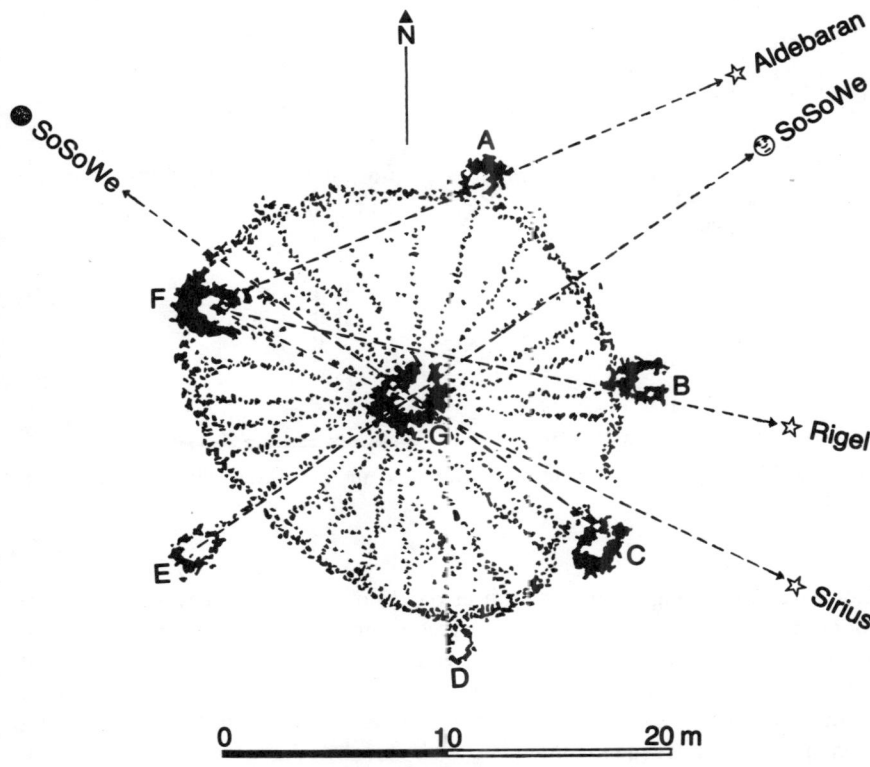

81   Das Medizinrad von Big Horn in Wyoming mit Visierlinien zu Horizontpunkten der Sonne und der Fixsterne Aldebaran, Rigel und Sirius

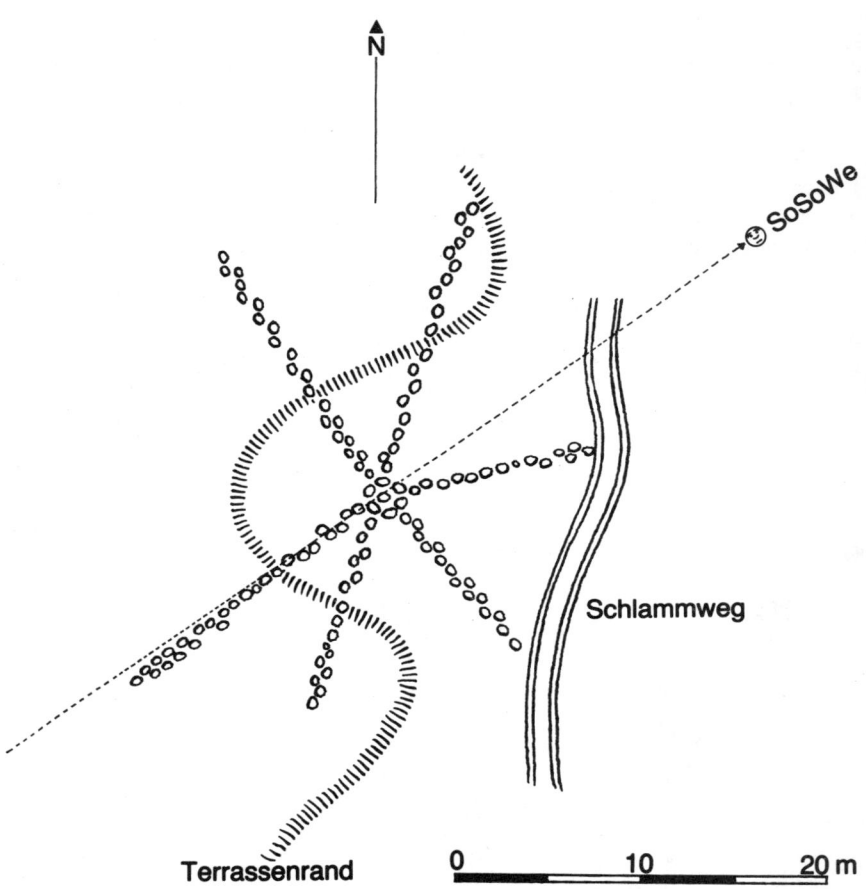

82 Das Medizinrad von Fort Smith in Montana mit einer Visierlinie zum Sonnenaufgang am Sommerbeginn

noch weitere 28 Tage später, womit er das Ende erträglichen Wetters auf dem Berggipfel angab. Es könnte in diesem Zusammenhang von Bedeutung sein, daß dieses Medizinrad 28 Speichen hat, die vielleicht zum Abzählen der Tage gedient haben."[26] Aller Wahrscheinlichkeit nach ist das Big-Horn-Rad tatsächlich in dem angegebenen Zeitraum geschaffen und benutzt worden. Daß der Aufgang von Sirius in der Morgendämmerung auch den alten Ägyptern die Sommersonnenwende und zugleich die Nilüberschwemmung ankündigte, haben wir bereits in dem Kapitel „Nilschwemme, Sirius und Sonnenjahr" erfahren.

Im Gegensatz zum Medizinrad von Big Horn wurde das von Fort Smith wesentlich einfacher konstruiert (Zeichnung 82). Auf einem flachen Berggipfel im Reservat der Crow-Indianer liegend, verlaufen seine Speichen hangabwärts. Steinhaufen und ein umfassender Rand sind bei ihm nicht vorhanden, das Zentrum ist jedoch klar gekennzeichnet. Entlang der südwestlichen Speiche konnte man über die Mitte der Anlage zu Sommerbeginn der Sonnenaufgang anvisieren. Wohin die anderen „Strahlen" zeigten, ist ungewiß.

Größeren Ähnlichkeiten mit dem Big-Horn-Rad in bezug auf Gestaltung und Verwendung begegnet man bei dem Medizinrad vom Moose Mountain in Saskatchewan. Hier wird ein großes Steinzentrum von eiförmig angeordneten Steinen umgeben. Im Zentrum selbst vereinigen sich 5 Speichen, die nach verschiedenen Richtungen – wahrscheinlich zum Sonnenaufgang während des Sommersolstitiums und nach den heliakischen Aufgängen von Aldebaran, Rigel und Sirius – orientiert waren. Den astronomischen Berechnungen und archäologischen Zeitbestimmungen zufolge ist die Anlage vom Moose Mountain mindestens 1000 Jahre älter als die vom Big Horn. Interessanterweise berichteten Schwarzfußindianer, man hätte früher mit den Medizinrädern die Stätte des Todes von bedeutenden Häuptlingen gekennzeichnet. Einer Verbindung zwischen Sonnenkult und Totenkult sind wir bereits mehrfach begegnet.

Dem Sonnenkult war bei den Indianern der Prärien auch der Sonnentanz gewidmet. Noch in moderner Zeit errichteten die Cheyenne und andere dafür runde „Medizinwigwams". Den Mittelpfosten bildete dabei ein großer zurechtgehauener Baumstamm, von dem aus Deckenbalken strahlenförmig zu im Kreis aufgestellten Wandpfosten führten. Dieses Gerüst wurde mit Fellen oder geflochtenen Matten verkleidet. In den Wigwam gelangte man meist durch einen Eingang in der Ostseite, der manchmal nach dem Sonnenaufgang am Sommerbeginn wies. Die Erdwigwams der Pawnee bezogen sich ebenfalls mit ihren Eingängen auf die Morgensonne im Osten, während das Dach den Himmel und die Deckenbalken wichtige Sterne symbolisierten. Die 4 Hauptstützpfosten bezeichneten bestimmte Richtungen nach Auf- und Untergängen von Sonne und Mond. So befanden sich die Bewohner stets in einem Mikrokosmos, der ihnen das Bewußtsein vermittelte, Teile eines universellen Ganzen zu sein.

Astronomie in Stein

Aus der Fülle astronomischer Untersuchungen älterer und jüngerer Bauwerke und Anlagen haben wir nun eine Reihe von Beispielen kennengelernt. Sie betrafen fast alle vermutete Beziehungen zum scheinbaren Lauf der Sonne und ihren besonderen Horizontpunkten. Abschließend geben wir noch einen Überblick über archäoastronomische Interpretationen in bezug auf Mond, Fixsterne und Planeten.

Wie man leicht beobachten kann, bewegt sich der Mond (infolge der Drehung der Erde um ihre Achse) nicht nur aus östlicher in westliche Richtung, sondern wegen seiner eigenen Bewegung um die Erde zugleich entgegengesetzt, von West nach Ost. Dabei legt er je Tag eine Strecke von rund 12,5° an der „Himmelskugel" zurück (etwa das 24fache seines scheinbaren Durchmessers) und geht dadurch täglich, je nach seiner rasch wechselnden Deklination, 20–80 Minuten später auf und unter. Mißt man die Dauer eines Umlaufs in Beziehung auf einen bestimmten Stern, benötigt der Mond rund 27,3 Tage (sogenannter siderischer Monat). Die Zeit zwischen 2 gleichen Mondphasen beträgt jedoch rund 29,5 Tage (synodischer Monat), weil sich der Mond noch eine Strecke weiterbewegen muß, um wieder in die gleiche Stellung zu Erde und Sonne zu gelangen. Nach einem synodischen Monat kehrt die gleiche Mondphase wieder.

Während seiner Bahn um die Erde wechselt der Mond in etwa 29,5 Tagen ständig seine Lichtgestalt vom Neumond zum Vollmond und wieder Neumond. Diese auffälligen Veränderungen seiner Phasen führten nicht nur zu zahllosen mythischen Deutungen, sondern boten auch die Möglichkeit, die Tage von Phase zu Phase zu zählen und so die Zeit zu „messen". Offenbar ist das bereits in der jüngeren Altsteinzeit vor etwa 35000–10000 Jahren geschehen. Einritzungen auf Knochen und Steinen dienten damals wohl als erste Markierungen für den Verlauf des Mondzyklus und bildeten somit die Anfänge eines Kalenders. Alexander Marshack, ein amerikanischer Forscher, der sich intensiv mit derartigen Aufzeichnungen befaßt hat, wies auch auf Malereien an Felswänden in Spanien hin, die vielleicht an die 8000 Jahre alt sind und nach seiner Meinung einen Mondkalender darstellen. Zeichnung 83 gibt 2 solcher Malereien wieder.

Das schmale keulenförmige Oval in der Mitte der linken Figur soll die Summe oder das Additionszeichen für einen Zeitraum symbolisieren. Die nach links gebogene Sichel ganz unten verkörpere den Neumond, die nach rechts gebogene darüber die erste Sichtbarkeit des zunehmenden Mondes. Ihr folgen, aneinandergereiht, 6 Striche und 1 längerer Strich darunter – die Andeutung des 1. Viertels. 5–7 Punkte (Tage) danach erscheint eine Dreiergruppe – die Zeit um den Vollmond. Ihr schließen sich 8 Punkte als Markierung des abnehmenden Mondes bis zum letzten Viertel an. Dann kommen 1 Winkel (als 2 Tage gerechnet) und 3 weitere Striche für die letzten Tage vor dem Neumond. Insgesamt sind das 29 Zeichen bzw. Tage oder etwa ein synodischer Monat.

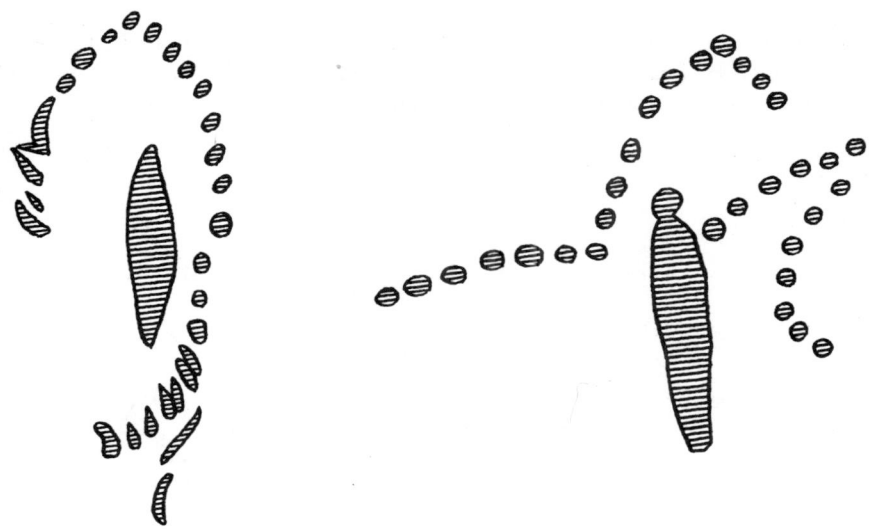

83 Nacheiszeitliche Malereien auf spanischen Felswänden könnten einen Mondkalender darstellen. Links: Canchal des Mahoma; rechts: Abri de las Viñas

In dem Bild rechts steht statt des keulenförmigen Symbols eine menschliche Gestalt im Mittelpunkt, von 30 Punkten (Tagen) umgeben. Der Bogen aus Punkten rechts unten würde die Zeit von Neumond bis zum 1. Viertel angeben, die schräge Reihe darüber die Zeitspanne bis zum Beginn des Vollmonds sowie 4 nach oben verlaufende Punkte etwa die Vollmondzeit. Die beiden nach unten weisenden Reihen gäben die Tage des abnehmenden Mondes bis zum Neumond an. Wahrscheinlich hat Alexander Marshack mit seiner Interpretation der beiden Malereien recht, obwohl sich letzte Sicherheit darüber nicht gewinnen läßt.

Wir erwähnten schon, daß die scheinbare Sonnenbahn, die Ekliptik, den Himmelsäquator unter einem Winkel von etwa 23,5° schneidet. Bis zu diesem Winkelbetrag entfernt sich die Sonne zu Beginn des Sommers vom Himmelsäquator nach Norden und zu Beginn des Winters nach Süden (Deklination ± 23,5°). Die

Mondbahn wiederum kreuzt die Ekliptik unter einem Winkel von etwa 5°. Je nachdem, an welcher Stelle der Mond die scheinbare Sonnenbahn in nördlicher oder südlicher Richtung überquert (man nennt diesen Schnittpunkt „Knoten"), kann er bis zu 5° nördlich und südlich über die Ekliptik hinausgelangen (23,5° + 5° = 28,5°), oder er bleibt bis zu 5° unter deren größtem Abstand vom Himmelsäquator zurück (23,5° − 5° = 18,5°). Seine Deklination von ± 28,5° bezeichnet man, wie bereits erwähnt, als große nördliche oder südliche, die Deklination von ± 18,5° als kleine nördliche oder südliche Mondwende. Große und kleine Wenden folgen jeweils im Abstand von rund 9,3 Jahren aufeinander. Während dieser Wenden bewegt sich der Mond auf seiner Bahn um die Erde innerhalb von etwa 14 Tagen aus seiner nördlichsten (höchsten) Stellung über den Himmelsäquator (+ 28,5°) bis zu seiner südlichsten (tiefsten) Stellung (− 28,5°)

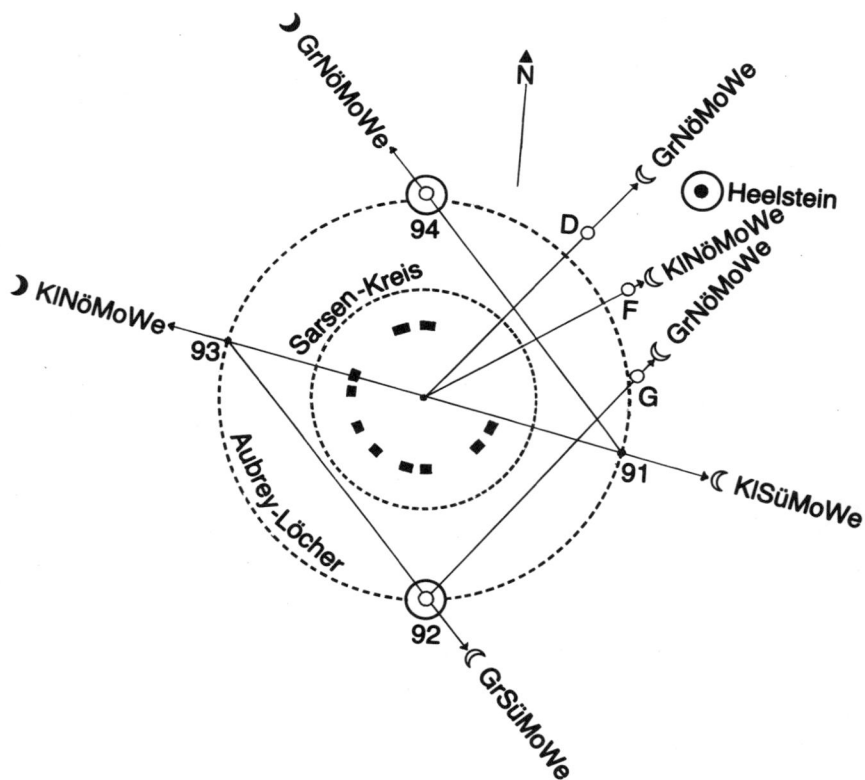

84 Stonehenge I. Visierlinien zu den Auf- und Untergangspunkten des Mondes bei dessen großen (±29°) und kleinen (±19°) Wenden

unter ihm. In der nördlichsten Entfernung vom Himmelsäquator erblicken wir ihn bei seiner Kulmination im Süden sehr hoch über dem Horizont (z. B. in der nördlichen geographischen Breite von 52° in einer Höhe von 66,5°). 14 Tage danach erreicht er bei seinem größten südlichen Abstand vom Himmelsäquator in der gleichen geographischen Breite aber nur 9,5° Kulminationshöhe über der Horizontebene. Dieser rasche Wechsel der Kulminationshöhen innerhalb eines knappen halben Monats ist ebenso auffällig wie die sich in dieser Zeit stark verschiebenden Auf- und Untergangspunkte. (In unserer geographischen Breite bei den Aufgängen von Nordnordost nach Südsüdost und bei den Untergängen von Nordnordwest nach Südsüdwest.) Während der nächsten 14 Tage tritt das umgekehrte Schauspiel ein: Aus seiner südlichsten strebt der Mond wieder in seine nördlichste Extremstellung empor.

Höchstwahrscheinlich sind diese Besonderheiten der Mondbahn schon von den stein- und bronzezeitlichen Menschen beachtet worden. Alexander Thom hat zahlreiche Steinsetzungen angeführt, die vermutlich als Visuren zu den Auf- und Untergängen des Mondes während seiner großen und kleinen Wenden dienten. Stonehenge I besaß nach den Untersuchungen von Hawkins ebenfalls solche Visierlinien zu den Extrempunkten der Mondbahn. Zeichnung 84 verdeutlicht uns diesen Befund. (Hier sind die Deklinationen mit rund ±29° und ±19° angegeben, entsprechend den Werten vor etwa 4000 Jahren.)

Vom Zentrum aus vermochte man damals über Steine (oder Pfähle) bei D, F und Station 91 den Mondaufgang in einer Deklination von +29°, +19° und −19° zu beobachten. Der Aufgang des Erdtrabanten war auch von Station 92 nach G (+29°) und von Station 93 nach 92 (−29°) zu sehen. Sein Untergang konnte von Station 91 (bzw. vom Zentrum aus) über 93 (+19°) sowie von 91 über 94 (+29°) verfolgt werden. Vermutlich gab es außerdem Orientierungen zu Horizontpunkten bei Mondstellungen in einer Deklination von ±5° (sie sind in Zeichnung 84 nicht mit vermerkt). Newham und Thom hielten die meisten der von Hawkins ermittelten möglichen Mondvisuren für richtig. Außerdem entdeckten sie weitere eventuelle Visierlinien, die zum Teil über kilometerweit entfernte Orientierungspunkte hinweg verlaufen.

Ein Hinweis von Hawkins beansprucht besonderes Interesse. Er fand nämlich heraus, daß man, im Mittelpunkt der Anlage stehend, verfolgen konnte, wie sich im Zeitraum von rund 19 Jahren der Aufgang des Vollmondes zwischen den Steinen D und F hin und her verschob. (Genau sind es 18,6 Jahre – die Zeit zwischen 2 großen nördlichen und südlichen Mondwenden.) Das dreimalige Hin und Her des Vollmondaufgangs von D über den Heelstein nach F und wieder zurück fand in rund 19 + 19 + 18 = 56 Jahren statt. Bezieht man den Heelstein als Visur für den Mondaufgang mit ein, erhält man eine Folge von 9 + 9 + 10 + 9 + 9 + 10 = 56 Jahren. Die Zahl der Aubrey-Löcher innerhalb des Wallkreises betrug gleichfalls 56. Darauf gründete Hawkins eine kühne Hy-

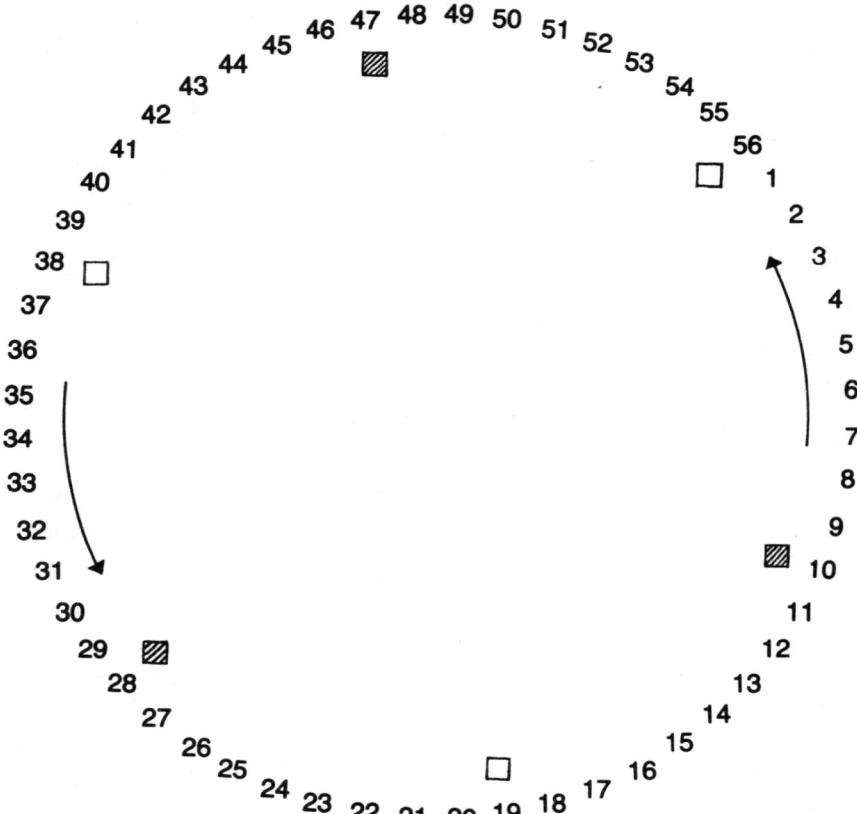

85 Das „Zählwerk" des Aubrey-Kreises. Um Finsternisse vorhersagen zu können, hätte man nach Hawkins drei weiße und drei schwarze Steine entgegen dem Uhrzeigersinn bewegen müssen

pothese: Stonehenge wäre ein „Computer der Steinzeit" gewesen (Computer im Sinne von „Rechenschieber" oder „Rechenmaschine"). Mit Hilfe der 56 Aubrey-Löcher hätte man bevorstehende Sonnen- und Mondfinsternisse auszuzählen vermocht. Wie das geschehen sein soll, geht aus Zeichnung 85 hervor.
3 weiße und 3 schwarze Steine müßten abwechselnd in Intervallen von 9, 9, 10, 9, 9, 10 im Kreis der Aubrey-Löcher verteilt worden sein. Zum Beispiel könnten in Loch 10 ein schwarzer, in Loch 19 ein weißer, Loch 28 ein schwarzer, Loch 38 ein weißer, Loch 47 ein schwarzer und Loch 56 ein weißer Stein gelegen haben.

Jährlich würden dann die Steine entgegen dem Uhrzeigersinn um jeweils 1 Loch verlagert worden sein. Immer, wenn ein weißer Stein in Loch 5 gelangte, fand eine kleine nördliche Mondwende statt und ging der Vollmond über Pfeiler F auf (Zeichnung 84). Aus Erfahrung hätten die Erbauer von Stonehenge I gewußt, daß sich nun Finsternisse während der Tagundnachtgleichen ereignen konnten. Befand sich ein weißer oder ein schwarzer Stein in Loch 56, erhob sich der Vollmond zu Winteranfang über den Heelstein, und in dieser Zeit war ebenfalls mit Finsternissen zu rechnen. Sie kommen zustande, wenn sich der Neumond oder der Vollmond in oder sehr nahe bei seinem jeweiligen Knoten (dem Schnittpunkt mit der Ekliptik) aufhält. Bei Neumond findet in diesem Falle eine Sonnenfinsternis, bei Vollmond eine Mondfinsternis statt. Lag ein weißer Stein in Loch 51, kündigte er eine große nördliche Mondwende, den Aufgang des Vollmondes über Pfeiler D sowie die Möglichkeit von Finsternissen zu den Tagundnachtgleichen an.

Statt 6 Steinen, erläuterte Hawkins später, verwandte man vielleicht nur 3 Steine, wobei die Löcher 28 und 56 eine besondere Bedeutung besaßen. Obwohl solche Überlegungen sehr verlockend sind, beruhen sie doch auf Spekulation. Trotzdem haben der Astrophysiker Hoyle und andere Hawkins' Gedankenspiele aufgegriffen und nicht weniger phantasievoll weiterentwickelt. Zu der vermuteten Vorhersage von Finsternissen hätten jedoch die Visierlinien von Stonehenge I genügt; die Aubrey-Löcher waren dafür eigentlich überflüssig. Außerdem ist zu bedenken, daß von Stonehenge aus nur etwa die Hälfte aller auftretenden Mondfinsternisse und etwa $1/3$ der Sonnenfinsternisse sichtbar sind. Die Voraussagen konnten also die „Gefahr" von Finsternissen signalisieren, aber diese brauchten sich in bezug auf Stonehenge nicht wirklich zu ereignen. Daß Sonnen- und Mondfinsternisse seit Jahrtausenden die Menschen in Bann geschlagen haben, ist ohne Zweifel. Meist hat man wahrscheinlich Unheil von ihnen befürchtet. Durch ihre Anziehungskraft bewirkt die Sonne unter anderem eine kleine Störung in der Neigung der Mondbahn, die im 16. Jahrhundert von dem dänischen Edelmann und Astronomen Tycho de Brahe entdeckt wurde. Der Mond weicht durch sie maximal bis zu 9' von seiner mittleren Bahn nach Norden beziehungsweise Süden ab. Zwischen den großen und kleinen Mondwenden läßt sich diese Störung nur schwer beobachten. Zur Zeit der Wenden ist sie jedoch deutlich zu erkennen. Dann sieht es so aus, als ob der Mond in seinen äußersten Auf- und Untergangspunkten noch einen kleinen zusätzlichen Sprung macht – infolge der dann maximalen Abweichung von 9' (etwa $1/3$ des scheinbaren Monddurchmessers). Bereits den Erbauern der großen Steinsetzungen der Jungstein- und Bronzezeit, meinte Thom, wäre diese Störung aufgefallen (also 3500–4000 Jahre vor Tycho de Brahe!), und sie hätten das Phänomen genau beobachtet. Thom schloß das aus Untersuchungen von Steinreihen und „Zielsteinen", deren Visierlinien zu markanten Horizontprofilen weisen. In der Tat vermag man mit bloßem Auge die (vermeintliche) Berührung des oberen und unteren Mondrandes mit einer Bergspitze, einem Bergrücken, einem tiefen Geländeeinschnitt usw. bis zu einer Genauigkeit von 1'–2' zu orten. Die Feststellung der genannten Mondbahnschwankung war und ist in dieser Weise also keine besonders schwierige Aufgabe – wenn man die Störung überhaupt erst einmal bemerkt hat.

„Finsternisse können nur eintreten", erläuterten beide Thoms, „wenn die Schwankung der Neigungsstörung die Grenzpositionen des Mondes auf dem Horizont am stärksten beeinflußt"[27]. Fand man außerdem heraus, daß sich Sonne und Mond innerhalb eines bestimmten Zeitraums in der gleichen Reihenfolge „verdunkeln", so war es möglich, von den großen und kleinen Mondwenden an die Tage bis zu voraussichtlichen Sonnen- und Mondfinsternissen zu zählen und diese Ereignisse vorauszusagen. Das Verfahren wäre sogar noch durch Beobachtung und Berücksichtigung jenes Zeitpunktes ergänzt und verfeinert worden, in dem die Neigungsstörung in bezug auf die mittlere Mondbahn 0' betrug. Demnach hätten die Baumeister der megalithischen Anlagen Finsternisse in anderer Weise vorhergesagt als die Sternkundigen des späten Altertums und der Antike, die vom sogenannten „Saroszyklus" ausgingen, einem Zeitraum von 18 Jahren und (je nach Anzahl der Schalttage) 10 oder 11 Tagen. Innerhalb des Saroszyklus treten Finsternisse ebenfalls in periodischer Wiederkehr auf.

Für ihre fast unglaublich klingenden Behauptungen haben Alexander Thom und sein Sohn Archibald Stevenson ein sehr reichhaltiges Faktenmaterial zusammengetragen. Jeder Fachmann vermag es anhand der oft gewaltigen Steinanlagen nachzuprüfen. Bisher hat man für viele ihrer Details keine andere bzw. einleuchtendere Erklärung gefunden als die von den beiden Thoms gebotene. Scharfsinnig, überraschend und wegen ihrer weitgehenden Schlußfolgerungen zum Widerspruch herausfordernd sind ebenfalls Interpretationen der Thoms, die sich mit den außerordentlich eindrucksvollen Steinsetzungen im Nordwesten Frankreichs, in der Bretagne, beschäftigen.

Nahe der Bucht von Quiberon in der Südbretagne liegen die Trümmer des Grand Menhir Brisé (des Zerbrochenen Großen Menhirs), der einst über 20 Meter lang war. Vermutlich stürzte er bei einem Erdbeben um und zerbrach in 5 Stücke, von denen noch 4 vorhanden sind. Sie wiegen rund 340 Tonnen. Einst, als der Menhir aufrecht stand, vermochte man ihn von vielen Stellen der Bucht aus gut zu sehen. Die Thoms führten einige Orte um die Bucht von Quiberon herum an, die anscheinend Beobachtungsstellen in Richtung auf den Großen Menhir waren (Zeichnung 86). Als Ziel- oder Visierpunkt verkörperte er eine andere Beobachtungsmethode als in Stonehenge. Dort verliefen die Visierlinien von innen nach außen, während sie rund um den Großen Menhir von außen nach innen zielten. Aus verschiedenen Richtungen betrachtet, konnte der Menhir die Auf- und Untergangspunkte des Mondes bei seinen großen und kleinen

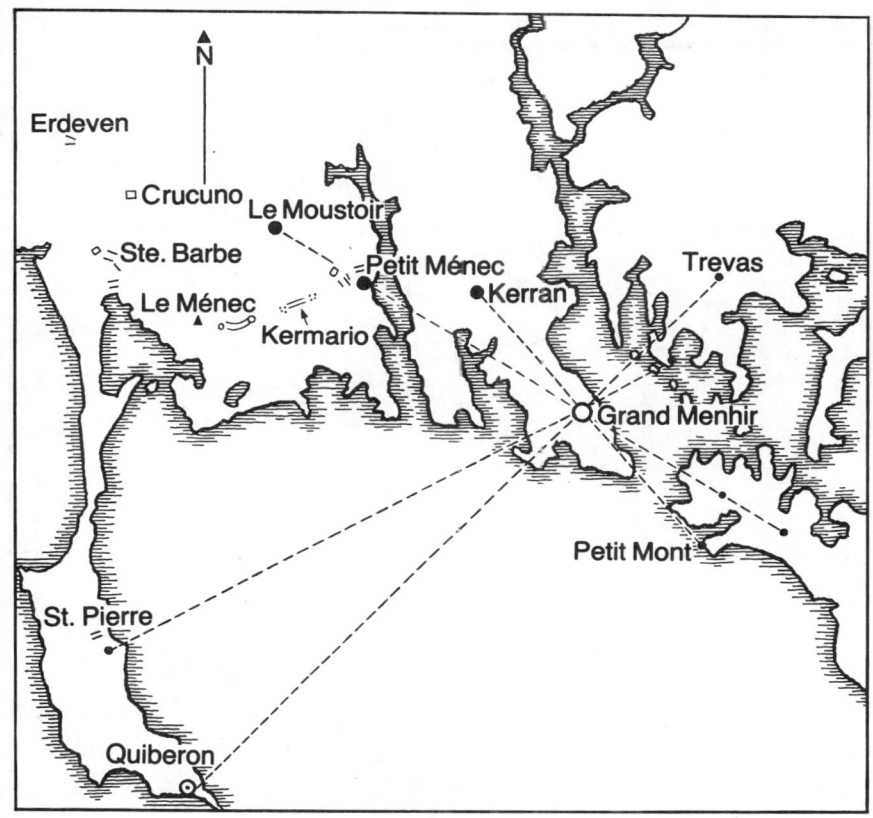

86 Nach den Thoms wurde der Grand Menhir Brisé zur Bestimmung der großen und kleinen Mondwenden von verschiedenen Stellen der Bucht von Quiberon aus anvisiert

Wenden markieren und das Maximum seiner Neigungsstörung am Horizont kennzeichnen.

Da sich die Deklination des Mondes von Tag zu Tag ändert, hält er sich in den Extremstellungen seiner Bahn bei etwa $\pm 28,5°$ und $\pm 18,5°$ nur innerhalb weniger Stunden auf. Es ist deshalb nicht immer durch direkte Beobachtung möglich, den genauen Zeitpunkt dieser Extreme und ihrer Lage am Horizont zu bestimmen. Der Mond kann zum Beispiel seine maximalen Werte zwischen 2 Beobachtungen an aufeinanderfolgenden Tagen oder gar während mehrerer Tage erreichen, an denen er wegen schlechten Wetters nicht sichtbar ist. Dennoch besteht dann, wie Thom zeigte, durch verschiedene geometrische Interpolationsverfah-

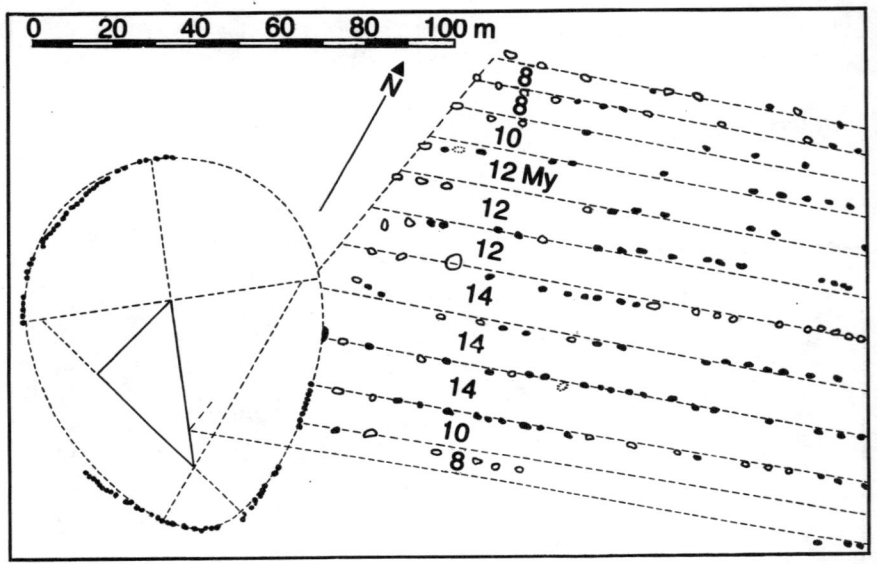

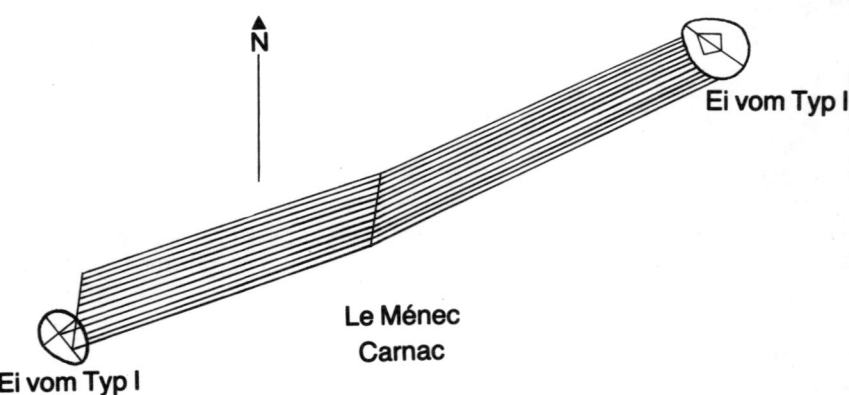

Ei vom Typ II

Le Ménec
Carnac

Ei vom Typ I

87   Oben: Westende der Steinreihen von Le Ménec bei Carnac in der Südbretagne mit
eiförmiger Steinsetzung vom Typ I; unten: die gesamte Anlage mit „Eiern" am West-
und Ostende

ren die Möglichkeit, Zeit und Lage der Extrempunkte auf dem Gesichtskreis mit hinreichender Genauigkeit zu ermitteln. Dazu konnten nach Meinung beider Thoms die langen Steinreihen unweit von Carnac in der Bretagne verwandt werden. Berühmt sind hier vor allem die Steinfelder von Le Ménec, Kermario, Kerlescan und Petit Ménec mit einer Gesamtlänge von fast 4 Kilometern und mit etwa 3000 Menhiren von 1–4 Meter Höhe. Ihrer Anordnung schenkten die Thoms besondere Aufmerksamkeit. Dabei versuchten sie, die geometrische Struktur der Felder und Reihen sowie deren Zweck herauszufinden. Der in bezug auf archäoastronomische Ergebnisse sehr kritische englische Archäologe Atkinson urteilte über diese Arbeiten seiner beiden Landsleute, daß sie „zu den bemerkenswertesten und schwierigsten kombinierten Unternehmen vorgeschichtlicher Forschung gehören, die irgendwo in Europa in unserem Jahrhundert vollbracht wurden"[28].

Bei Le Ménec stehen noch rund 1600 Menhire in 12 nicht ganz parallelen Reihen, die sich über eine Länge von fast 1,2 Kilometern hinziehen. An ihrem West- und Ostende erhoben sich 2 Steinringe, die anscheinend eiförmig gestaltet waren. In jeder Reihe wurden die einzelnen Steine offenbar so aufgestellt, daß ihr Abstand voneinander 2,5 Megalithischen Yards (also 1 Megalithischen Rute) entsprach. Auch den Abstand der Reihen voneinander berechnete man vermutlich nach Megalithischen Yards (Zeichnung 87 oben). Die 12 Reihen laufen allmählich etwas zusammen beziehungsweise auseinander und bilden so ein fächerförmiges Gitter, das ungefähr in der Mitte eine leichte Richtungsänderung aufweist (Zeichnung 87 unten). Vielleicht war die gesamte Anlage „eine Art megalithisches Koordinatenpapier zur Extrapolation der Extremstellungen des Mondes"[29], schrieb Thom. Das fächerartige Gitter hätte die Möglichkeit geboten, Zeit- und Horizontpunkte der großen und kleinen Mondwenden sowie die maximale Neigungsstörung zu bestimmen. Solche Steingitter zur Mondbeobachtung wurden nicht nur in der Bretagne, sondern auch in Schottland errichtet.

Aus den Ergebnissen ihrer archäoastronomischen Forschungen zogen die Thoms den Schluß: „Die Ausmaße der megalithischen Monumente sprechen für die Existenz eines richtig angewandten und hoch eingeschätzten Systems von Messungen. Ziehen wir alle diese Aspekte der vorgeschichtlichen Szene in Betracht, so müssen wir daraus schließen, daß die Menschen, welche sie planten, mit ihnen experimentierten und sie benutzten, weit höher organisiert und gebildet waren, als wir bisher angenommen haben. Wir müssen diese Völker jetzt anerkennen als das, was sie waren: die Schöpfer einer einzigartigen und unabhängigen Kultur, deren Motive und Träume wir eben erst zu ahnen beginnen."[30]

Bisher hat man angenommen, daß zuerst in den frühen Staaten des Vorderen Orients, Ostasiens und Ägyptens bedeutende Leistungen in Architektur, Mathematik und Himmelskunde erzielt wurden. Aufgrund der archäoastronomischen Entdeckungen müßten auch die neolithischen und bronzezeitlichen

Bauern in Nord- und Westeuropa ganz selbständig ebenbürtige Leistungen vollbracht haben. Einige Archäologen warfen deshalb die Frage auf, ob die damaligen Bewohner dieser Gebiete noch in Stammesverbänden lebten oder ob es dort schon eine weitgehend einheitlich regierte und verwaltete Gesellschaft gab. Solche Ansichten vertrat vor allem der Archäologe MacKie. Thoms und Hawkins' Untersuchungen, aber auch neue Ausgrabungen sowie korrigierte Datierungen urgeschichtlicher Perioden inspirierten ihn zu einer recht spekulativen Interpretation der Vorgeschichte der Britischen Inseln. 1977 veröffentlichte er darüber ein Buch unter dem Titel „Science and Society in Prehistoric Britain" (Wissenschaft und Gesellschaft im prähistorischen Britannien). Zur Erläuterung seiner Vorstellungen zog MacKie Vergleiche aus der Völkerkunde und aus der Geschichte des Altertums und Mittelalters heran. Während der mittleren und späten Jungsteinzeit, also etwa vor 5500–4000 Jahren, hätte es auf dem Territorium des jetzigen Großbritanniens bereits eine Gesellschaft mit frühstädtischem Charakter gegeben. Sie wurde von einer Priesterkaste geleitet, die über beträchtliche mathematische und astronomische Kenntnisse verfügte. Getrennt von den anderen Mitgliedern der Gesellschaft, von diesen jedoch mit allen notwendigen materiellen Gütern versorgt, wohnte jene Elite in großen kreisförmigen, von Gräben und Erdwällen umgebenen Anlagen (den Henges). Ein Machtzentrum der Astronomen-Priester, die für Regierung, Wissenschaft, Kalender und Kult verantwortlich zeichneten, wäre Stonehenge gewesen.

MacKies umstürzlerische Folgerungen riefen bei den meisten seiner Kollegen heftigen Widerspruch hervor. In Wirklichkeit stützen die alten Bauwerke und Anlagen Hypothesen über einen solchen Entwicklungsstand während des Neolithikums und der Bronzezeit höchstens in Ansätzen. Hier werden die archäo-astronomischen Fakten überinterpretiert, selbst wenn man meint, daß die Forschungsergebnisse der Thoms generell richtig sind.

Interessant für Archäologen und Astronomen sind außer möglichen Orientierungen von Steinsetzungen und anderen Anlagen nach Horizontpunkten von Sonne und Mond auch solche nach bestimmten hellen Fixsternen. Um darüber Aussagen treffen zu können, muß man insbesondere die geographische Breite des betreffenden Ortes und die sogenannte Präzession berücksichtigen. Von der jeweiligen geographischen Breite hängt ab, welche Sterne beziehungsweise Sternbilder der nördlichen und südlichen „Himmelskugel" sichtbar werden, welche davon zirkumpolar sind (also ständig über dem Horizont kreisen) und an welchen Stellen des Horizonts die anderen auf- und untergehen. Wichtig ist in diesem Zusammenhang auch die Unterscheidung von Sternbildern, die man während der 4 Jahreszeiten abends, nachts und gegen Morgen zu beobachten vermag.

Da die Erde keine ideale Kugelform besitzt, sondern ein Rotationsellipsoid ist mit einer Verdickung am Äquator und Abflachungen zu den Polen, wird ihre Achse vor allem durch die Anziehungskraft von Sonne und Mond in eine kreiselnde Bewegung versetzt. Im Laufe von fast 26000 Jahren beschreibt diese Bewegung einen Doppelkegel, der senkrecht auf der Ebene der Ekliptik steht, wobei sich seine beiden Spitzen im Mittelpunkt der Ekliptikebene berühren (Zeichnung 88). Der Winkel, unter dem sich dieser Kegel nach Norden und Süden öffnet, beträgt etwa 2 · 23,5° = 47°.

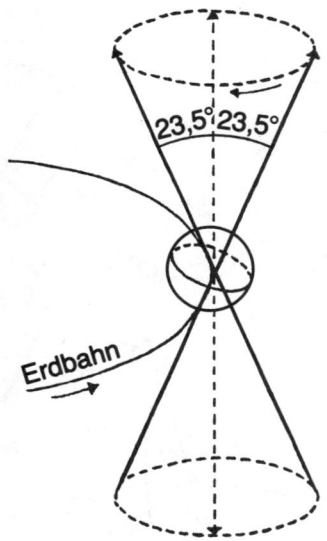

88 Doppelkegel infolge der Kreiselbewegung der Erdachse in rund 26000 Jahren

Auf das „Kreiseln" der Erdachse sind einige im astronomischen Sinne wichtige Vorgänge zurückzuführen. Während der rund 26000 Jahre vollendet die verlängert gedachte Erdachse an der scheinbaren Himmelskugel einen Vollkreis (Zeichnung 89). Alle Fixsterne, die in der Nähe der Kreislinie zu sehen sind, werden im Laufe von 26000 Jahren zu Polarsternen, die mehr oder weniger genau den Ort des Himmelsnord- oder -südpols markieren. Gegenwärtig bildet der hellste Stern des Kleinen Bären (α Ursae minoris) den Polarstern am Nordhimmel. Von dessen Pol steht er rund 1° entfernt. Er nähert sich ihm aber noch weiter an und wird ihm im Jahre 2100 bis auf 28′ nahekommen, um sich dann wieder von ihm wegzubewegen. Nach rund 13000 Jahren, also um 15000, hat der jetzige Polarstern seine größte Entfernung vom Himmelsnordpol erreicht, nämlich etwa 0,5° + 2 × 23,5° ≈ 48°. Dann ist er in unseren geographischen Breiten gerade noch zirkumpolar, aber man würde nun Sternbilder des Südhimmels beobachten können, die jetzt bei uns nicht über dem Horizont auftauchen. Dagegen befänden sich andere uns vertraute Sternbilder ständig unter dem Gesichtskreis.

Durch die kegelförmige Bewegung der Erdachse verlagern sich auch die Ebenen des Erd- und Himmelsäquators in bezug auf die Ebene der Ekliptik. Infolgedessen wandern die Schnittpunkte zwischen Himmelsäquator und Ekliptik, der Frühlings- und der Herbstpunkt, während 26000 Jahren auf der Ekliptik einmal

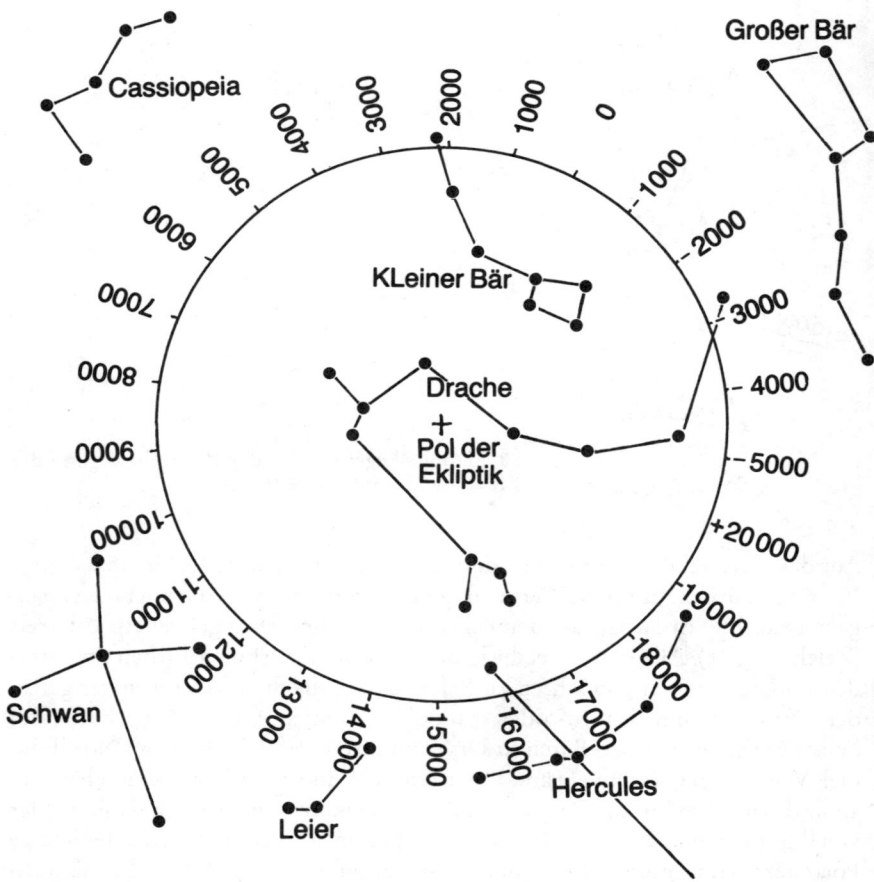

89 Der durch die Kreiselbewegung der Erdachse entstehende Kreis am Nordhimmel. Die in seiner Nähe befindlichen Sterne sind zu bestimmten Zeiten Polarsterne

herum (entgegengesetzt der jährlichen scheinbaren Bewegung der Sonne). Man nennt diese Erscheinung „Präzession" (Voranschreiten). Vor rund 2000 Jahren lag der Frühlingspunkt noch im Sternbild Widder an der Grenze zum Sternbild Fische. Heute nimmt er eine Position in den Fischen an der Grenze zum Sternbild Wassermann ein.

Alle die durch das „Kreiseln" der Erdachse hervorgerufenen Veränderungen am gestirnten Himmel müssen berücksichtigt werden, wenn man untersucht, ob vermutete Visierlinien tatsächlich auf Horizontpunkte von bestimmten Fixsternen zielten. Im Gegensatz zu den Auf- und Untergangspunkten der Sonne und des Mondes verlagern sich die der Fixsterne infolge der Präzession schon in wenigen Jahrhunderten um einige Grad. Das macht es natürlich auch schwieriger, Visierlinien mit eventuellen Fixsternbeobachtungen in Verbindung zu bringen, insbesondere bei Bauwerken oder sonstigen Anlagen, deren Entstehungszeit nicht genau bekannt ist.

Wahrscheinlich haben bereits die Menschen der jüngeren Altsteinzeit gewußt, in welchen Jahreszeiten die verschiedenen Sternfiguren am besten zu sehen waren. Beweise dafür lassen sich jedoch kaum erbringen. Neuerdings erregten Berichte Aufsehen, nach denen bei einer merkwürdigen Malerei in der berühmten südwestfranzösischen Höhle Lascaux (Departement Dordogne) ein solcher Nachweis gelungen sei. Ein Gangstück dieser Höhle heißt wegen der zahllosen Gravierungen auf den Felswänden „Kammer der Einritzungen". An ihrem Ende öffnet sich eine etwa 5 Meter tiefe Spalte im Gestein (der sogenannte „Schacht des toten Mannes"), die teilweise von einer Lehmkruste bedeckt ist. Unten im Schacht erblickt man eine etwa 2 Meter lange Bildergruppe, in schwarzen Umrissen gemalt. Von rechts nach links greift offenbar ein Bison, der von einem Speer getroffen ist, ein seltsames Mischwesen an. Es ist stilisiert wie ein „Strichmännchen", besitzt aber einen Vogelkopf, jeweils 4 Finger an den Händen und einen aufgerichteten Phallus. Unter diesem stocksteif umfallenden Wesen sind ein Vogel auf einer Stange sowie (rechts) vermutlich eine Speerschleuder dargestellt. Links von dieser Szene trottet ein Nashorn davon, unter dessen erhobenem Schwanz 6 Punkte in 3 Reihen wiedergegeben wurden. Bison, „Strichmännchen" und Vogel symbolisieren wahrscheinlich eine schamanistische Beschwörungsszene.

Der Züricher Ingenieur Amandus Weiss vertrat jedoch eine andere Hypothese. Auf Fotos von den geschilderten Malereien glaubte er eingeritzte konzentrische Kreise zu erkennen, von denen radial Strahlen ausgehen. Er hielt diese Gebilde deshalb für Sterne. Weiter führte er aus: „Bei näherem Betrachten der Photokopien des Farbbildes entdeckt man eine Unmenge von kleinen schwarzen Strichen, die man anfänglich für den Raster des Kopierverfahrens hält. In wochenlanger Arbeit unter der Lupenbrille wurden die Tausende von Strichen rot nachgezeichnet. Diese ganz feinen Striche (die im Originalgemälde etwa 2 cm lang sind) mit ebensolchen Zwischenräumen, sind immer in Bündeln angeordnet, die dann zusammen eine Linie darstellen. Je nach der Wichtigkeit der Linie besteht diese aus einem Bündel von 2 bis 10 nebeneinanderliegenden feinen Strichen."[31]

Weiss hat offenbar weder die „Sterne" noch die „Strichbündel" an der Felswand selbst gesehen und nachgeprüft. Beim Aufspüren der Einritzungen auf den Fotos der Schachtwand sind Irrtümer wahrscheinlich, und die Gefahr ist groß, weitaus mehr in die Bilder hineinzusehen, als was an Linien, Strichen, Kreisen usw. in ihnen tatsächlich vorhanden ist. Die Deutungen von Weiss fallen entsprechend willkürlich aus. In den Darstellungen sollen die Sonnenwendlinien auf 3 verschiedene Arten festgehalten worden sein. Außerdem könne man aus den Malereien und Gravierungen entschlüsseln, wie die Schöpfer der Bilder bei Nacht die Nordrichtung, am Tage die Richtung nach Osten sowie mit Hilfe der Mondphasen Tage, Wochen und Monate ermittelten. Darüber hinaus ließe sich feststellen, daß man „Naturmaße" benutzte, die auf „Finger, Hand, Spanne, Fuß, Elle, Schritt" bezogen waren, daß man den rechten Winkel in 100 „Neugrad" und den Kreis in 400 „Neugrad" einteilte, das Dezimalsystem, den Lehrsatz des Pythagoras sowie die Zahl π kannte und Knotenschnüre als Gedächtnisstützen verwandte. Vom Himmelspol aus hätte man die „Einteilung des Firmamentes durch Kreise und Quadrate als Grundlage für die Sternvermessung"

90   Malerei in der Höhle Lascaux. Mit ihr wären folgende Sterne verbunden: 1: Deneb (α Cygni), 2: δ Cygni, 3: Wega (α Lyrae), 4: Atair (α Aquilae), 5: γ Aquilae

vorgenommen. Diese setze „eine Zeiteinteilung auf etwa eine Minute genau vor-aus"[32].

Allein die Aufzählung all der Kenntnisse, die die Jäger und Sammler der jüngeren Altsteinzeit angeblich bereits besaßen, entrückt die Ausführungen von Weiss in das spekulative Reich der Phantasie. Der Veröffentlichung beigegebene Abbildungen zeigen ebenfalls, wie willkürlich seine Interpretationen sind. Es ist ihm aber zugute zu halten, daß er Dr. Felix Schmeidler, Professor für Astronomie an der Universität München, um Überprüfung und Beurteilung seiner Deutungen bat. Allerdings griff dieser nur eine der vielen Behauptungen von Weiss auf und untersuchte, ob die für Sterne gehaltenen Gebilde bestimmten Sternbildern entsprechen und ob man daraus auf das Alter der Malereien zu schließen vermag. Schmeidler setzte dabei voraus, daß die von Weiss gezeichneten konzentrischen Kreise und Strahlen wirklich auf der Felswand existieren, was jedoch fraglich ist.

Zeichnung 90 zeigt die Malereien in dem Schacht sowie, besonders hervorgehoben, einige von Schmeidler numerierte „Sterne". Nummer 1 hält er für den Fixstern Deneb im Schwan (α Cygni), 2 für den Stern 6 in diesem Sternbild, 3 für die Wega in der Leier (α Lyrae), 4 für Atair (α Aquilae) und 5 für den Stern γ im Adler. Die 3 hellsten der 5 Fixsterne bilden zusammen das sogenannte „Sommerdreieck". Das „Strichmännchen" soll in Richtung Atair blicken, der dicht über dem Nordpunkt des Horizonts stünde. Vor etwa 17000 Jahren war Atair in der geographischen Breite von Lascaux (rund 45° Nord) zirkumpolar.

Durch seine Untersuchungen sei erwiesen, schreibt Schmeidler, „daß Menschen im Paläolithikum um 15000 v. Chr. die damalige Position des aus den Sternen α Lyrae, α Cygni und α Aquilae gebildeten Dreiecks zur Bestimmung der Nordrichtung verwendeten. Das setzt ein beachtliches Maß an astronomischen Kenntnissen voraus und ist ein neuer Beweis, daß in der kulturellen Entwicklung der prähistorischen Völker die Astronomie mindestens eine der am frühesten entwickelten Wissenschaften gewesen ist."[33]

Wie unsicher und fragwürdig aber viele der dafür herangezogenen Beweise sind, verdeutlichen gerade die Interpretationen der Malereien in dem Schacht der Höhle Lascaux. Das hebt auch Prof. Dr. V. Bialas in seinem Artikel „Archäoastronomie – Fundgrube oder Fallgrube für Astronomiehistoriker" hervor.

Aus den Orientierungen der megalithischen Anlagen läßt sich nach Ansicht Müllers schließen, daß folgende Fixsterne nahe am Horizont anvisiert wurden: Arktur im Bootes, Wega in der Leier, Capella im Fuhrmann, Procyon im Kleinen Hund, Atair im Adler, Antares im Skorpion, Pollux in den Zwillingen und Deneb im Schwan. Für die Beobachtung von Wega, Arktur, Capella und Deneb führte Müller einen einleuchtenden Grund an. In ihrer tiefsten Stellung verschwanden sie „nur kurze Zeit beim oder unter dem Nordpunkt des Himmels-

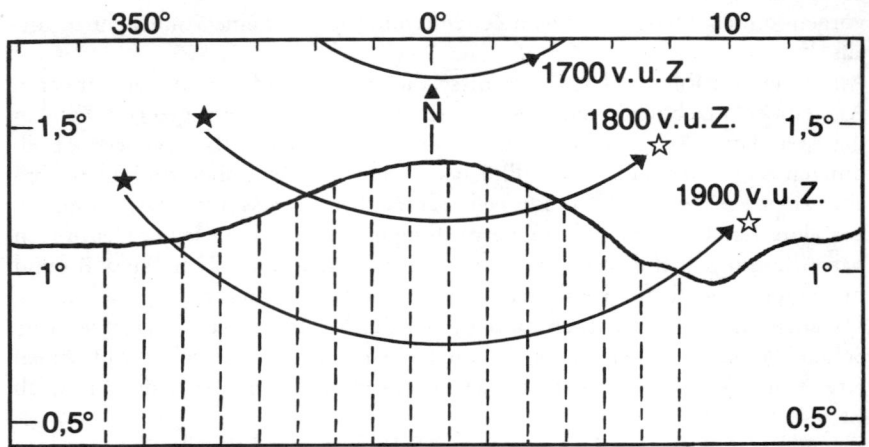

91 Zwischen 1900 und 1800 v. u. Z. verschwand Capella in ihrer tiefsten Stellung am Nordhorizont kurz hinter einem Hügel bei Mid Clyth in Nordschottland. Die parallelen Linien deuten auf den Hügel gerichtete Steinreihen an

randes". Ihre Horizontberührungen und ihre vorübergehende Unsichtbarkeit ermöglichten es, einen Überblick darüber zu gewinnen, welche Zeitspannen in Dämmerung und Nacht bereits verflossen waren. „Damit ergab sich", erläuterte Müller, „gleichgültig, ob die Uhrsterne kurz Untergang oder Aufgang hatten, eine vorbildliche Zeituhr, die Nacht für Nacht ihre Gültigkeit hatte."[34] Capella versank damals 2–3 Stunden lang unter dem nördlichen Gesichtskreis. Um das genau zu verfolgen, hätte man nach Müller im Norden Schottlands, in einer geographischen Breite von 58,3° die Anlage von Mid Clyth errichtet. Sie war fächerförmig angeordnet. Ihr Hauptfeld bestand aus 18 sich fast von Nord nach Süd hinziehenden Steinreihen, die beidseitig von 2 je 7reihigen Steinfeldern umgeben waren. Das rechte Feld ist beim Bau einer Straße zerstört worden. Den Nordhorizont von Mid Clyth bildet ein flacher Bergrücken, hinter dem Capella um 1800 v. u. Z. unterging. Vielleicht beachtete man ihr Verschwinden schon um 1900 v. u. Z. und setzte diese Beobachtungen bis gegen 1700 v. u. Z. fort. Capella blieb dann in der unteren Kulmination knapp über dem Gesichtskreis (Zeichnung 91). Die Steinreihen von Mid Clyth hätten während der 200 Jahre viele Zielrichtungen zur Horizontstellung von Capella geboten und „zu Übungszwecken und zur Ausbildung junger Generationen dienen" können (Zeichnung 92). Abweichend von Müllers Auffassung deutete Thom die Steinreihen als „Interpolationsgitter" für die Mondextreme. Möglicherweise benutzte man die Anlage sowohl für das eine wie für das andere.

„Sternuhren" zur Bestimmung der Zeit während der Nacht haben die alten Ägypter geschaffen. Es handelte sich dabei um Listen von 36 Sterngruppen und Einzelsternen, die in 36 Reihen nebeneinander angeführt und insgesamt als Sterne oder „Widder" bezeichnet wurden. Außerdem besaßen sie alle eigene Namen wie Krugständer, Kelter, Schaf oder Vogel. Sie befanden sich südlich der Ekliptik, aber parallel zu ihr. Um mit Hilfe der Sterne die Zeit feststellen zu können, teilte man die Nacht in 12 Stunden ein. Die 36 Reihen der Sternuhr enthielten jeweils 12 Sterne beziehungsweise Widder für diese 12 Stunden. Der unterste der Sterne in der jeweiligen senkrechten Reihe gab kurz nach Sonnenuntergang tief am Westhimmel die 1. Stunde der Nacht an, der oberste der Sterne in jeder Reihe tief am Osthimmel kurz vor Sonnenaufgang die letzte Nachtstunde. Die anderen 10 Stunden ergaben sich zum Beispiel, indem man verfolgte, welche der Sterne gerade im Süden kulminierten. Das ermittelte man mit einem gegabelten Stock und einem Lot, die genau auf einer von Norden nach Süden laufenden Linie angebracht waren. Durch die enge Gabel beobachtete man, wann die

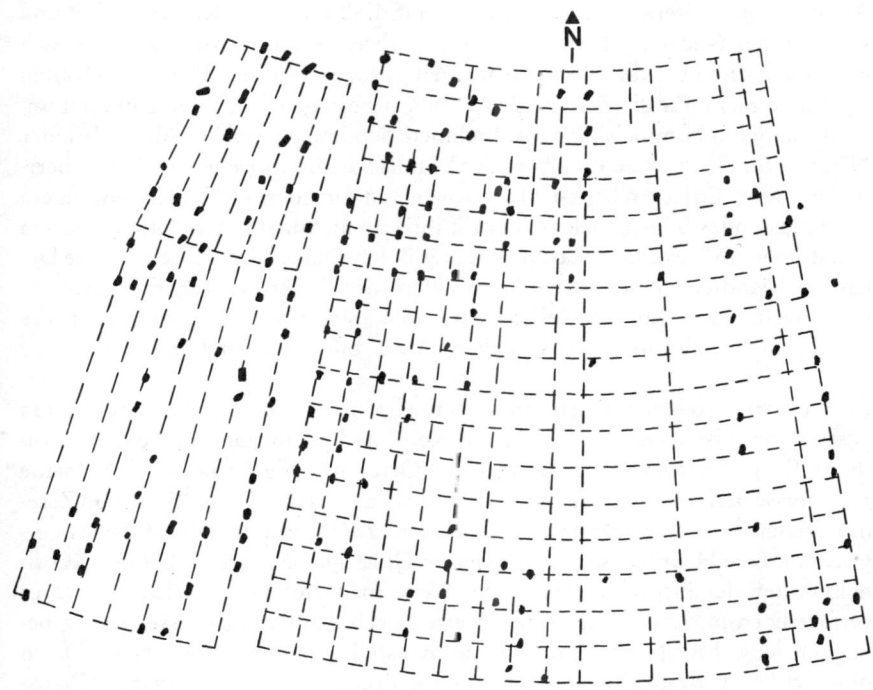

92   Die fächerförmig angeordneten Steinreihen von Mid Clyth

Sterne nacheinander hinter dem Lot standen, sich also in ihrer Kulmination befanden.

Je Tag verschwinden aber die Sterne 4 Minuten früher unter dem Westhorizont und tauchen 4 Minuten eher über dem Osthorizont auf als am Vortag. Jede der 36 Reihen mit den 12 Sternen galt daher nur für einen Zeitraum von 10 Tagen. Danach mußte man zur Ermittlung der Nachtstunden von der 2. der 36 Reihen ausgehen, nach wiederum 10 Tagen von der 3. Reihe mit 12 Sternen und so fort, bis 360 Tage vorbei waren. Für die restlichen 5 Tage des Jahres wurden ebenfalls Sterne benannt. Mit Beginn des neuen Jahres galt die 36reihige Sternuhr wieder von vorn. An ihr vermochte man nicht nur die Sunden der Nacht abzulesen, sondern auch zu erkennen, wie weit das Jahr bereits fortgeschritten war. Je nach der Jahreszeit und der damit verbundenen unterschiedlichen Dauer von Helligkeit und Dunkelheit waren auch die Stunden von Nacht und Tag unterschiedlich lang. Den hellen Tag gliederte man ebenfalls in 12 Stunden. Daraus entwickelte sich dann die 24stündige Einteilung des gesamten Tages, die noch heute gültig ist.

Während des Mittleren Reiches vor rund 4000 Jahren ließen sich wohlhabende Ägypter solche Sternuhren (Sternlisten) auf die Innenseite der Sargdeckel und während des Neuen Reiches auf die Wände ihrer Gräber malen, damit sie auch im Tode immer über die richtige Nachtzeit Bescheid wüßten. Die Sterne sollten den Toten nicht nur die Zeit melden, sondern sie zugleich schützen und mit unter die anderen Himmelskörper aufnehmen. Schließlich erhielten die 36 Widder Namen von Gottheiten, die über alles kosmische und irdische Geschehen herrschen sollten. Griechische Astrologen ordneten dann den 36 Widdern jeweils ein 10° umfassendes Bogenstück auf der Ekliptik zu und nannten die altägyptischen Zeitsterne nun Dekane (dekanos bedeutet Befehlshaber über 10 Leute). Die Dekane verwandten sie neben den Sternbildern des Tierkreises für ihre astrologischen Deutungen. Aus den Zeitsternen waren „Zeitenherrscher" geworden, die man bis ins 17. Jahrhundert in vielfältiger Weise bildlich darstellte.

In den alten mittelamerikanischen Kulturen hat man nach den Horizontpunkten bestimmter Fixsterne offenbar große Kult- und Wohnstätten orientiert. Anthony F. Aveni hat einige Dutzend solcher Orte sorgfältig vermessen. Über seine Ergebnisse berichtete er: „In den meisten Fällen finden wir in den Plänen von Zeremonialzentren eine rechtwinklige Gitterstruktur zugrunde liegend. Seltsamerweise sind die Hauptachsen fast immer im Uhrzeigersinn gegenüber den Kardinalpunkten des Horizontes verdreht. Wenn man die Hauptachsen der bisher vermessenen mittelamerikanischen Stätten nach der Häufigkeitsverteilung bezüglich der wahren Nordrichtung zusammenstellt, so sind 88 Prozent nach Osten und nicht nach Westen hin von Nord weg verdreht. Es wurden nur wenige Plätze gefunden, die auf einer genauen Nordsüdachse liegen. Statt dessen gruppiert sich das Diagramm um eine Richtung von 15 bis 20 Grad nach Osten zu. Eine Gruppe von Städten im Scheitel der Verteilungskurve heißt die ,17°-Familie der Orientierungen'. Eine andere, auf 7° orientierte Gruppe könnte es auch geben."[35] Die 17°-Gruppe findet sich im Gebiet von Zentralmexiko. Vielleicht hat sie von Teotihuacán, der größten Stadt Alt-Mittelamerikas, ihren Ausgang genommen. Das aztekische Wort Teotihuacán bedeutet „Ort, wo man zum Gott wird" oder „Der Ort, wo Menschen Götter werden". Offenbar war Teotihuacán, 51 Kilometer nordöstlich von heutigen Mexiko-Stadt auf einem Plateau in 2300 Metern Höhe gelegen, vor allem eine einflußreiche Kultstätte. Sie bestand etwa von 200 v.u.Z. bis zum 7.Jahrhundert u.Z. Während ihrer Blüte zu Beginn des 5.Jahrhunderts nahm sie über 30 Quadratkilometer Fläche ein und besaß etwa 100000 Einwohner. Ihre Hauptachse bildete eine 45 Meter breite und mehr als 2 Kilometer lange „Straße", bestehend aus aufeinanderfolgenden rechteckigen Plätzen bzw. Flächen. Die Azteken nannten diesen merkwürdigen Weg „Straße der Toten", weil sie die Bauten zu beiden Seiten für Gräber hielten. Es waren jedoch stufenförmige Pyramiden, auf denen ein Heiligtum stand. Am Anfang oder Ende der „Straße der Toten" erhebt sich über einer Grundfläche von 150 mal 120 Metern die 42 Meter hohe „Mondpyramide". Östlich von der Hauptachse wurde das größte Bauwerk des alten Mittelamerika errichtet, die „Sonnenpyramide" mit Seitenlängen von 225 und 220 Metern und 63 Meter Höhe. Ohne Zweifel ist Teotihuacán nach ausgeklügelten geometrischen Plänen angelegt worden. Dabei spielte die „Straße der Toten" eine entscheidende Rolle. Auf sie sind die anderen Straßen und Bauwerke rechtwinklig bezogen. Sie weicht von Norden um 15°25' nach Osten ab. Vermutlich ging man bei ihrer Konstruktion von einer Basislinie aus, die im rechten Winkel zu der Hauptachse verlief. Im Kalksteinfundament eines Gebäudes nahe der Sonnenpyramide entdeckten Archäologen 2 konzentrische, von dicht aneinander gereihten eingemeißelten Löchern gebildete Ringe. Der äußere Ring hat einen Durchmesser von etwa 60 Zentimetern. In die von den Ringen umschlossene Fläche wurde ein Kreuz eingehauen. Rund 3 Kilometer westlich davon stieß man am Abhang des Cerro Colorado auf ein ganz ähnliches, in Basalt geschlagenes, von Ringen umgebenes Kreuz. Die Verbindungslinie zwischen den beiden Darstellungen, von dem Kreuz mit den Ringen nahe der Sonnenpyramide aus gesehen, ist um 15°21' von West nach Nord „verdreht", so daß sie senkrecht auf die Hauptachse von Teotihuacán stößt (Zeichnung 93).

Sollte die west-östliche Basislinie vor etwa 1900–2000 Jahren konstruiert worden sein, so ging damals in Verlängerung dieser Linie der Sternhaufen der Plejaden innerhalb eines 1° breiten Bereiches am Westhorizont unter. Außerdem tauchte er erstmals vor der Sonne am Osthimmel auf (in seinem heliakischen Aufgang), wenn die Sonne am gleichen Tage den ersten ihrer beiden jährlichen Zenitdurchgänge erreichte (Teotihuacán befindet sich in rund 19,8° nördlicher geographischer Breite). Beim Zenitstand der Sonne treffen ihre Strahlen senkrecht auf – ein Ereignis, das sich gut zur Kontrolle des Kalenders und als festes Datum zum Zählen der Tage des Jahres eignete. Wir haben dieses Verfahren schon bei den „Intihuatana", den „Sonnenfesseln" der Inka, kennengelernt. Der heliakische Aufgang der Plejaden kündigte also vor etwa 2000 Jahren den Bewohnern Teotihuacáns den bevorstehenden Höchststand der Sonne an. Doch nicht nur deswegen wird man dem Sternhaufen besondere Beachtung geschenkt haben. Er ist auch eng mit den Mythen der mittelamerikanischen Völker verbunden.

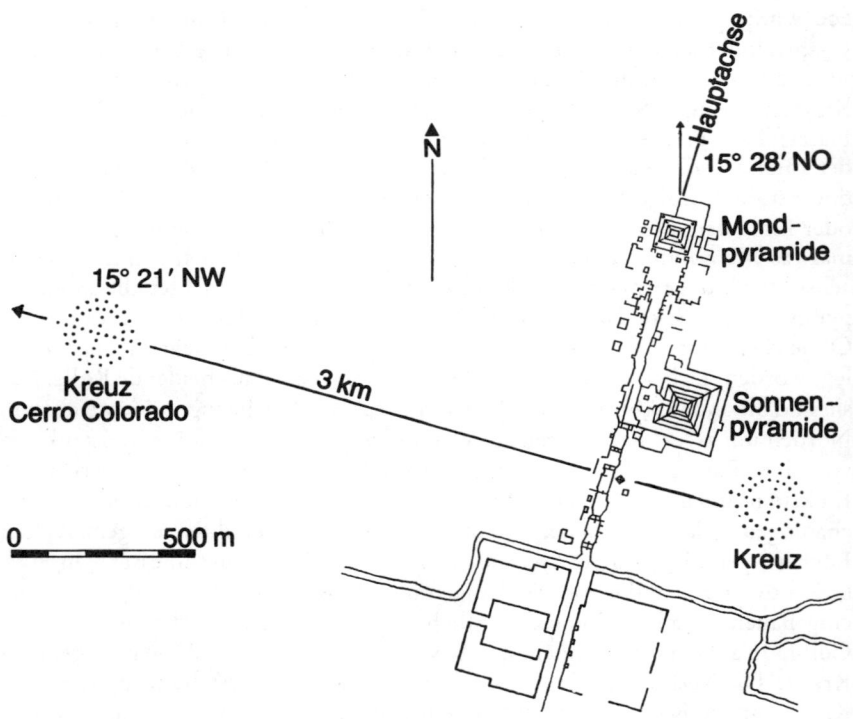

93 Teotihuacán. Rechtwinklig zur Hauptachse der Stadt ist vermutlich zwischen zwei eingemeißelten Ringen eine Basislinie konstruiert worden

Noch rund 15 Jahrhunderte nach der Festlegung der Hauptachse von Teotihuacán orientierte man die Achsen der im weiten Umkreis gelegenen anderen Kultzentren ganz ähnlich wie in der offenbar als Vorbild dienenden alten Stätte. Man tat das, obwohl die Plejaden infolge der Kreiselbewegung der Erdachse nun nicht mehr als Vorboten des Sonnen-Zenitdurchgangs dienten und ebenfalls nicht mehr etwa 15° nördlich vom Wendepunkt untergingen. Vielleicht behielt man aus Ehrfurcht vor der Überlieferung die alte „heilige" Richtung bei, ohne noch über ihren ursprünglichen Sinn Bescheid zu wissen.

Einer solchen späten Nachahmung der Orientierung begegnet man in Tula (Tollan), der ehemaligen Hauptstadt der Tolteken, die 6,4 Kilometer nordwestlich von Teotihuacán errichtet wurde. Aus Tula stammende Tolteken prägten dann nach ihren religiösen Vorstellungen und zeremoniellen Praktiken die über 1200 Kilometer östlich gelegene Mayastadt Chichen Itza. Dort finden wir im Plan der Straßen und Plätze die gleiche Richtungsanordnung und Lage bestimmter Kultstätten zueinander wieder. Die Tolteken gestalteten auch ein Bauwerk um, das offenbar bereits die Maya als astronomisches Observatorium benutzt hatten – „El Caracol" (Das Schneckenhaus).

Es besteht aus einer unteren Plattform (die 52 mal 67 Meter mißt) und einer obe-

94 Querschnitt durch El Caracol. Zu erkennen sind die beiden Umgänge, der zentrale Kern und in ihm die Öffnung zu dem gewundenen Gang aufwärts

ren, auf der sich ein runder Turm erhebt (Zeichnung 94–96). In ihn führen 4 sich diametral gegenüberliegende Türen hinein. Sie öffnen sich auf einen Umgang, aus dem wiederum 4 Türen zu einem 2. inneren Rundgang leiten, der den Kern des Gebäudes umgibt. Dieser enthält einen schneckenförmig gewundenen Aufgang (daher der Name „El Caracol"), durch den man zu einem nur noch teilweise erhaltenen Raum im Obergeschoß gelangt. Vermutlich besaß er 8 enge, schlitzartige Fenster, von denen sich 3 rekonstruieren ließen. Amerikanische Archäologen konnten von 1925 bis 1931 den Turm weitgehend wieder in seinen ursprünglichen Zustand versetzen. Seine runde Form weist darauf hin, daß er dem Gott Quetzalcoatl geweiht war, der als Verkörperung des Planeten Venus galt.

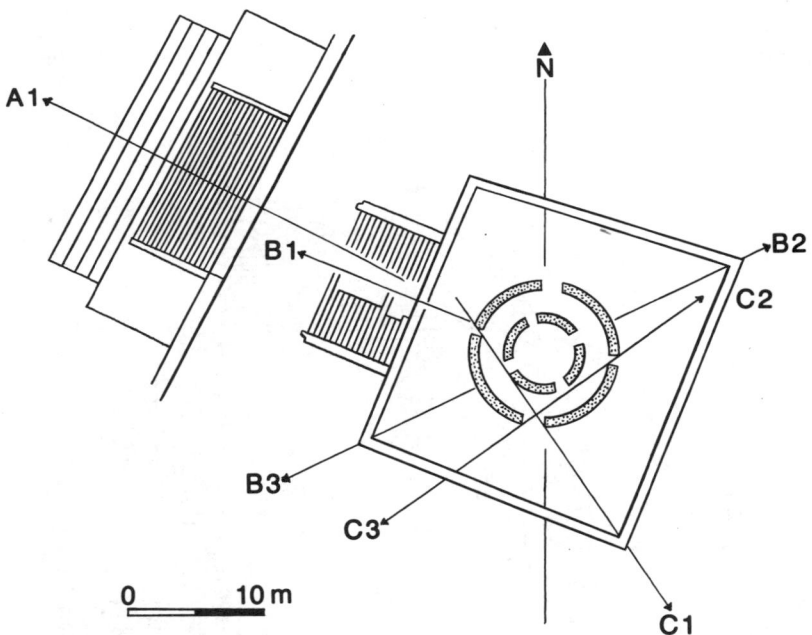

95   El Caracol. Visierlinien zu Horizontpunkten von Sonne, Venus und Fixsternen von den Plattformen und Türen aus

Bei der Planung von El Caracol ist man offensichtlich von bestimmten astronomischen Ereignissen ausgegangen. Darüber haben Astronomen und Archäologen eine Reihe von Hypothesen aufgestellt. Anhand von Zeichnung 95 erläutern wir, welche astronomischen Beziehungen Horst Hartung und Anthony F. Aveni aus ihren zwischen 1966 und 1974 vorgenommenen Vermessungen von El Caracol ableiteten. Wir beschränken uns dabei auf die untere und obere Plattform sowie auf die Türen des Turmes.

Die mit Buchstaben und Zahlen gekennzeichneten Pfeile zeigen auf Horizontpunkte, die um 850 u. Z. vermutlich mit Sonne, Venus und einigen hellen Fixsternen zu tun hatten. Richtung A1 deutet demnach auf den letzten Lichtschein der untergehenden Sonne zur Sommersonnenwende und auf den nördlichsten Untergang der Venus. Auf der oberen Plattform weist die Richtung B1 auf das letzte Licht beim Sonnenuntergang am Tage des Zenitdurchgangs und B2 zum ersten Licht des Sonnenaufgangs während des Sommersolstitiums. Was die Türen im Turm betrifft, so blickt man, jeweils von Kante zu Kante gesehen, in Richtung C1 zum Aufgang von Canopus im Sternbild Kiel des Schiffes (α Carinae – nach Sirius der hellste Fixstern des Himmels). C2 führte zum Aufgang von Castor in den Zwillingen (α Gemini), C3 zum Untergang von Fomalhaut im Südlichen Fisch (α Piscis Austrini).

Mit den Sichtlinien durch die vermuteten 8 Fenster des Turmes hat sich auch R. Müller befaßt. Seine Vorstellungen decken sich zum Teil mit denen von Hartung und Aveni, aber sie sind umfassender. Nach seiner Meinung visierte man von den inneren zu den äußeren Mauerkanten und beobachtete, wann die „aufs Korn" genommenen Himmelskörper an diesen Kanten auftauchten oder verschwanden. Durch das breitere Fenster 1 werden von a nach b der „Westpunkt" am Horizont und die dort zu den Tagundnachtgleichen untergehende Sonne sichtbar (Zeichnung 96). Von der linken zur rechten Mauerkante könnte man um 900 die jeweiligen Untergänge der Sonne (zur Sommersonnenwende), der Venus (bei ihrer nördlichsten Horizontstellung), der Plejaden und des Aldebaran im Stier (α Tauri) sowie des Atair im Adler (α Aquilae) verfolgt haben. Fenster 2 ermöglichte Visuren zur untergehenden Venus (in ihrem südlichsten Horizontpunkt) und zur Fomalhaut. Dagegen gab Fenster 3 den Blick frei auf die Horizontnähe von Achernar im Eridanus (α Eridani), auf den hellsten Fixstern im Dreieck (α Trianguli) und auf den Stern β im Kiel des Schiffes (β Carinae). Beobachtungsobjekte durch die anderen Fenster waren vielleicht das Kreuz des Südens (Crux), Canopus, der Orion, Castor und Pollux in den Zwillingen, das Sternbild Cassiopeia sowie Capella im Fuhrmann. Das Fenster 7 diente eventuell dazu, einen Teil der Kreisbahn des Polarsterns zu verfolgen (durch den Halbkreis angedeutet), der damals rund 7° Abstand vom Himmelsnordpol besaß.

Die Bedeutung von El Caracol besteht auch darin, daß es sich bei ihm um ein ganz spezielles Bauwerk für verschiedene Himmelsbeobachtungen handelt, um eine Sternwarte ohne Fernrohre. Solche turmartigen Rundbauten existierten ebenfalls an einigen anderen Orten des Maya-Gebietes. Aufgrund der Beziehungen von El Caracol zu Sonne, Venus und Fixsternen verkörpert die gesamte Anlage sehr eindrucksvoll eine „Astronomie in Stein". Von vielen der großen Steinsetzungen Mittel- und Westeuropas kann man das gleichfalls sagen. Als Ge-

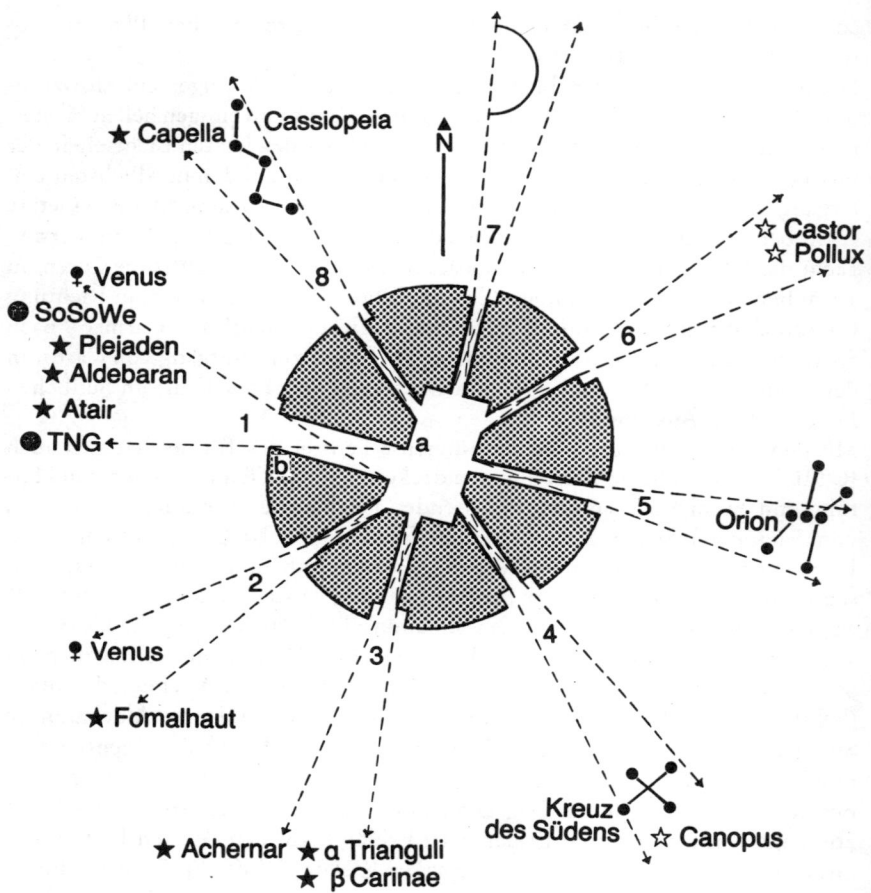

96 Blickrichtungen aus den 8 Fenstern der „Sternwarte" zu Horizontpunkten von Sonne, Venus, Sternbildern und Fixsternen

bäude repräsentiert El Caracol jedoch viel mehr eine Sternwarte im eigentlichen Sinne.

Observatorien ohne Fernrohr wurden auch in Asien errichtet. In Südkorea befindet sich ein rund 10 Meter hoher, flaschenähnlicher Steinturm aus dem 7. Jahrhundert, der für astronomische Beobachtungen bestimmt war. Aus China ist ein Turm mit rechteckigem Grundriß bekannt, der in seiner ursprünglichen Gestaltung aus dem 13. Jahrhundert stammt. Mit einer waagerechten Meßeinrichtung verbunden, diente er dazu, während der täglichen Kulmination der Sonne die Schattenlängen zu ermitteln und so den Ablauf des Jahres zu verfolgen.

Zu den leistungsfähigsten Observatorien ohne Fernrohr zählte eine Sternwarte nahe Samarkand (heute Usbekische SSR). Sie wurde in der ersten Hälfte des 15. Jahrhunderts im Auftrag von Ulug Beg, dem Enkel des berühmten Herrschers und Eroberers Timur (Tamerlan), erbaut. Die auf einem Hügel ausgeführte runde Anlage besaß einen Durchmesser von 46,4 Metern, mehrere Türme und ein gewaltiges Meßinstrument (Zeichnung 97). Es war genau von Nord nach Süd ausgerichtet und bildete den 4. oder 6. Teil eines Vollkreises mit einem Radius von 40,212 Metern. Der Quadrant (oder Sextant) wurde zum kleineren Teil in den anstehenden Felsen gehauen, zum größeren Teil oberirdisch aufgemauert und durch einen Turm abgestützt. Der unterirdisch noch vorhandene Kreisbogen besteht aus einem etwa 2,5 Meter breiten Graben, in dem schienenartig 2 Bögen parallel verlaufen. Man hat sie aus gebrannten Ziegelsteinen konstruiert und mit Marmorplatten verkleidet, auf denen eine Einteilung nach Grad und Minuten angebracht war. Auf den 2 Bögen bemerkt man eine Rinne; entlang dieser Vertiefungen konnte man eine Visiereinrichtung hin- und herschieben und bei Bedarf festklemmen. Zwischen den beiden Bögen in dem Graben sowie rechts und links von ihnen befanden sich Treppenstufen. Visiert wurde offenbar über ein „Korn" auf einem Turm. Mit Hilfe dieses riesigen steinernen Meßinstruments vermochte man die Kulminationshöhen der verschiedenen Himmelskör-

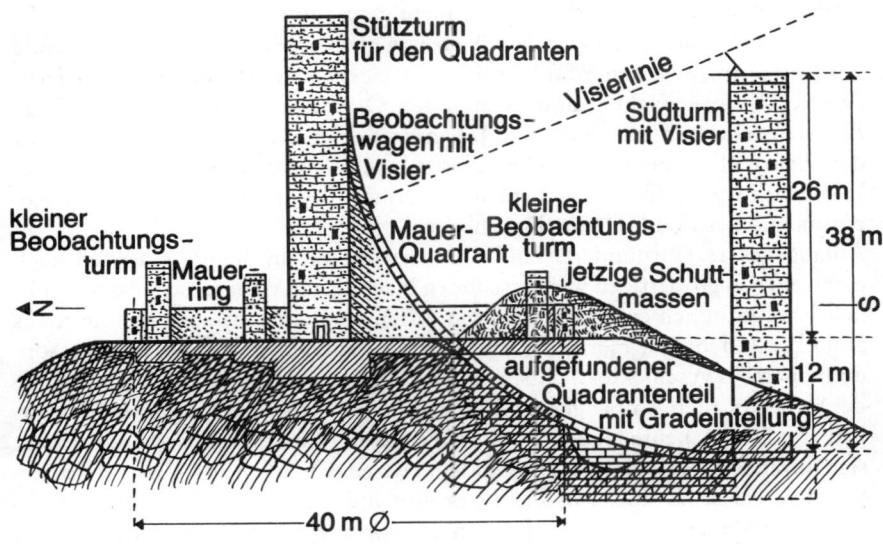

97   Rekonstruktionsversuch der Sternwarte Ulug Begs in Samarkand

per sowie ihre Örter an der scheinbaren Himmelskugel mit großer Genauigkeit zu bestimmen. Die Ergebnisse wurden in einem Katalog festgehalten, der die Positionen von 1018 Fixsternen verzeichnet und unter dem Namen „Sterntafeln des Ulug Beg" bekannt geworden ist. Wegen seiner astronomischen Forschungen erregte der Herrscher jedoch das Mißfallen strenggläubiger mohammedanischer Geistlicher; 1449 wurde er Opfer einer Verschwörung. Nach seiner Ermordung zerstörten seine Gegner das Observatorium bis auf die Grundmauern. Erst 1908 stieß man wieder auf die Reste der Sternwarte, die, nun ausgegraben und konserviert, eine Touristenattraktion besonderer Art bilden.

Noch ohne Fernrohr beobachtete auch Tycho de Brahe. Vom dänischen König Friedrich II. mit der Öresund-Insel Ven belehnt und in seinen Forschungen großzügig unterstützt, ließ er ab 1576 auf Ven das Schloß „Uraniborg" (Himmelsburg) errichten und mit zahlreichen Beobachtungsgeräten versehen. Da ihm diese Einrichtungen nicht genügten, erbaute er unweit des Schlosses das Observatorium „Stjärneborg" (Sternenburg) mit 5 unterirdischen Beobachtungsstellen und einem Diskussionsraum. Die Reste dieser Anlage hat man konserviert und nahebei ein Museum geschaffen.

Als bekanntestes und berühmtestes Instrument de Brahes gilt ein aus Messing gegossener und reich verzierter Quadrant (Viertelkreis), der fest mit einer Mauer verbunden war. Er besaß einen Radius von etwa 2 Metern. Mit dem Quadranten sollen de Brahe Messungen bis zu einer Genauigkeit von 10″ gelungen sein. Seine Beobachtungen waren Gipfelleistungen der fernrohrlosen „Astronomie in Stein", wobei dieser Begriff hier nicht mehr genau zutrifft, da seine Geräte weitgehend aus Metall bestanden. Der Däne ging noch vom geozentrischen Weltbild der Antike aus, das er allerdings nach seinen eigenen Vorstellungen modifizierte.

Aufgrund seiner exakten und detaillierten Ortsbestimmungen der jeweiligen Planetenstellungen gelang es dann Johannes Kepler, die sogenannten 3 Gesetze der Planetenbewegungen zu formulieren, nach denen man die Bahnen dieser Himmelskörper fehlerfrei zu berechnen vermag. Damit verhalf Kepler dem Kopernikanischen Weltbild zum Durchbruch.

Anfang des 18. Jahrhunderts fand die „Astronomie in Stein" in Indien noch einen ebenso großartigen wie verspäteten Nachklang. Maharadscha Jai Singh II. ließ in Nordindien einige Sternwarten errichten, deren Instrumente meist aus Stein bestanden. Der Herrscher war nicht nur ein bedeutender Gelehrter, sondern auch ein geschickter Staatsmann und weiser Gesetzgeber. Die von ihm an der Stelle des alten Amber gegründete Stadt Jaipur (etwa 250 Kilometer südwestlich von Delhi), heute Hauptstadt des Verwaltungsbezirkes Rajasthan, zeichnet sich durch breite, einander rechtwinklig kreuzende Straßen aus. Unmittelbar neben dem Palast Jai Singhs wurde die größte und am besten ausgestattete Sternwarte des Maharadscha geschaffen. In der Vorrede des von ihm hinterlassenen astronomischen Tafelwerkes heißt es dazu: „... aber da er fand, daß die Messing-

Instrumente nicht den Vorstellungen entsprachen, die er sich hinsichtlich ihrer Genauigkeit gemacht hatte, wegen der Kleinheit ihrer Abmessung, des Mangels von Minutenteilungen, der Schwankung und der Abnutzung ihrer Achsen, der Verlagerung der Mittelpunkte der Kreise und der Verschiebung der Ebenen der Instrumente, ... baute er ... aus Stein und Kalk von vollkommener Festigkeit, mit Berücksichtigung der Regeln der Geometrie und der Ausrichtung zum Meridian und zur Breite des Ortes und mit Sorgfalt hinsichtlich ihrer Vermessung und Befestigung. ... So wurde eine zuverlässige Art begründet, eine Sternwarte zu bauen, und die Abweichung wurde beseitigt, die bestanden hatte zwischen den berechneten und beobachteten Örtern der Fixsterne und Planeten."[36]

Tatsächlich gelang es Jai Singh und seinen Astronomen, bessere Tafeln zur Bestimmung der Tages- und Jahreszeit und für die Aufgänge der Tierkreissternbilder sowie ein Sternverzeichnis zu schaffen, das sich eng an das von Ulug Beg anschloß, aber noch genauer war. Der Präzession wurde dabei besondere Beachtung geschenkt.

Von den Sternwarten des Maharadscha ist die in Jaipur fast vollständig erhalten geblieben. Aus dem Palast führt ein Weg zu der rund 200 mal 130 Meter großen rechteckigen Gartenfläche, auf der sich die verschiedenen Instrumente verteilen. Zeichnung 98 zeigt im Grundriß die wichtigsten von ihnen. Am stärksten fällt eine riesige Sonnenuhr ins Auge (1), die aus einem gewaltigen gemauerten Drei-

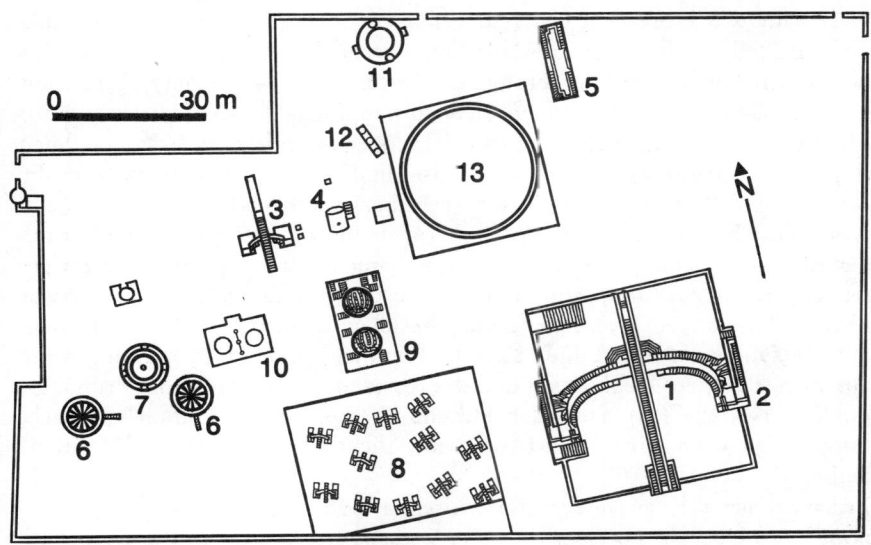

98   Grundriß der Sternwarte von Jaipur

eck gebildet wird. Die Kathete, auf der es ruht, ist etwa 45 Meter lang, die senkrecht aufsteigende Seite etwa 27,5 Meter. Parallel zur Erdachse verläuft die Hypotenuse des Dreiecks. Rechtwinklig zu ihr wurden 2 Viertelkreise aufgemauert, deren Radien über 15 Meter lang sind. Durch den Schattenwurf der Hypotenusenkanten des Dreiecks auf die Viertelkreise vermag man die jeweilige Sonnenzeit abzulesen. Auf einer Treppe in der Mitte der Hypotenusenseite kann man bis zum höchsten Punkt des Dreiecks emporsteigen, wo sich ein faszinierender Blick auf die gesamte Anlage, den Palast, die Stadt und ihre Umgebung bietet. Eine kleinere, der großen in der Konstruktion gleichende Sonnenuhr aus rotem Sandstein und Marmor stammt erst aus neuerer Zeit (3).

Zu beiden Seiten der alle übrigen Instrumente überragenden Sonnenuhr (1) findet man große Räume (2) mit exakt in Süd-Nord-Richtung angeordneten steinernen Kreisbögen. Steht die Sonne genau im Süden, fallen ihre Strahlen durch 2 kleine Öffnungen auf die Skalen der Bögen und zeigen dort nicht nur den Meridiandurchgang, sondern auch die Höhe des Tagesgestirns über der Horizontebene an. Die Sonnen-Ortszeit kann man außerdem auf einem zylinderartigen Block ablesen, dessen kreisförmige Zifferblätter nach Süden und Norden weisen (4).

Zur Bestimmung von Kulminationshöhen dient weiterhin eine von Süd nach Nord gerichtete „Meridianwand" mit marmornen Kreisbögen auf der Ost- und Westseite (5). Azimute und Höhen von Gestirnen vermag man mit Hilfe von 2 kreisrunden, dachlosen Gebäuden zu ermitteln, von deren Mittelpunkt aus 12 gemauerte Sektoren zur Umfassungsmauer führen (6). Sie enden in 12 senkrechten Pfeilern, die oben ein Mauerkranz verbindet. Kreisrund ist gleichfalls eine andere, einfachere Einrichtung zur Messung von Azimuten (7). Insgesamt 12 der großen Sonnenuhr ähnelnde, jedoch wesentlich kleinere Instrumente aus Marmor sind nach unterschiedlichen Richtungen orientiert (8). Jedes von ihnen trägt den Namen eines Tierkreissternbilds. Mit diesen Instrumenten wurden die Längen- und Breitengrade von Sternen in bezug auf die Ekliptik festgestellt. Zwei in die Erde eingelassene Halbhohlkugeln mit 5,5 Meter Durchmesser bilden ein Modell der über dem Horizont sichtbaren Himmelssphäre mit den wichtigsten Kreisen zur Ortsbestimmung der Gestirne (9). Das gilt auch für 2 etwas kleinere Hohlkugeln (10). Aus Messing bestehen schließlich 2 Kreise, die man zur Messung von Azimut und Höhe der Himmelskörper (11) beziehungsweise zur Ermittlung der Deklination und des Abstands eines Sterns vom Frühlingspunkt verwandte (12). Der Maharadscha überwachte die Himmelsbeobachtungen von einer großen Plattform aus, die deshalb „Sitz des Jai Singh" heißt (13).

Er kannte sich sehr gut in der altgriechischen, arabischen und indischen Astronomie aus. Über die Fortschritte dieser Wissenschaft in Europa war er aber anscheinend nicht umfassend informiert. Offenbar hielt er noch das geozentrische

Weltbild für richtig, das vor allem durch den „Almagest" des Griechen Klaudios Ptolemaios (um 150 u. Z.) überliefert wurde. Ungewiß ist, ob Jai Singh II. von dem in Europa seit Anfang des 17. Jahrhunderts benutzten Fernrohr gehört hatte. Jedenfalls wurden in den Sternwarten des 1743 im Alter von 57 Jahren verstorbenen Herrschers keinerlei optische Hilfsmittel verwendet. Ihr Einsatz für die Beobachtung des Himmels trieb in Europa die Erforschung von Sonne, Mond, Planeten und Fixsternen rasch voran. Das Observatorium von Jaipur bietet zwar das imposanteste Beispiel für die „Astronomie in Stein", es war aber zur Zeit seiner Entstehung trotz der sorgfältig konstruierten und erbauten Instrumente und ihrer erstaunlich genauen Meßmöglichkeiten hoffnungslos veraltet. Die Zukunft gehörte nicht mehr der überholten „steinernen" Himmelskunde, sondern der Astronomie mit Fernrohren, fotografischen Apparaten und physikalischen Geräten. Dennoch war die „Astronomie in Stein" die unumgängliche Vorgängerin der modernen Erforschung des Himmels und seiner Gestirne.

1   Hockerbestattung aus der Jungsteinzeit

2   Großdolmen im Poggendorfer Forst, Kreis Grimmen

3   Großdolmen, dessen Grabkammer durch Rotsandsteinplatten in „Quartiere" unterteilt ist. Lancken-Granitz, Kreis Rügen

4   *Der Steintanz von Boitin. Nach einem Gemälde von C. Schumacher aus dem Jahre 1836*

5 *Blick auf einen der Steinkreise von Boitin*

6   *Sonnenuhr aus Herkulaneum mit horizontalem Schattenstab*

7　Der 20–25 Meter hohe Bergsporn der Schalkenburg bei Quenstedt, Kreis Hettstedt

8　Die Spur des ehemaligen innersten Palisadenringes auf der Schalkenburg

9 *Zum Teil ausgegrabene ehemalige Eingangszone im Südteil des dritten Palisadenringes*

10   *Eines der gewaltigen Tore von Stonehenge*

11   Blick auf Stonehenge etwa von Südsüdwest nach Nordnordost

12   Der Heelstein (Fersenstein) im Nordnordosten von Stonehenge

13   Der unterirdisch gelegene Teil des Mauerquadranten der
Sternwarte Ulug Begs bei Samarkand

14   *Fassade des Felsentempels von Abu Simbel, 13.Jh. v.u.Z.*

15   Blick in das Innere des Felsentempels von Abu Simbel

16   Der Dom in Aachen. In der Mitte das Oktogon, die Pfalzkapelle Karls des Großen aus
dem 8. Jahrhundert

17   *Blick in das Oktogon auf den Thron Karls des Großen*

18   Die Empore des Oktogons mit den Bronzegittern

19   Zur Wintersonnenwende dringen die Strahlen der aufgehenden Sonne durch den Eingang und den Dachkasten bis in die Grabkammern von New Grange vor

20 *Die Grabkammer und der in sie mündende Gang, von der Endnische der Kammer in New Grange aus gesehen*

21   *Der Eingang von New Grange. Quer vor ihm ein reich verzierter Umfassungsstein*

22   *New Grange, der berühmteste Ganggrabhügel Irlands, nach seiner Restaurierung*

23   Höhle Lascaux, Malerei im „Schacht des toten Mannes"

24　*Einfall der Sonnenstrahlen durch die südliche Lichtöffnung in der Gewölbekappe der Klosterkirche von Veßra am 1. April 1976*

25   *Rundbogige Nische mit Lichtöffnung in der Michelskapelle des Nordturmes vom Erfur-*
ter Dom

26 „Die Verkündigung" von Fra Angelico da Fiesole aus der 1. Hälfte des 15. Jahrhunderts

27   *Das Regensburger Lehrgerät*

28   Gebogene Außenwand („Apsis") des ehemaligen Sonnentempels in Cuzco. Auf der Wand stand einst eine große goldene Sonnenscheibe

29 Sazellumsfelsen der Externsteine bei Horn im Teutoburger Wald

30 Das „Sonnenloch" in einer Nische im Nordosten des noch teilweise erhaltenen Raumes oben im Sazellumsfelsen

31   Das Sonnentor in Tiahuanaco

32 Der halbrunde Turm in der Inka-Stadt Machu Picchu diente astronomischen Beobach-tungen

33 Aus einem Steinblock gehauene Intihuatana (Sonnenfessel) in Machu Picchu

34 *El Caracol, das Schneckenhaus, eine ehemalige „Sternwarte" in Chichen Itza*

35 *El Castillo, der Tempel Kukulcans, in Chichen Itza auf der Halbinsel Yucatán*

36   Der Jaguar-Tempel in der Maya-Stadt Tikal, Guatemala

37   Pueblo in der Mesa Verde, Staat Colorado

38   Felsbilder nordamerikanischer Indianer. Newspaper Rock, Staat Utah

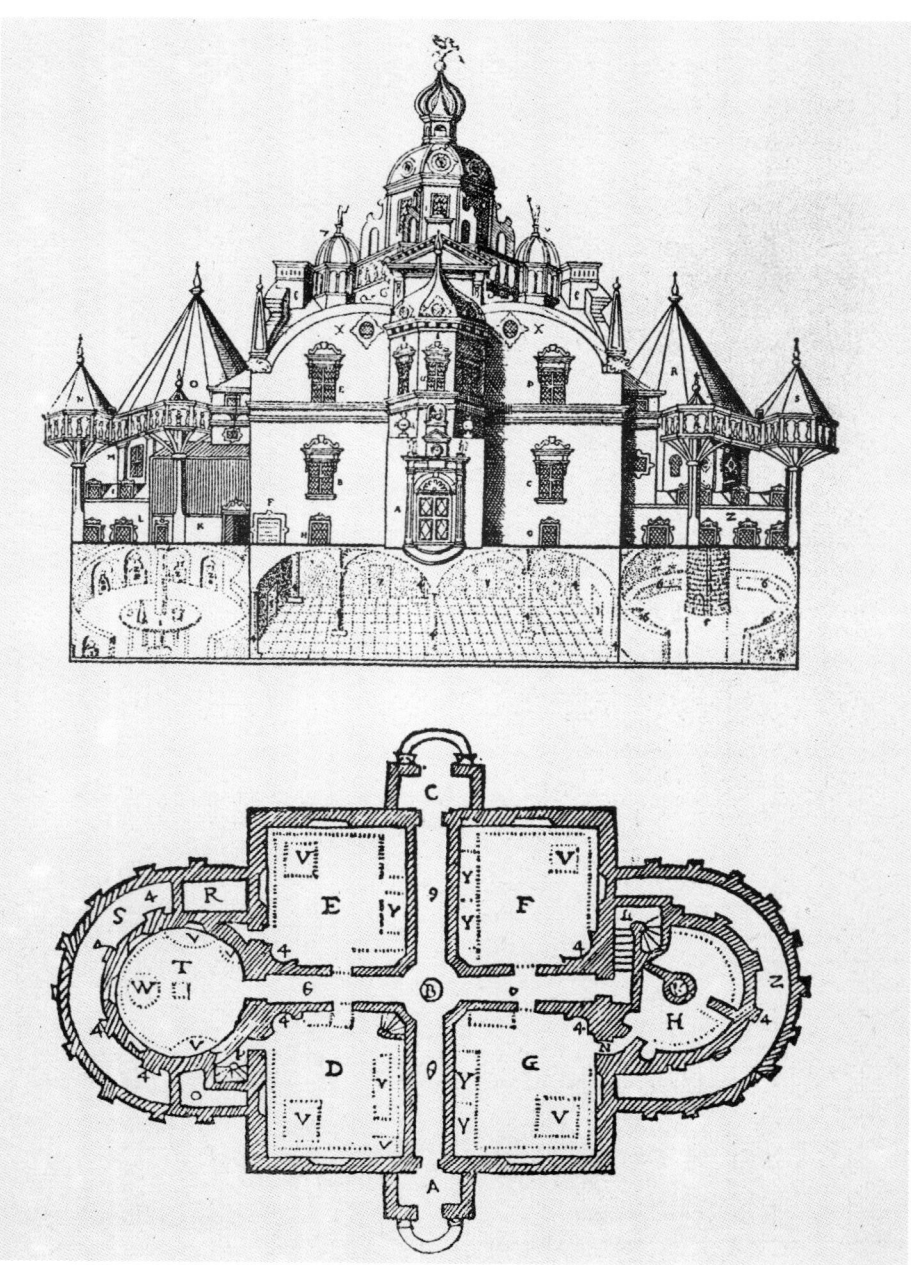

39   Uraniborg, Tycho de Brahes Sternwarte auf der Öresund-Insel Ven

40 *Tycho de Brahe mit seinem großen Mauerquadranten in der Sternwarte Uraniborg*

41   *Sternwarte des Maharadschas Jai Singh II. in Jaipur*

Anhang

In den Zeichnungen verwandte Abkürzungen und Symbole

N   Norden
S   Süden
O   Osten
W   Westen
SoSoWe   Sommersonnenwende
WiSoWe   Wintersonnenwende
TNG   Tagundnachtgleiche
GrNöMoWe   Große nördliche Mondwende
KlNöMoWe   Kleine nördliche Mondwende
GrSüMoWe   Große südliche Mondwende
KlSüMoWe   Kleine südliche Mondwende
☺   Sonnenaufgang
⊕   Sonnenuntergang
☾   Mondaufgang
☽   Monduntergang
☆   Fixsternaufgang
★   Fixsternuntergang
●   Fixstern allgemein

Erläuterungen der Fachausdrücke

Alignement. In einer Reihe angeordnete, aufrecht stehende Steine (Menhire). Solche Steinreihen wurden während der späten Jungsteinzeit und der Bronzezeit in West- und Mitteleuropa aufgestellt. Am bekanntesten sind die Steinalleen von Carnac in der Bretagne.

Äquinoktium, Äquinoktien. Tagundnachtgleiche(n). Auf ihrer scheinbaren jährlichen Bahn um die Erde überquert die Sonne zu diesem Zeitpunkt den Himmelsäquator. Für alle Orte auf der Erde sind dann Tag und Nacht gleich lang. In der Regel fällt das Frühjahrsäquinoktium auf den 21. März (Frühlingsbeginn), das Herbstäquinoktium auf den 23. September (Herbstbeginn).

Azimut. Winkel zwischen dem Schnittpunkt des Vertikalkreises eines Gestirns mit dem Horizontkreis und dem Nord- oder Südpunkt des Horizonts. Man zählt das Azimut von 0°–360° von Norden über Osten – Süden – Westen oder von Süden über Westen – Norden – Osten.

Deklination. Sie gibt den Winkelabstand eines Gestirns vom Himmelsäquator von 0°–90° an, und zwar nach Norden positiv, nach Süden negativ. Die Deklinationskreise eines Gestirns verlaufen parallel zum Himmelsäquator.

Dolmen. „Steintisch". Eine jungsteinzeitliche Grabform. Für die rechteckige oder polygonale Grabkammer des Dolmens verwandte man Findlinge, deren glatte Seiten das Innere der Kammer begrenzen. Oben wurde die Kammer durch große Decksteine abgeschlossen.

Ekliptik. Ein Großkreis am Himmel, auf dem die Sonne ihre scheinbare jährliche Bahn um die Erde beschreibt. Die Ekliptik schneidet den Himmelsäquator unter einem Winkel von rund 23,5°. Infolge verschiedener Einflüsse ist dieser Winkel im Laufe der Zeit leicht veränderlich.

falsches Gewölbe. Ein ur- und frühgeschichtliches, weltweit verbreitetes Verfahren, Räume zu überwölben. Das falsche, unechte Gewölbe wurde aus nicht vermörtelten, horizontal übereinander geschichteten, nach oben immer weiter vorkragenden Steinlagen geschaffen.

Frühlingspunkt. Schnittpunkt der Ekliptik mit dem Himmelsäquator. In diesem Schnittpunkt befindet sich die Sonne am Frühlingsanfang. Sie überquert dabei den Himmelsäquator von Süden nach Norden.

Ganggrab (auch Passage-Grave oder Passage-Mound genannt). Großsteingrab mit rundlicher oder rechteckiger Grabkammer, in die ein Gang aus senkrecht gestellten Steinen mündet. Oft ist der Gang länger als die Kammer. Ganggräber wurden in West- und Nordeuropa vom 4. bis 2. Jahrtausend v. u. Z. errichtet und mit Hügeln aus Erde bedeckt.

heliakischer Aufgang. Heliakisch bedeutet: auf die Sonne bezogen. Als heliakischen Aufgang bezeichnet man das erste Auftauchen eines bestimmten Gestirns in der Morgendämmerung, also vor Sonnenaufgang.

Herbstpunkt. Schnittpunkt der Ekliptik mit dem Himmelsäquator. Hier befindet sich die Sonne zu Herbstanfang, wenn sie den Himmelsäquator von Norden nach Süden überquert.

Himmelsäquator. Der auf die unendlich groß gedachte Himmelskugel projizierte Erdäquator.

Himmelsnordpol. Der Punkt an der Himmelskugel, auf den die nach Norden verlängert gedachte Erdachse weist. Um Himmelsnord- und -südpol führen alle Gestirne infolge der Rotation der Erde eine scheinbare tägliche Kreisbewegung aus.

Himmelssüdpol. Der Punkt an der Himmelskugel, auf den die nach Süden verlängert gedachte Erdachse weist.

Höhe eines Gestirns über der Horizontebene. Sie wird von dieser aus auf dem Vertikalkreis des Gestirns von 0°–90° gemessen.

Kardinalpunkte. Nord-, Ost-, Süd- und Westpunkt auf dem Horizontkreis.

Megalith. Großer Steinblock.

Megalithgrab. Großsteingrab.

Megalithikum. Bezeichnung für räumlich und zeitlich sehr verschiedene Kulturgruppen, die aus großen Steinblöcken Kult- und Grabbauten schufen.

Menhir. Aufrecht stehender, meist nicht oder nur wenig bearbeiteter, in der Regel 2–7 Meter hoher Stein. Menhire wurden während der späten Jungsteinzeit und der frühen Bronzezeit in west-, vereinzelt auch in mitteleuropäischen Gebieten aufgestellt. Vor allem in der Bretagne bilden sie lange Steinreihen (Alignements).

Mondwenden. Der Mond steht dann in den Wende- oder Extrempunkten seiner Bahn. Bei der großen nördlichen und südlichen Wende befinden sich diese in einer Deklination von etwa ± 28,5°, bei der kleinen nördlichen und südlichen Wende in einer Deklination von etwa ± 18,5°.

Präzession. Lateinisch: das Vorangehen. Infolge einer Kreiselbewegung der Erdachse verschieben sich die Schnittpunkte der Ekliptik mit dem Himmelsäquator (Frühlings- und Herbstpunkt) in rund 26 000 Jahren einmal entlang des Himmelsäquators. Durch die Präzession verändern sich in diesem Zeitraum auch die Deklinationen der Gestirne.

Pylon. Mächtiges rechteckiges Bauwerk aus 2 sich nach oben verjüngenden Tortürmen, zwischen denen eine Tür in das Innere altägyptischer Tempel führte. Die Außenfront der Pylone ist mit Reliefs von Pharaonen und Göttern geschmückt und besitzt meist 4 Nischen, in denen Masten für Fahnen angebracht waren.

Refraktion. Brechung bzw. Ablenkung der Lichtstrahlen eines Gestirns auf ihrem Weg durch die Atmosphäre der Erde. Die Refraktion wird um so größer, je mehr sich ein Gestirn dem Horizontkreis nähert.

Solstitium, Solstitien. Sonnenwende(n) zu Beginn des Sommers (in der Regel am 21. Juni) und des Winters (in der Regel am 21. Dezember). Die Sonne erreicht dann auf ihrer scheinbaren jährlichen Bahn um die Erde eine Deklination von +23,5° bzw. −23,5°. Während des Sommersolstitiums beschreibt sie ihre größten Tagbögen über den Himmel (Aufgang in 51° nördlicher Breite etwa im Nordosten, Untergang im Nordwesten). Mittags gelangt sie dann im Süden in ihre größte Höhe (Kulmination) über dem Horizont. Während des Wintersolstitiums ist es gerade umgekehrt: Die Tagbögen der Sonne sind am kleinsten, ihre Mittagshöhe ist am geringsten, sie geht etwa im Südosten auf und im Südwesten unter.

Trilith. Aus 3 Steinen bestehendes „Bauwerk" in Torform.

Zenit. Scheitelpunkt. Der genau senkrecht über einem Beobachter liegende Punkt an der Himmelskugel.

Zenitdurchgang. Der Zeitpunkt, in dem sich ein Gestirn genau im Zenit über einem Beobachter befindet.

Zentralbau. Bauwerk, das symmetrisch um einen Mittelpunkt oder Mittelraum herum angelegt ist. Sein Grundriß kann einen Kreis, eine Ellipse oder ein Oval, ein regelmäßiges Vieleck (besonders häufig ein Achteck, ein Oktogon), ein Quadrat, ein Kreuz oder eine Kombination aus diesen geometrischen Figuren bilden.

Anmerkungen

1   Thom, A.: Ringe und Menhire : Geometrie und Astronomie in der Jungsteinzeit. In: Astronomen, Priester, Pyramiden, S. 49 ff.
2   Müller, R.: Der Himmel über dem Menschen der Steinzeit, S. 48
3   The Place of Astronomy, S. 130

4 Hamel, J.: Astronomie in alter Zeit, S. 31
5 Thom, A.: Ringe und Menhire : Geometrie und Astronomie in der Jungsteinzeit. In: Astronomen, Priester, Pyramiden, S. 54 f.
6 Zitiert nach E. C. Krupp: Astronomen, Pyramiden und Priester. In: Astronomen, Priester, Pyramiden, S. 109
7 Thom, A.: Ringe und Menhire : Geometrie und Astronomie in der Jungsteinzeit. In: Astronomen, Priester, Pyramiden, S. 70
8 Müller, R.: Der Himmel über dem Menschen der Steinzeit, S. 30 f.
9 Krupp, E. C.: Observatorien der Götter und andere astronomische Phantastereien. In: Astronomen, Priester, Pyramiden, S. 254 f.
10 Müller, R.: Der Himmel über dem Menschen der Steinzeit, S. 80
11 Müller, R.: Der Himmel über dem Menschen der Steinzeit, S. 78 f.
12 Müller, R.: Der Himmel über dem Menschen der Steinzeit, S. 112
13 Ditfurth, H. v.; Arzt, V.: Querschnitte, S. 41, 51 f.
14 Zitiert nach E. C. Krupp: Astronomen, Pyramiden und Priester. In: Astronomen, Priester, Pyramiden, S. 225
15 Sareik, U.: Angewandte Astronomie im Mittelalter : Die Lichtöffnungen am Erfurter Dom und an der Klosterkirche zu Veßra, S. 285 f.
16 Sareik, U.: Angewandte Astronomie im Mittelalter : Die Lichtöffnungen am Erfurter Dom und an der Klosterkirche zu Veßra, S. 286 ff.
17 Sareik, U.: Gelenktes Sonnenlicht im Kult an kirchlichen Feiertagen und bei markanten astronomischen Daten, S. 32
18 Zinner, E.: Entstehung und Ausbreitung der Copernikanischen Lehre, S. 64
19 Reiche, M.: Geheimnis der Wüste, S. 77
20 Zitiert nach J. Cornell: Die ersten Astronomen, S. 148
21 Tributsch, H.: Das Rätsel der Götter, S. 119
22 Zitiert nach R. Müller: Der Himmel über der Maya-Stadt Chichen Itza, S. 275
23 Anton, F.: Alt-Mexiko und seine Kunst, S. 92
24 Eddy, J. A.: Archäoastronomie in Nordamerika : Felsen, Hügel und Medizinräder. In: Astronomen, Priester, Pyramiden, S. 151 f.
25 Eddy, J. A.: Archäoastronomie in Nordamerika : Felsen, Hügel und Medizinräder. In: Astronomen, Priester, Pyramiden, S. 155
26 Eddy, J. A.: Archäoastronomie in Nordamerika : Felsen, Hügel und Medizinräder. In: Astronomen. Priester, Pyramiden, S. 164 f.
27 Thom, A.: Ringe und Menhire : Geometrie und Astronomie in der Jungsteinzeit. In: Astronomen, Priester, Pyramiden, S. 77
28 Thom, A.: Ringe und Menhire : Geometrie und Astronomie in der Jungsteinzeit. In: Astronomen, Priester, Pyramiden, S. 45
29 Thom, A.: Ringe und Menhire : Geometrie und Astronomie in der Jungsteinzeit. In: Astronomen, Priester, Pyramiden, S. 81
30 Thom, A.: Ringe und Menhire : Geometrie und Astronomie in der Jungsteinzeit. In: Astronomen, Priester, Pyramiden, S. 84
31 Weiss, A.: Orientierung der Wanderjäger im Paläolithikum, S. 314 f.
32 Weiss, A.: Orientierung der Wanderjäger im Paläolithikum, S. 317
33 Schmeidler, F.: Malereien in der Höhle von Lascaux, S. 222
34 Müller, R.: Der Himmel über dem Menschen der Steinzeit, S. 138
35 Aveni, A. F.: Astronomie im alten Mittelamerika. In: Astronomen, Priester, Pyramiden, S. 180
36 Zitiert nach H. von Klüber: Indische Sternwarten, S. 86 f.

Literaturverzeichnis (Auswahl)

Weiterführende Literaturhinweise in den angegebenen Werken

Ahnert, P.: Babylonische und ägyptische Astronomie und die Sothisperiode.- In: Die Sterne. – Leipzig 40 (1964) 7/8. – S. 140 ff.

Ahnert, P.: Indianische Felszeichnungen – ein Bericht von der Supernova 1054? – In: Die Sterne. – Leipzig 35 (1959) 5/6. – S. 116 ff.

Anton, F.: Alt Mexiko und seine Kunst. – Leipzig, 1965

Anton, F.: Kunst der Maya. – Leipzig, 1968

Astronomen, Priester, Pyramiden : Das Abenteuer Archäoastronomie/hrsg. von E. C. Krupp. – München, 1980

Balfour, M.: Stonehenge and its mysteries. – London, 1979

Behrens, H.: The first „Woodhenge" in Middle Europe. – In: Antiquity. – Gloucester 55 (1981). – S. 172 ff.

Bialas, V.: Archäoastronomie – Fundgrube oder Fallgrube für Astronomiehistoriker? – In: Die Sterne. – Leipzig 62 (1986) 4. – S. 228 ff.

Borchardt, L.: Gegen die Zahlenmystik an der großen Pyramide bei Gise. – Berlin, 1972

Brennan, M.: The Stars and the Stones : Ancient Art and Astronomy in Ireland. – London, 1983

Buchner, E.: Die Sonnenuhr des Augustus. – Mainz, 1982
Nachdruck aus: Mitt. d. Dtsch. Archäolog. Inst., Röm. Abt., 1976 u. 1980, u. Nachwort der Ausgrabung 1980/81

Buchner, E.: Solarium Augusti und Ara Pacis. – In: Mitt. d. Dtsch. Archäolog. Inst. Röm. Abt. – Mainz Bd. 3 (1976) 2. – S. 319 ff.

Burl, A.: The Stone Circles of the British Isles. – New Haven; London, 1979

Christlein, R.; Braasch, O.: Das unterirdische Bayern : 7000 Jahre Geschichte u. Archäologie im Luftbild. – Stuttgart, 1982

Cornell, J.: Die ersten Astronomen : Eine Einführung in die Ursprünge der Astronomie. – Basel; Boston; Stuttgart, 1983

Cunnington, M. E.: Prehistoric timber circles. – In: Antiquity. – Gloucester 1 (1927). – S. 92 ff.

Ditfurth, H. v.; Arzt, V.: Querschnitte : Reportagen aus der Naturwissenschaft. – München, 1982

Drößler, R.: Als die Sterne Götter waren : Sonne, Mond und Sterne im Spiegel von Archäologie, Kunst und Kult. – Leipzig, 1981

Drößler, R.: Brücken in die Vergangenheit. – Leipzig; Jena; Berlin, 1984

Drößler R.: Kulturen aus der Vogelschau : Archäologie im Luftbild. – Leipzig; Jena; Berlin; Köln, 1987

Drößler, R.: Kunst der Eiszeit von Spanien bis Sibirien. – Leipzig; Wien, 1980

Drößler R.: Sternwarten und Kalender der Steinzeit. – In: Urania-Universum, Bd. 22. – Leipzig; Jena; Berlin, 1976. – S. 449 ff.

Eogan, G.: Knowth and the passage-tombs of Ireland. – London, 1986

Franssen, A.: Grundsätzliches zur Frage der Externsteine. – In: Germanien. – Leipzig (1934) 8. – S. 230 ff.; 9. – S. 260 ff.; 10. – S. 289 ff.; 11. – S. 326 ff.

Gurjew, N.: Ulugh Begs Sternwarte in Samarkand. – In: Sternenwelt. – München (1949) 8. – S. 169 ff.

Hamel, J.: Astronomie in alter Zeit. – Berlin-Treptow, 1985

Hamel, J.: Der „Steintanz" von Boitin : Diskussionen um ein eisenzeitliches Boden-denkmal. – In: Wissenschaft und Fortschritt. – Berlin 30 (1980) 8. – S. 292 ff.

Hartung, H.: Aveni, A. E. F.: Astronomische Observatorien im nördlichen Maya-Ge-biet. – In: Sterne und Weltraum. – Düsseldorf 18 (1979) 6/7. – S. 196 ff.

Hawkins, G. S.: Astro-Archaeology. In: Vistas in Astronomy. – Oxford; New York Bd. 10 (1967). – S. 45 ff.

Hawkins, G. S.: Beyond Stonehenge. – New York; San Francisco; London, 1973

Hawkins, G. S.: Stonehenge Decoded. – London, 1970

Heggie, D. C.: Megalithic Science : Ancient Mathematics and Astronomy in North-West-Europe. – London, 1981

Herrmann, D. B.: Entdecker des Himmels. – Leipzig; Jena; Berlin, 1982

Herrmann, D. B.: Vom Schattenstab zum Riesenspiegel : 2000 Jahre Technik der Him-melsforschung. – Berlin, 1982

Horský, Z.: Vorläufige Untersuchungen über vermutliche astronomische Orientierun-gen einiger neolithischer Kreisgrabenanlagen. – In: Internationales Symposium über die Lengyel-Kultur : Nové Vozokany 5. – 9. November 1984. – Nitra; Wien, 1986. – S. 83 ff.

Kern, H.: Kalenderbauten : Frühe astronomische Großgeräte aus Indien, Mexiko und Peru. Ausstellungskatalog / Die Neue Sammlung. – München, 1976

Klüber, H. von: Indische Sternwarten. – In: Die Sterne. – Leipzig 6 (1932) 4/5. – S. 81 ff.

Kremer, B. P.: Geometrie in Stein. – In: Antike Welt. – Feldmeilen (Schweiz) 18 (1987) 1. – S. 29 ff.

Letsch, H.: Captured Stars. – Jena, 1959

Ley, W.: Die Himmelskunde. – Düsseldorf; Wien, 1965

Lockyer, J. N.: Dawn of Astronomy. – Cambridge, 1965. – Reprint

MacKie, E. W.: Science and Society in Prehistoric Britain. – London, 1977

Marshack, A.: Lunar notation on Upper Paleolithic Remains. – In: Science. – New York 146 (1964) No. 3645. – S. 743 ff.

Michell, J.: A little history of Astroarchaeology. – London, 1977

Müller, R.: Der Himmel über dem Menschen der Steinzeit : Astronomie und Mathema-tik in den Bauten der Megalithkulturen. – Berlin; Heidelberg; New York, 1970

Müller, R.: Der Himmel über der Maya-Stadt Chichen Itza. – In: Naturwissenschaftli-che Rundschau. – Stuttgart 33 (1980) 7. – S. 273 ff.

Müller, R.: Himmelskundliche Ortung auf nordisch-germanischem Boden. – Leipzig, 1936

Müller, R.: Sonne, Mond und Sterne über dem Reich der Inka. – Berlin; Heidelberg; New York, 1972

Needham, J.; Wang, L.: Science and Civilisation in China. – Cambridge Bd. 3. Mathematics and the Science of the Haven and the Earth. – 1959

O'Kelly, J. M.: Newgrange : Archaeology, art and legend. – London, 1982

Paul, E.: Antikes Rom. – Leipzig, 1970

Peruanische Erdzeichen : Peruvian ground drawings. Katalog der Ausstellung v. 30.9. bis 31.10.1974/Kunstraum München. – München 1975

Pleslová–Štiková, E.; Marek, F.; Horský, Z.: A square enclosure of the Funnel Beaker Culture (3500 B. P.) at Makotřasy (Central Bohemia): a palaeoastronomic structure. – In: Archeologické rozledy. – Praha 32 (1980). – S. 3 ff.

Podborský, V.: Die Kreisgrabenanlage zu Těšetice und ihre möglichen mährischen Par-allelen. – In: Mitt. d. österr. Arbeitsgem. für Ur- und Frühgesch. – Wien 33/34 (1983/84). – S. 111 ff.

Posnansky, A.: Eine prähistorische Metropole in Südamerika. – Berlin, 1914

Reiche, M.: Geheimnis der Wüste. – Stuttgart; Nazca, 1968

Sareik, U.: Angewandte Astronomie im Mittelalter : Die Lichtöffnungen am Erfurter Dom und an der Klosterkirche zu Veßra. – In: Die Sterne. – Leipzig 62 (1986) 5. – S. 284 ff.

Sareik, U.: Gelenktes Sonnenlicht im Kult an kirchlichen Feiertagen und bei markanten astronomischen Daten. – 1985 Erfurt, Päd. Hochsch., Diss. A

Schlosser, W.; Mildenberger, G.; Reinhardt, M.; Čierny, J.: Ein Vergleich der böhmisch-mährischen Schnurkeramik und Glockenbecherkultur. – Bochum: Ruhruniv., 1979 (Astronomische Ausrichtungen im Neolithikum; 1)

Schlosser, W.; Čierny, J.: Mildenberger, G.: Ein Vergleich mitteleuropäischer Linienbandkeramik (Elsaß, Süddeutschland, Böhmen und Mähren). – Bochum: Ruhruniv., 1981 (Astronomische Ausrichtungen im Neolithikum; 2)

Schmeidler, F.: Malereien in der Höhle von Lascaux : Beweis astronomischer Kenntnisse der Steinzeitmenschen. – In: Naturwissenschaftl. Rundschau. – Stuttgart 37 (1984) 6. – S. 218 ff.

Schmidt-Kaler, Th.; Schlosser, W.: Astronomie vor 5000 Jahren.– In: Die Sterne. – Leipzig 60 (1984) 3. – S. 137 ff.

Schuldt, E.: Die mecklenburgischen Megalithgräber : Untersuchungen zu ihrer Architektur und Funktion. – Berlin, 1972

Stingl, M.: Auf den Spuren der ältesten Reiche Perus. – Leipzig; Jena; Berlin, 1981

Stingl, M.: In versunkenen Mayastädten. – Leipzig, 1971

The Place of Astronomy in the Ancient World – A Joint Symposium of the Royal Society and the British Academy/ hrsg. von F. R. Hodson. – London, 1974

Thom, A.: Megalithic Astronomy : Indications in Standing Stones. – In: Vistas in Astronomy. – Oxford; New York, Bd. 7 (1966). – S. 1 ff.

Thom, A.: Megalithic Sites in Britain. – London, 1967

Thom, A.: The Lunar Observatories of Megalithic Man. – In: Vistas in Astronomy. – Oxford, New York, Bd. 11 (1969). – S. 1 ff.

Tributsch, H.: Das Rätsel der Götter: Fata Morgana. – Frankfurt a. M.; Berlin, 1983

Wainwright, G. J.: A Review of Henge Monuments in the Light of Recent Research. – In: Proceedings of the Prehistoric Society. – Cambridge 35 (1969) 5. – S. 112 ff.

Weber, Z.: Astronomische Orientierung des Rondels von Těšetice-Kyjovice, Bezirk Znojmo. – In: Internationales Symposium über die Lengyel-Kultur. Nové Vozokany 5. – 9. November 1984. – Nitra; Wien, 1986. – S. 313 ff.

Weiss, A.: Orientierung der Wanderjäger im Paläolithikum. – In: Naturwissenschaftl. Rundschau. – Stuttgart 37 (1984) 8. – S. 312 ff.

Weisweiler, H.: Das Geheimnis Karls des Großen : Astronomie in Stein, der Aachener Dom. – München, 1981

Zenkert, A.: Das astronomische Observatorium des Ulug Beg zu Samarkand. – In: Die Sterne. – Leipzig 44 (1968) 1/2. – S. 24 ff.

Zinner, E.: Entstehung und Ausbreitung der Copernikanischen Lehre. – Erlangen, 1943 (Sitzungsber. d. Physikal-Med. Sozietät; 74)

Register

Fundorte, Bauten, Anlagen, Grabstätten, Felsbilder

Aachen 129 f., 132 f., Abb. 16 ff.
Aachener Dom 129, 132 f.
Abri de las Viñas 183
Abu Gurab 110
Abu Simbel 116 f., Abb. 14 f.
Ahlhorner Heide 91 f.
Ara Pacis Augustae 120 f., 125 ff.
Augustus-Mausoleum 121, 126, 128

Ballochroy 81 f.
Big-Horn-Medizinrad 178 ff.
Bilderhügel 175 f.
Boitin 46 ff., 53, Abb. 4 f.
Börnicke 48
Bucht von Quiberon 188, 189
Burnmoor 42

Cahokia 176 f.
Callanish 74
Canchal de Mahoma 183
Carnac 58, 190 f.
Casa Grande 171 f.
Casa Rinconada 172 f.
Chaco Canyon 170 ff.
Cheopspyramide 101 ff., 108 f., 129, 133
Chichen Itza 164 ff., 203
Chullpas 156
Clava 95 f.
Council circles (Ratskreise) 177 f.
Crucuno 58
Cuzco 158 ff., Abb. 28

Denghoog 85
Dolmen 18 ff.
Dowth 23 f., 27, 30, 37

El Caracol 166, 203 ff., Abb. 34
El Castillo 166, Abb. 35
Erdhügel 168, 174, 177
Erdwigwams 181
Erfurter Dom 134 ff., Abb. 25
Externsteine 137 ff., Abb. 29

Fajada Butte 170 f.
Felsbilder Skandinaviens 17

Felsbilder Südwestamerikas 168 ff.
Fort-Smith-Medizinrad 178, 180 f.

Ganggräber 18, 20, 94, 96 f.
Ganggrabhügel (Passage-Graves, Passage-Mounds) 23 ff., 27 ff., 34, 56, 112, 139, 171, 173
Garzerhof 19
Glaner Braut 92, 94
Gnewitz 20
Grand Menhir Brisé 188 f.
Große Schlange 174 f.

Haus der Feen 95
Heliopolis 118 f.
Henge-Anlagen 54, 67, 71 f., 86, 133, 192
Herkulaneum Abb. 6
Hohe Steine 92, 94
Huitzilopochtli- und Tlaloc-Pyramide 167
Hünenbetten 19, 85, 92 ff.

Intihuatana 157, 159, 161, 163, 202

Jaguar-Tempel Abb. 36
Jaipur 208 ff., Abb. 41

Kalasasaya 152 ff.
Karnak 111 ff., 115
Kerlescan 85, 191
Kermario 191
Kintraw 80 f., 97
Kiva 173
Kleinknetener Steine 92, 94
Klosterkirche Veßra 134, 136, Abb. 24
Knockmany 24
Knowth 23 f., 28, 30 f., 36 ff.
Kothingeichendorf 62 f.
Kukulcan-Pyramide 163, 166

Lancken-Granitz Abb. 3
Lascaux 195 ff., Abb. 23
Le Ménec 190 f.
Long Meg 43
Loughcrew-Hügel 23 f., 27 f., 36 f.
Luxor 112 f.

Machu Picchu 161 ff., Abb. 32 f.
Makotřasy 54 ff., 60, 78
Mankmos 48
Marsfeld 121
Martinskirche 137
Martinsloch 137
Medizinräder 141, 168, 178 ff.
Medizinwigwams 181
Memnonskolosse 116
Mesa Verde 172, Abb. 37
Mexiko-Stadt 167, 201
Mid Clyth 198 f.
Mondinsel 156
Mondpyramide 201
Monks Mound 176
Moose-Mountain-Medizinrad 181

Nazca 141 f., 145 ff., 149 f.
Newark 174 f.
New Grange 23 ff., 30 ff., 37 ff., 89,
  Abb. 19 ff.
Newspaper Rock Abb. 38
Nitra 15

Odry 90 f.
Orkney-Inseln 37 f.

Palpa 141, 145
Petit Ménec 191
Pfalzkapelle Karls des Großen 129 ff.
Pisac 159, 163
Poggendorfer Forst Abb. 2
Pueblo Bonito 172
Pyramide der Masken 164

Quetzalcoatl-Tempel 167 f.

Regensburger Lehrgerät 140
Rom 101, 120, 128, 132
Rondelle 60 ff.

Samarkand 207, Abb. 13
Schalkenburg 63 ff., 67, Abb. 7 ff.
Scharrbilder 141 f., 144 ff.
Sess Kilgreen 24
Sillustani 156 f.
Solarium des Augustus 119 ff., 132
Sonnenfessel 157 ff., 161 ff., 202
Sonneninsel 156
Sonnenkreis 151, 157
Sonnenpyramide 201
Sonnentempel 151, 153 f., 158 ff.
Sonnentor 151, 154 ff.
Sonnenturm 159, 162
Steinringe verschiedener Formen 41 ff.,
  95, 97, 190 f.
St. Kilda 95
Stjärneborg 208
Stonehenge 7, 43, 52, 71 ff., 85 ff., 129,
  133, 146, 184 ff., 192, Abb. 10 ff.
Sylt 85

Tara 24
Tenochtitlan 167 f.
Teotihuacán 201 ff.
Těšetice-Kyjovice 58 ff.
Theben 112, 114, 116
Tiahuanaco 151 ff., Abb. 31
Tikal Abb. 36
Tollan (Tula) 165, 203
Toro Muerto 149

Uaxactun 164 f.
Unětice 16
Uraniborg 208, Abb. 39 f.

Visbeker Braut 92 ff.
Visbeker Bräutigam 92, 94

West Ray 37
Wijii-Ruinen 172
Woodhenge (England) 67 f., 71 f.
Woodhenge (Nordamerika) 176

Personen, Völker, Kulturen

Adena-Kultur 174, 176
Ägypter 99 ff., 108 f., 111 ff., 116 ff., 132,
  139, 199 f.
Alkuin 133
Amenophis III. 116

Anasazi-Indianer 172 f.
Angell, J. C. 50
Antonius 120
Arzt, V. 106
Atkinson, R. J. C. 52, 73, 75, 79, 191

Aubrey, J.   71 ff., 185 ff.
Augustus   101, 118, 120 f., 127 f., 132
Aunjetitzer Kultur   16
Aveni, A. F.   167 f., 200, 204 f.
Aymara-Indianer   152, 156
Azteken   163, 167 f., 201

Babylonier   40
Bandkeramik-Kultur   13, 15, 66
Bialas, V.   197
Bingham, H.   161
Borchardt, L.   105
Boyne-Kultur   23
Brahe, Tycho de   187, 208
Brennan, M.   22 f., 28 f., 31 ff., 40, 52 f.
Broadbent, S. R.   50
Buchner, E.   120 f., 124, 127 ff.

Caesar, G. I.   101, 120
Ce Acatl Topiltzin   165 f.
Cheops   102, 104
Chephren   102, 109
Cheyenne-Indianer   181
Chinesen   169, 206
Cortez, H.   167 f.
Cowan, T. M.   49 f., 174, 176
Crow-Indianer   181

Dänicken, E. von   145
Devoir, A.   94
Ditfurth, H. von   106
Domitian   129
Druiden   85, 89
Drusilla, L.   121

Eddy, J. A.   173, 175, 178 f.
Euklid   102
Eyth, M.   105

Facundus Novius 120, 124, 128
Flaminius   121
Friedrich Barbarossa   132
Friedrich II. (von Dänemark)   208

Garfield, J.   104
Gauß, C. F.   44, 83 ff.
Glockenbecher-Kultur   15 f., 72
Gregor III.   101
Griechen   86, 116, 128, 210
Griffith, J.   87

Hamel, J.   19, 53
•Hartung, H.   204, 205
Hawkins, G. S.   7, 73 ff., 113 f., 116 f.,
    129, 146 f., 185 ff., 192
Heggie, D. B.   51 f., 79
Hennecke, G.   129
Hohokam-Indianer   171 ff.
Hopewell-Indianer   174
Hopewell-Kultur   174 ff.
Horský, Z.   56
Hoyle, F.   75, 187
Humboldt, A. von   150

Ibn Butlan   169
Inka   91, 157 ff., 202

Jai Singh II.   208 ff.
Jastorf-Kultur   48
Japan   169
Juergens, E.   46

Karl V.   167
Karl der Große   130, 132 f., 139
Kelten   33 f., 85, 87
Kendall, M. G.   50 f.
Kepler, J.   208
Kern, H.   147
Kleopatra   120
Kockel, K.   66
Kosok, P.   141, 145
Krupp, E. C.   88

Lengyel-Kultur   59, 62
Linnington, R. E.   54 f.
Lockyer, N.   73, 77, 86 f., 95, 111 ff., 116

MacKie, E. W.   80, 192
Marek, F.   56
Marshack, A.   182, 183
Maya   163 ff., 203, 205
Michell, J.   88 f.
Miller, W.   169
Mississippi-Kultur   176
Morley, S. G.   164
Müller, R.   20, 45 ff., 85, 91, 94 f., 97, 139,
    152, 155, 157 ff., 163, 197 f., 205
Mykerinos   102, 109

Nazca-Indianer   144, 148
Nazca-Kultur   144, 147, 149, 152

Ne-user-Re 110
Newham, C. A. 75 f., 78, 185
Nissen, H. 86
Nofretere 116

Olmeken 163 f.

Pachacuti 158, 161
Pawnee-Indianer 181
Penrose, F. C. 86
Penzel, E. 134 f.
Petrie, F. 105
Placidus 137
Pleslová-Štiková, E. 56
Plinius der Ältere 120, 132
Plutarch 85 f.
Psammetich II. 118 f.
Ptolemaios III. Euergetes 100
Ptolemaios, K. 101, 210 f.
Pueblo-Indianer 173
Pythagoras 41, 57 f., 70, 95

Ramses II. 116 f.
Reiche, M. 141, 145 ff.
Römer 86, 116, 118, 120

Sareik, U. 134, 137
Schmeidler, F. 197
Schnurkeramik-Kultur 15 f.
Schön, G. 66
Schröter, E. 64
Schwarzfußindianer 181
Screeton, P. 88
Septimius Severus 116
Sigisbert 137
Smyth, Ch. P. 102 ff.
Sofaer, A. 171

Somerville, H. B. 95
Sosigenes 101
Spanier 151, 161, 163 f., 166, 168, 182 f.
Stukeley, W. 43, 73, 85 f.

Tacitus 129
Taylor, J. 102
Teudt, W. 89, 91, 133, 139
Thom, A. 7, 41 ff., 48, 50 ff., 58, 60, 69,
    70, 79 ff., 84, 88, 95, 129, 185, 187 ff.,
    191 f., 198
Thom, A. St. 41 f., 45, 80, 188 f., 191 f.
Thutmosis III. 114 f.
Timur 207
Tolteken 165, 203
Tributsch, H. 148 ff.
Trichterbecher-Kultur 18, 34

Ulug Beg 207 f.

Vitruvius Pollio 120 f., 124, 132

Wakefield, P. J. G. 114
Watkins, A. 88, 91, 133
Wattenberg, D. 94
Weber, Z. 60 ff.
Wedel, W. 177
Weiss, A. 195 ff.
Weisweiler, H. 129, 131 ff.
Wessex-Kultur 72
White, J. B. 74
Wichita-Indianer 177
Wilhelm (Abt in Hirsau) 140
Wittry, W. 176

Zapoteken 163
Zinner, E. 139 f.

259

Bildnachweis

Landesmuseum für Vorgeschichte, Halle: Abb. 1, 7–9; Museum und Forschungsstelle für Ur- und Frühgeschichte Schwerin (Foto: K. Nitsche): Abb. 2–5; Aus dem Besitz des Autors: Abb. 6, 10–13, 23–27, 29, 30, 34–40; Sächsische Landesbibliothek, Abt. Deutsche Fotothek Dresden: Abb. 14, 15; Aus dem Besitz des Verlages: Abb. 16–18, 31; National Parks and Monuments, Dublin: Abb. 19–22; Joachim Petri, Mölkau: Abb. 28, 32, 33; Klaus G. Beyer, Weimar: Abb. 41.

Der Verlag dankt für die freundliche Überlassung des Bildmaterials.